普通高等教育"十一五"国家级规划教材

水 电 站

(第二版)

主编 侯才水

中国水利水电出版社
www.waterpub.com.cn

内 容 提 要

本书是普通高等教育"十一五"国家级规划教材，是按照国家对高职高专人才培养的规格要求及高职高专教学特点编写完成的。全书共分9章，主要内容包括水力发电概述、水电站进水和引水建筑物、水电站压力管道、水电站水锤及调节保证计算、调压室、水电站主要机电设备、水电站厂房布置设计、地面厂房结构布置、地下厂房及抽水蓄能电站等内容。

本书的编写，突出实用性和特色性，力求课程内容精炼，基本概念准确，强调理论知识的应用和实践技能的锻炼，注重职业岗位能力的培养，并全面采用新规范、新标准。

本书主要作为高等职业技术学院、普通高等专科学校水利水电建筑工程、水利工程、水利工程管理、水利工程监理等专业的教材，也可作为其他相关专业和水利水电工程技术人员的参考用书。

图书在版编目（CIP）数据

水电站 / 侯才水主编. -- 2版. -- 北京：中国水利水电出版社，2011.5(2021.1重印)
 普通高等教育"十一五"国家级规划教材
 ISBN 978-7-5084-8646-8

Ⅰ. ①水… Ⅱ. ①侯… Ⅲ. ①水力发电站－高等学校－教材 Ⅳ. ①TV7

中国版本图书馆CIP数据核字(2011)第100108号

书　　名	普通高等教育"十一五"国家级规划教材 **水电站（第二版）**
作　　者	主编　侯才水
出版发行	中国水利水电出版社 （北京市海淀区玉渊潭南路1号D座　100038） 网址：www.waterpub.com.cn E-mail: sales@waterpub.com.cn 电话：(010) 68367658（营销中心）
经　　售	北京科水图书销售中心（零售） 电话：(010) 88383994、63202643、68545874 全国各地新华书店和相关出版物销售网点
排　　版	中国水利水电出版社微机排版中心
印　　刷	天津嘉恒印务有限公司
规　　格	184mm×260mm　16开本　15.5印张　368千字
版　　次	2005年8月第1版　2011年5月第2版　2021年1月第11次印刷
印　　数	30701—32700册
定　　价	**49.00元**

凡购买我社图书，如有缺页、倒页、脱页的，本社营销中心负责调换

版权所有·侵权必究

第二版前言

本书是普通高等教育"十一五"国家级规划教材,是根据《国务院关于大力发展职业教育的决定》、《教育部关于全面提高高等职业教育教学质量的若干意见》等文件精神,以及教育部对普通高等教育"十一五"国家级规划教材建设的具体要求组织编写的。

全书共9章,主要内容包括水力发电概述、水电站进水和引水建筑物、水电站压力管道、水电站水锤及调节保证计算、调压室、水电站主要机电设备、水电站厂房布置设计、地面厂房结构布置、地下厂房及抽水蓄能电站等。

本书在编写过程中,编者根据高等职业教育工学结合人才培养要求,针对水利水电工程设计和施工单位生产第一线技术人员开展了广泛调查和研讨,遵循高等职业教育教学规律,重点突出工学结合特色,注重学生实践能力培养,对课程内容进行了调整和优化,并参照现行技术规范进行编写,力求深入浅出,概念清晰准确,文字通俗易懂,便于读者学习。

本书由福建水利电力职业技术学院侯才水副教授担任主编并负责统稿,中国水利水电第十六工程局吕孟静教授级高级工程师和中国水电顾问集团华东勘测设计研究院陈丽芬教授级高级工程师担任主审。参加本书编写的有:福建水利电力职业技术学院侯才水(编写第1章、第3章、第4章、第6章和第7章);湖南水利水电职业技术学院廖金彪(编写第2章);华北水利水电学院水利职业学院杨慧丽(编写第5章);四川水利职业技术学院由金玉(编写第8章);福建水利电力职业技术学院李雪娇(编写第9章)。

本书在编写过程中,得到水利水电工程设计和施工单位生产第一线技术人员的热情帮助与大力支持;引用了大量的规范和文献资料,参考了有关院校编写的教材,未在书中一一注明出处,在此对有关作者表示衷心感谢。

由于编者学识水平有限,书中难免有不妥或错误之处,敬请读者批评指正。

编 者
2011年1月

第一版前言

本书是根据2004年12月在北京召开的《全国高职高专水利水电类精品规划教材》编审会会议精神组织编写的。

在本书编写过程中，根据高等职业教育的特点和专业需要，突出实用性和特色性，强调理论知识的应用和实践技能的锻炼，注重学生就业能力的培养；结合高职高专教学改革的实践，尤其是考虑学制三年改为两年的需要，对课程内容进行了调整与优化，力求课程内容精炼，基本概念准确，文字通俗易懂，叙述条理清晰，便于读者学习；全面采用新规范、新标准，适当反映水电建设新技术。

本书由福建水利电力职业技术学院侯才水担任第一主编，湖北水利水电职业技术学院胡天舒担任第二主编，武汉大学水利水电学院程永光教授担任主审。参加本书编写的有：福建水利电力职业技术学院侯才水（编写第1章、第2章和第7章）；湖北水利水电职业技术学院胡天舒（编写第3章第4～5节、第5章）；黑龙江大学水利电力学院于奎（编写第3章第1～3节、第8章）；福建水利电力职业技术学院罗绍蔚（编写第4章）；湖北水利水电职业技术学院刘能胜（编写第6章）。全书由侯才水负责统稿和核对工作。

本书在编写过程中，引用了大量的规范和文献资料，参考了有关院校编写的教材，未在书中一一注明出处，在此对有关作者表示衷心感谢。

由于编者学识水平有限，且时间仓促，书中难免有不妥或错误之处，敬请读者批评指正。

编 者

2005年6月

目 录

第二版前言

第一版前言

第1章 水力发电概述 ··· 1
1.1 水力发电的基本原理及特点 ································· 1
1.2 水能资源的开发方式及水电站的基本类型 ················· 5
1.3 水电站的组成建筑物 ·· 11
1.4 水电开发的环境保护与可持续发展 ························ 12
小结 ·· 14
习题及思考题 ·· 14

第2章 水电站进水和引水建筑物 ···························· 15
2.1 进水口的功用、要求及类型 ································ 15
2.2 有压进水口 ··· 15
2.3 无压进水口 ··· 21
2.4 引水建筑物 ··· 23
2.5 压力前池与日调节池 ·· 28
小结 ·· 35
习题及思考题 ·· 35

第3章 水电站压力管道 ·· 36
3.1 压力管道的功用与类型 ····································· 36
3.2 压力管道的线路选择和布置方式 ·························· 38
3.3 明钢管的构造、附件及敷设方式 ·························· 40
3.4 压力管道的水力计算与尺寸拟定 ·························· 47
3.5 明钢管的结构分析 ··· 50
3.6 钢岔管 ··· 67
小结 ·· 71
习题及思考题 ·· 71

第4章 水电站水锤及调节保证计算 ························· 73
4.1 水锤及其传播速度 ··· 73

4.2	水锤基本方程和边界条件	76
4.3	简单管道水锤计算的解析法	80
4.4	复杂管道的水锤计算	88
4.5	机组调节保证计算	90
	小结	99
	习题及思考题	100

第5章 调压室 101

5.1	调压室的功用、要求及设置条件	101
5.2	调压室的工作原理和基本方程	103
5.3	调压室的基本类型	105
5.4	调压室水位波动的计算	108
5.5	调压室水位波动的稳定问题	112
5.6	调压室水力计算条件的选择	114
	小结	116
	习题及思考题	116

第6章 水电站主要机电设备 117

6.1	水轮机	117
6.2	发电机	140
6.3	主变压器	145
6.4	起重设备	146
6.5	油、气、水系统	148
6.6	电气二次设备	149
	小结	150
	习题及思考题	150

第7章 水电站厂房布置设计 152

7.1	水电站厂房的任务、组成及基本类型	152
7.2	立式机组主厂房设备的布置	158
7.3	主厂房的轮廓尺寸的确定	166
7.4	卧式机组厂房的布置	172
7.5	灯泡贯流式水电站厂房布置	176
7.6	副厂房的布置	180
7.7	厂房的采光、通风、交通及防火	184
7.8	厂区布置	185
	小结	188
	习题及思考题	189

第8章 地面厂房结构布置 190

8.1	厂房结构概述	190

  8.2 厂房的整体稳定分析 …………………………………………………… 193
  8.3 吊车梁和构架 ……………………………………………………………… 196
  8.4 机墩和楼板 ………………………………………………………………… 200
  8.5 蜗壳和尾水管 ……………………………………………………………… 202
  小结 …………………………………………………………………………… 206
  习题及思考题 ………………………………………………………………… 206

第 9 章 地下厂房及抽水蓄能电站 ……………………………………………… 207
  9.1 地下厂房 …………………………………………………………………… 207
  9.2 抽水蓄能电站 ……………………………………………………………… 221
  小结 …………………………………………………………………………… 235
  习题及思考题 ………………………………………………………………… 236

参考文献 …………………………………………………………………………………… 237

第1章 水力发电概述

1.1 水力发电的基本原理及特点

1.1.1 我国水能资源蕴藏量及特点

水能资源是指以位能、压能和动能等形式存在于水体中的能量资源,也称水力资源。广义的水能资源包括河流水能、潮汐水能、波浪能和海流能等能量资源;狭义的水能资源指河流的水能资源。在自然状态下,水能资源的能量消耗于克服水流阻力,冲刷河床、海岸,搬运泥沙和漂浮物等,采取一定的工程技术措施后,可将水能转变为机械能或电能,为人类服务。

我国幅员辽阔,江河纵横,湖泊众多,蕴藏着巨大的水能资源,是世界上水能资源最丰富的国家,且水电开发建设的自然条件优越。根据1980年我国水能资源普查(除台湾省外),全国水能资源理论蕴藏量按多年平均流量计算为6.76047亿kW,相当于年发电量5.9222万亿kW·h,居世界首位。我国水能资源蕴藏量及可开发的水能资源见表1-1。

经过最新的经济、技术、环境综合评估、筛选等调查统计,2005年底,我国大陆水力资源理论蕴藏量为6.944亿kW,年理论发电量为6.0829万亿kW·h,其中技术可开发装机容量为5.416亿kW,年发电量为2.474万亿kW·h;经济可开发装机容量为4.02亿kW,年发电量为1.75万亿kW·h。

表1-1　　　　　我国水能资源蕴藏量及可开发的水能资源

地　区	水能蕴藏量			可能开发的水能资源		
	装机容量(MW)	年发电量(亿kW·h)	占全国(%)	装机容量(MW)	年发电量(亿kW·h)	占全国(%)
西南地区	473311.8	41462.1	70.0	23234.33	13050.36	67.8
中南地区	64083.7	5613.8	9.5	6743.49	2973.65	15.5
西北地区	84176.9	7373.9	12.5	4193.77	1904.93	9.9
华东地区	30048.8	2632.3	4.4	1790.22	687.94	3.6
东北地区	12126.6	1062.3	1.8	1199.45	383.91	2.0
华北地区	12299.3	1077.4	1.8	691.98	232.25	1.2
全国	676047.1	59221.8	100.0	378532.4	19233.04	100.0

从水能资源蕴藏量分布及开发利用的现状看,我国水能资源具有以下特点。

(1)总量丰富,分布不均。按最新调查统计,我国水能资源可开发容量及年发电量均列世界之冠。但在时间分布上，夏秋两季中的4～5个月的径流量占全年的60%～70%，冬春季径流量很少；在地区分布上，可从表1-1看出，经济比较发达的华东、东北和华北3个地区，水能资源相对较少，其总和只占全国可开发水能资源的6.8%，但经济发展水平相对落后、交通不便以及人口相对稀少的西南地区却集中了全国可开发水能资源的67.8%。

(2) 开发率低，发展迅速。我国水能资源开发利用程度与世界其他国家相比较低。按1996年常规水电站发电量统计开发利用程度，法国为74%，瑞士为72%，日本为66%，巴拉圭为61%，挪威为60%，英国为58%，瑞典为56%，芬兰、美国为55%。截至2010年8月底，我国水电总装机容量达到2.0亿kW，开发程度达到37%。虽然我国水能资源开发利用程度相对较低，但其发展是非常迅速的。我国第一座水电站——昆明石龙坝水电站建成于1912年，装机容量1440kW。1949年，全国水电站装机容量仅360MW，年发电量12亿kW·h。新中国成立后，我国政府十分重视水电开发利用，水电事业得到了蓬勃发展，特别是我国改革开放以来，水电事业发展的速度更快。到2009年底，我国电力总装机容量已达8.74亿kW，其中水电总装机容量为2.0亿kW，占全国电力总装机容量的22.88%，水电总装机容量稳居世界第一。

(3) 前景宏伟，任重道远。如前所述，我国水能资源丰富，开发利用程度较低，所以水能资源开发利用有着宏伟的前景。据1977～1980年第三次水能资源普查，把水量丰富、水能集中的河流作为水电开发的重点基地，我国近期和远期规划可开发的水电基地有12个。

1) 黄河上、中游水电基地。黄河上游，从龙羊峡至青铜峡全长918km，河流落差1317m，可建15座水电站，总装机容量达12460MW；黄河中游可建10座水电站，装机容量为6000MW。

2) 红水河水电基地。红水河属于珠江水系的西江上游，可建10座水电站，装机容量为6000MW。

3) 长江上游水电基地。长江上游规划4座水电站，已建成葛洲坝水电站，装机容量为2715MW；三峡水电站装机容量为18200MW，全部机组已于2010年投入运行。

4) 金沙江水电基地。可建8座水电站，装机容量为51000MW，其中有4座是5000～10000MW的巨型水电站。

5) 雅砻江水电基地。可建11座水电站，装机容量为19010MW。

6) 大渡河水电基地。可建16座水电站，装机容量为17600MW。

7) 乌江水电基地。可建8座水电站，装机容量为6240MW。

8) 澜沧江水电基地。可建15座水电站，装机容量为20730MW。

9) 湘、鄂、赣水电基地。湖南规划73座水电站，装机容量为8410MW；湖北规划27座水电站，装机容量为5230MW；江西规划37座水电站，装机容量为3660MW。

10) 闽浙地区水电基地。福建规划43座水电站，装机容量为4670MW；浙江规划22座水电站，装机容量为3130MW。

11) 东北水电基地。规划67座水电站，装机容量为10240MW。

12) 雅鲁藏布江墨脱水电基地。位于墨脱县境内的大河湾，若用40km的隧洞引水，装机容量可达 40000 多 MW，是世界上第一大水电站。

可以预见，在环境问题日益受到全球关注的今天，水电的开发利用将受到更加重视，水力发电事业前景宏伟，任重道远。21 世纪将是我国水电大发展的时代，中国的水电开发技术将随着我国水电建设事业的发展达到世界领先水平。

1.1.2 水力发电的基本原理

在天然河流上，修建水工建筑物，集中水头，通过一定的流量将"水能"输送到水轮机中，使水能转变为旋转机械能，带动发电机发电，由输电线路送往用户。这种利用水能资源发电的方式称为水力发电，它是现代电力生产的重要方式之一，也是开发利用河流水能资源的重要方式。

如图 1-1 所示，高处水库中的水体具有较大的位能，当水体由压力管道流进安装在水电站厂房内的水轮机而排至水电站的下游时，水流带动水轮机的转轮旋转，使水能转变为旋转的机械能，水轮机转轮带动发电机转子旋转切割磁力线，在发电机的定子绕组上产生感应电动势，当和外电路接通时，发电机就向外供电了，这样，水轮机的旋转机械能就通过发电机转变为电能。

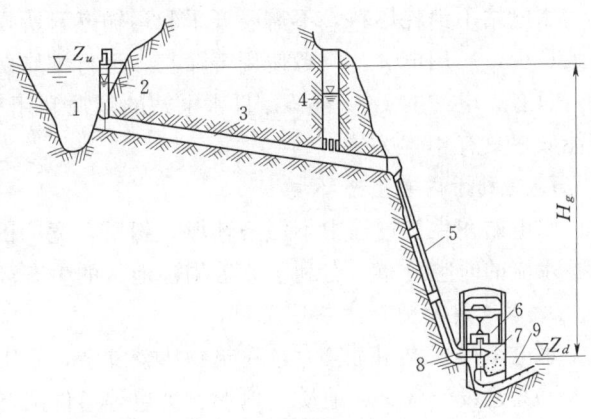

图 1-1 水电站示意图
1—水库；2—进水建筑物；3—引水隧洞；4—调压室；
5—压力管道；6—发电机；7—水轮机；
8—主阀；9—尾水渠

上述就是水力发电的过程。为了实现这个能量的连续转换而修建的水工建筑物和所安装的水轮发电设备及其附属设备的总体，就称为水电站。

1.1.3 水力发电的特点

水力发电提供电能区别于其他能源，具有以下特点。

1. 水能的再生

水能资源来自河川天然径流，而河川天然径流则主要由自然界气、水循环形成的，水循环（降水、径流、蒸发、降水）使水能可以再生循环使用，故水能称为"再生能源"。太阳能、风能、潮汐能等，也是再生能源。目前，风能开发利用技术比较成熟，我国东南沿海和内蒙古草原相继建成了许多风力发电场，但太阳能、潮汐能由于大规模地开发利用的技术还不很成熟，成本很高，目前还不能大量开发利用。

2. 水资源可综合利用

水力发电只利用水流中的能量，不消耗水量。如果水电站枢纽具有容量较大的水库，则除发电以外，还可兼顾防洪、灌溉、航运、供水、水产养殖、旅游等综合利用效益。

3. 水能的储蓄和调节

电能不能储存，生产和消耗是同时完成的。而水电站可以借助于水库，储蓄水能，代替储蓄电能，有利于增强电力系统对负荷的调节能力，提高供电质量和经济效益。

4. 水力发电的可逆性

将位于高处的水体引向低处的水轮发电机组，使水能转变成电能；而将位于低处的水体通过电动抽水机组提送到高处的水库储存，使电能又转变成水能。利用这种可逆性修建抽水蓄能电站，对提高电力系统的负荷调节能力具有独特的作用。

5. 机组运行的灵活性

水轮发电机组具有设备简单，运行操作灵活，易于实现自动化运行管理等优点。机组可在几分钟内启动，投入运行，增、减负荷十分方便。因此，水电站最适于承担电力系统的调峰、调频任务和承担事故备用、负荷备用容量。

6. 水电站生产成本低、效率高

水电站不消耗燃料，不需要开采和运输燃料所投入的大量人力和设施，设备简单，运行人员少，厂用电少，设备使用寿命长，运行维修费用低，所以水电站的电能生产成本低廉，只有火电站的1/8～1/5，且水电站的能源利用率高，可达85%以上，而火电厂燃煤热能效率只有40%左右。

7. 有利于改善生态环境

水电站在生产过程中不污染环境。相反，宽广的水库水面可调节所在地区的小气候，调整水流的时空分布，有利于改善周围地区的生态环境，可以成为风景游览区。

8. 水电建设受自然条件限制

水电工程规模相对较大，建筑物比较复杂，施工较困难，建设工期较长，一次性投资较大。其建设受水文、地质、地形、交通等条件限制，且造成一定的淹没损失。

1.1.4 水电站的出力和发电量的计算

水电站在某时刻输出的功率，称为水电站在该时刻的出力。水电站在任一时刻的出力，取决于该时刻水电站上、下游的水位差和通过水电站水轮机的流量，其关系简单推导如下。

如图1-1所示，设在某时刻上游水位为Z_u，下游水位为Z_d，在t时间内有体积V的水体经过水轮机而排入下游，则由水力学原理可知，这一水体的位能将减少$\rho_w gV(Z_u-Z_d)$，这里ρ_w是水的密度，$\rho_w=1000\text{kg/m}^3$。假设上游和下游水流流速近似相等（即将上、下游水流的动能变化忽略不计），那么，在不考虑能量转变过程中的损失的情况下，水体减少的位能，就是水电站在t时间内可以发出的电能，其相应的出力称为水电站的理论出力P_t：

$$P_t = \frac{\rho_w gVH_g}{t} = \rho_w gQH_g = 9.81QH_g (\text{kW}) \tag{1-1}$$

式中　Q——水轮机的引用流量，$Q=V/t$，m^3/s；

H_g——水电站上、下游的高程差，称为水电站的毛水头，$H_g=Z_u-Z_d$，m。

水头和流量是构成水能的两个基本要素，是水电站动力特性的重要表征。

实际上，在由水能到电能的转变过程中，不可避免地要有能量损失，这种损失表现在两个方面：一方面，在水流自上游到下游的整个过程中，由于摩擦、漏水和撞击会损失一部分能量，通常用水头损失Δh来表示，从毛水头H_g中扣除水头损失Δh，才是作用在水轮机上的有效水头，称为净水头$H(H=H_g-\Delta h)$，也称为工作水头；另一方面，在水轮机、发电机和传动设备中实现能量的转换和传递时，由于机械磨损等原因，也将损失一部分能量，包括水力损失、水量损失和机械损失。由于上述两个方面的能量损失，所以水电站的实际出力要小于由式（1-1）计算出的理论出力。因此，水电站的实际出力 P 由式（1-2）计算：

$$P=9.81Q(H_g-\Delta h)\eta=9.81QH\eta(\text{kW}) \qquad (1-2)$$

式中　H——水轮机的工作水头，m；

　　　η——水轮发电机组的总效率。

η 值的大小与设备类型、性能、机组传动方式、机组工作状态等因素有关，同时也受设备生产和安装工艺质量的影响。在初步计算中，可以近似地认为总效率 η 是一个常数，若令 $K=9.81\eta$，则式（1-2）可以改写为：

$$P=KQH(\text{kW}) \qquad (1-3)$$

式中　K——水电站的出力系数，对于大中型水电站，K 值可取为 8.0～8.5；对于中小型水电站，K 值一般取为 6.5～8.0。

在由式（1-3）计算水电站的出力时，还必须知道净水头 H。静水头 $H_g=Z_u-Z_d$ 是知道的，而水头损失 Δh 则与过水流道的长度、截面形状和尺寸、构造材料、敷设方式、施工工艺质量等因素有关，必须在电站的总体布置完成后才能作出比较精确的计算。在初步计算时，可以参照已建成的同类型电站，暂估一个 Δh 值，然后再作校核。根据工程经验，Δh 可估为 H_g 的 3%～10%，输水道短的取小值，输水道长的取大值。还要指出，若在初步计算中用 H_g 代替 H，亦即略去水头损失 Δh 不计，这时出力系数 K 值应相应减小，否则会使计算成果偏大。

水电站的发电量 E 是指在一定时段（如日、月、季、年）内水电站发出的电能总量，单位为 kW·h。对于较短的时段，如日、月等，发电量 E 可由该时段内电站的平均出力 $\overline{P}$ 和该时段的小时数 T 相乘得出，即：

$$E=\overline{P}T(\text{kW·h}) \qquad (1-4)$$

对于较长的时段，如季、年等，可由式（1-4）先计算该季或年内各日（或月）的发电量，然后再相加得出。

1.2　水能资源的开发方式及水电站的基本类型

由 1.1 节可知，为了利用河流的水能来发电，首先要有水头，即要求在水电站的上、下游有一定的水位差。在通常情况下，水电站的水头是通过适当的工程措施，将分散在一定河段上的自然落差集中起来而构成的。就集中落差形成水头的措施而言，水能资源的开发方式可分为坝式、引水式和混合式三种基本方式。根据三种不同的开发方式，水电站也可分为坝式、引水式和混合式三种基本类型。

抽水蓄能电站和潮汐电站也是水能利用的重要形式。

1.2.1　坝式开发和坝式水电站

在河流峡谷处拦河筑坝，坝前壅水，形成水库，在坝址处形成集中落差，这种开发方式称为坝式开发。用坝集中落差的水电站称为坝式水电站，其特点如下：

(1) 坝式水电站的水头取决于坝高。坝越高，水电站的水头越大，但坝高往往受地形、地质、水库淹没、工程投资、技术水平等条件的限制。目前坝式水电站的最大水头不超过300m。

(2) 拦河筑坝形成水库，可用来调节流量。坝式水电站的引用流量较大，电站的规模也大，水能利用较充分。目前世界上装机容量超过2000MW的水电站大都是坝式水电站。此外坝式水电站水库的综合利用效益高，可同时满足防洪、发电、供水等兴利要求。

(3) 由于工程规模大，水库造成的淹没范围大，迁移人口多，因此坝式水电站的投资大，工期长。

坝式开发适用于河道坡降较缓，流量较大，有筑坝建库条件的河段。

坝式水电站按大坝和发电厂房相对位置的不同可分为河床式和坝后式水电站。

1. 河床式水电站

河床式水电站一般修建在河流中下游河道纵坡平缓的河段上，为避免大量淹没，坝建得较低，故水头较小。大中型河床式水电站水头一般为25m以下，不超过30～40m；中小型水电站水头一般在10m以下。其引用流量一般都较大，属于低水头大流量型水电站。其特点是：厂房与坝（或闸）一起建在河床上，厂房本身承受上游水压力，并成为挡水建筑物的一部分，一般不设专门的引水管道，水流直接从厂房上游进水口进入水轮机，如图1-2所示。我国湖北葛洲坝、浙江富春江、广西大化等水电站均为河床式水电站。

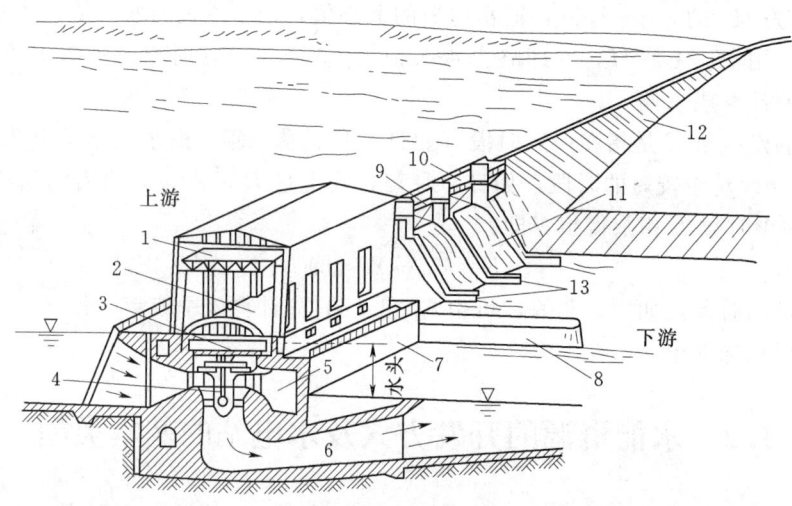

图1-2 河床式水电站

1—桥式吊车；2—主厂房；3—发电机；4—水轮机；5—蜗壳；6—尾水管；7—水电站厂房；8—尾水导墙；9—闸门；10—工作桥；11—溢流坝；12—拦河坝；13—闸墩

2. 坝后式水电站

坝后式水电站一般修建在河流中上游的山区峡谷地段，受水库淹没限制相对较小，所以坝可建得较高，水头也较大，在坝的上游形成了可调节天然径流的水库，有利于发挥防洪、灌溉、航运及水产等综合效益，并给水电站运行创造了十分有利的条件。由于水头较高，厂房不能承受上游过大水压力而建在坝后（或坝下游），如图1-3所示。其特点是：

水电站厂房布置在坝后,厂坝之间常用缝分开,上游水压力全部由坝承受。三峡水电站、福建水口水电站等均属坝后式水电站。

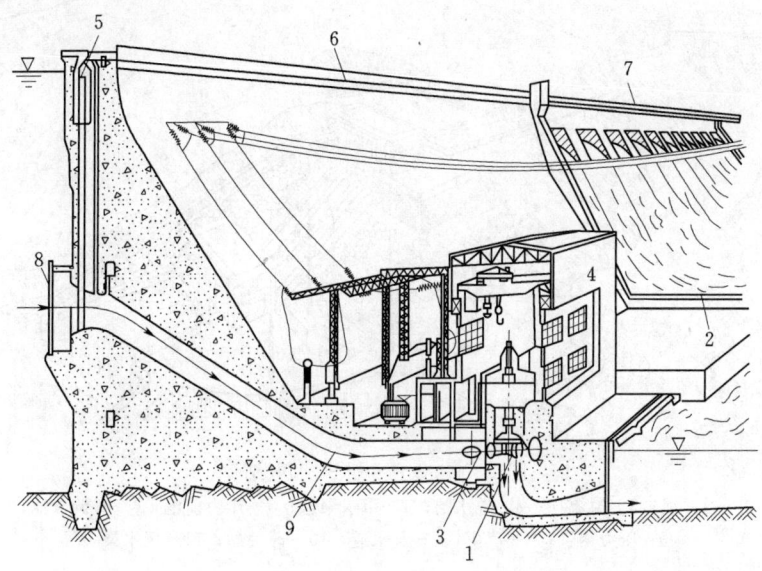

图1-3 坝后式水电站
1—水轮机;2—导流墙;3—主阀;4—厂房;5—闸门;
6—拦河坝;7—溢流坝;8—拦污栅;9—压力管道

坝后式水电站厂房的布置型式较多,当厂房布置在坝体内时,称为坝内式水电站;当厂房布置在溢流坝段之后时,通常称为溢流式水电站。当水电站的拦河坝为土坝或堆石坝等当地材料坝时,水电站厂房可采用河岸式布置。

1.2.2 引水式开发和引水式水电站

在河流坡降较陡的河段上游,通过人工建造的引水道(渠道、隧洞、管道等)引水到河段下游,集中落差,这种开发方式称为引水式开发。用引水道集中水头的水电站称为引水式水电站。

引水式开发的特点是由于引水道的坡降(一般取1/1000～1/3000)小于原河道的坡降,因而随着引水道的增长,逐渐集中水头;与坝式水电站相比,引水式电站由于不存在淹没和筑坝技术上的限制,水头相对较高,目前最大水头已达2000m以上;引水式电站的引用流量较小,没有水库调节径流,水量利用率较低,电站规模相对较小,工程量较小,单位造价较低。

引水式开发适用于河道坡降较陡且流量较小的山区河段。根据引水建筑物中的水流状态不同可分为无压引水式水电站和有压引水式水电站。

1. 无压引水式水电站

如图1-4所示,水电站引水建筑物中的水流是无压流。无压引水式水电站的主要建筑物有低坝、无压进水口、沉沙池、引水渠道(或无压隧洞)、日调节池、压力前池、溢水道、压力管道、厂房和尾水渠等。

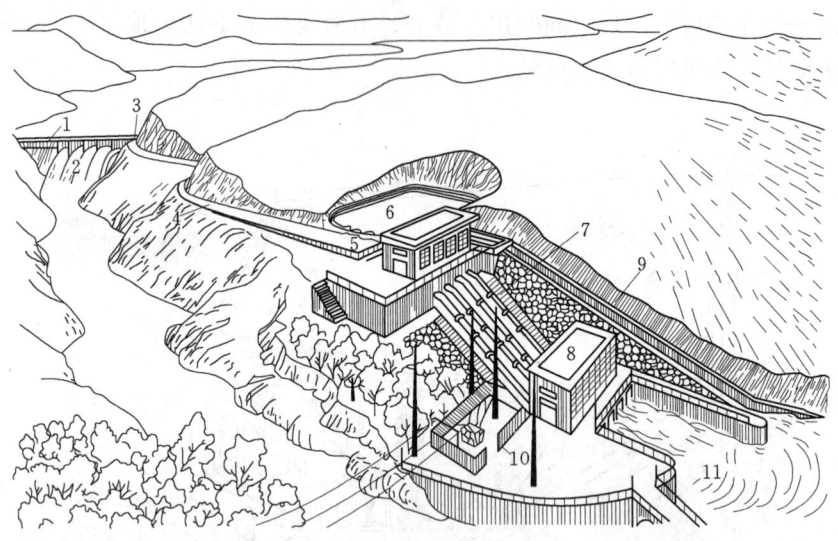

图 1-4 无压引水式水电站
1—拦河坝；2—溢流坝；3—进水闸；4—引水渠道；5—压力前池；6—日调节池；
7—压力钢管；8—厂房；9—泄水道；10—开关站；11—尾水渠

2. 有压引水式水电站

如图 1-1 所示，水电站引水建筑物中的水流是有压流。有压引水式水电站的主要建筑物有拦河坝、有压进水口、有压引水隧洞、调压室、压力管道、厂房和尾水渠等。

1.2.3 混合式开发和混合式水电站

在一个河段上，同时采用筑坝和有压引水道共同集中落差的开发方式称为混合式开发。坝集中一部分落差后，再通过有压引水道集中坝后河段上另一部分落差，形成了电站的总水头。用坝和引水道集中水头的水电站称为混合式水电站。

混合式水电站适用于上游有良好坝址，适宜建库，而紧邻水库的下游河道突然变陡或河流有较大转弯的情况。这种水电站同时兼有坝式水电站和引水式水电站的优点，如图 1-5 所示。

混合式水电站和引水式水电站之间没有明确的分界线。严格说来，混合式水电站的水头是由坝和引水建筑物共同形成的，且坝一般构成水库。而引水式水电站的水头，只由引水建筑物形成，坝只起抬高上游水位的作用。但在工程实际中常将具有一定长度引水建筑物的混合式水电站统称为引水式水电站，而较少采用混合式水电站这个名称。

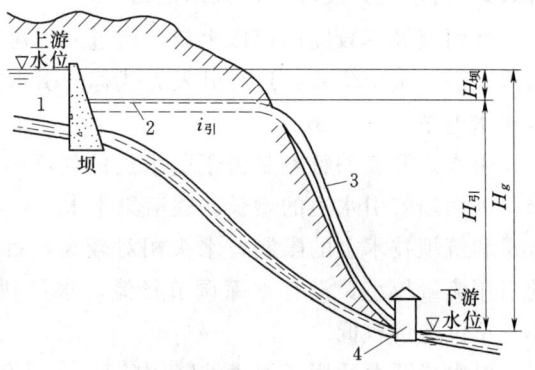

图 1-5 混合式水电站示意图
1—水库；2—引水隧洞；3—压力管道；4—厂房

1.2.4 抽水蓄能电站

随着国民经济的迅速发展以及人民生活水平的不断提高，电力负荷和电网日益扩大，

1.2 水能资源的开发方式及水电站的基本类型

电力系统负荷的峰谷差越来越大,因此解决调峰填谷的任务愈来愈迫切。

在电力系统中,核电站和火电站不能适应电力系统负荷的急剧变化,且受到技术最小出力的限制,调峰能力有限,而且火电机组调峰煤耗多,运行维护费用高。而水电站启动与停机迅速,运行灵活,适宜担任调峰、调频和事故备用负荷。

抽水蓄能电站不是为了开发水能资源向系统提供电能,而是以水体为储能介质,起调节作用。抽水蓄能电站包括抽水蓄能和放水发电两个过程,它有上、下两个水库(水池),用引水建筑物相连,蓄能电站厂房建在下水池处,如图 1-6 所示。在系统负荷低谷时,利用系统多余的电能带动泵站机组(电动机+水泵)将下水池的水抽到上水池,以水的势能形式储存起来;当系统负荷高峰时,将上水池的水放下来推动水轮发电机组(水轮机+发电机)发电,以补充系统中电能的不足。

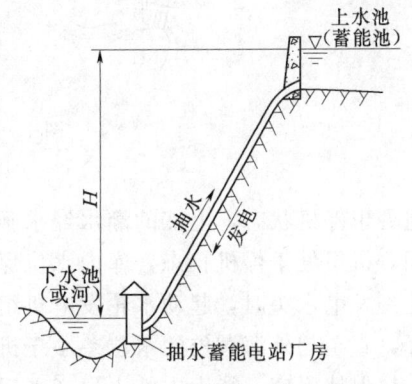

图 1-6 抽水蓄能电站示意图

随着电力行业的改革,实行负荷高峰高电价、负荷低谷低电价后,抽水蓄能电站的经济效益将是显著的。抽水蓄能电站除了产生调峰填谷的静态效益外,还由于其特有的灵活性而产生动态效益,包括同步备用、调频、负荷调整、满足系统负荷急剧爬坡的需要、同步调相运行等。

1.2.5 潮汐水电站

海洋水面在太阳和月球引力的作用下,发生一种周期性涨落的现象,叫做潮汐。从涨潮到涨潮(或落潮到落潮)之间间隔的时间,即潮汐运动的周期(亦称潮期),约为 12 小时又 25 分钟。在一个潮汐周期内,相邻高潮位与低潮位间的差值,称为潮差,其大小受引潮力、地形和其他条件的影响因时因地而异,一般为数米。有了这样的潮差,就可以在沿海的港湾或河口建坝,构成水库,利用潮差所形成的水头来发电,这就是潮汐能的开发。据计算,世界海洋潮汐能蕴藏量约为 27×10^6 MW,若全部转换成电能,每年发电量大约为 1.2 万亿 kW·h。根据 1981 年对我国 500kW 以上可以开发的站址进行统计(不包括台湾),可开发的装机容量为 21580MW,年发电量 619 亿 kW·h。

利用潮汐能发电的水电站称为潮汐水电站,如图 1-7 所示。潮汐电站多修建于海湾。其工作原理是修建海堤,将海湾与海洋隔开,并设泄水闸和电站厂房,然后利用潮汐涨落时海水位的升降,使海水流经水轮机,通过水轮机的转动带动发电机组发电。涨潮时外海水位高于内库水位,形成水头,这时引海水入湾发电;退潮时外海水位下降,低于内库水位,可放库中的水入海发电。海潮每昼夜涨落两次,因此海湾每昼夜充水和放水也是两次。潮汐水电站可利用的水头为潮差的一部分,水头较小,但引用的海水流量可以很大,是一种低水头大流量的水电站。

按建筑物布置和不同的发电方式,潮汐水电站可分为单库单向、单库双向及双库连续发电三种类型。

(1) 单库单向潮汐水电站。建造一个水库,采用单向水轮发电机组,只在落潮或涨潮时发电。电站运行由 4 种工况组成一个循环,如单向落潮发电为:①充水,开启水闸,机

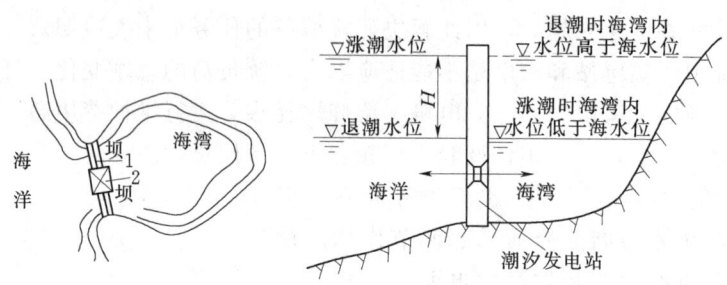

图 1-7 潮汐水电站布置示意图
1—挡水坝；2—电站厂房

组处于停机状态，上涨的潮水经水闸进入水库，至库内外水位齐平为止；②等候，水闸关闭，机组处于停机状态，库内水位保持不变，外海水位因落潮逐步下降，待库内外水位差达到发电水头时，起动水轮发电机组发电；③发电，机组开机，库内水流外泄，库水位下降，直至与外海潮位的水位差小于机组发电所需的最小水头为止；④等候，机组停机，库水位保持不变，待库内外水位齐平后转入下一循环。

单向涨潮发电系采用在涨潮时发电充水、落潮时泄水的方式。由于涨潮发电利用的库容在水库的较下部，比采用落潮发电利用的库容小，而该部分库容又易被泥沙淤积，因此在多数情况下，单库单向潮汐水电站采用落潮发电方式。

(2) 单库双向潮汐水电站。建造一个水库，但在落潮和涨潮时都能发电。它有两种布置型式：一种是采用双向（正、反向）发电的水轮发电机组；另一种是改变水工建筑物的布置方式，仍采用单向发电机组，使水流在涨潮和落潮时均能按同一方向进入和流出水轮机组发电。单库双向潮汐电站由 6 种运行工况组成一个循环，即等候、涨潮发电、充水、等候、落潮发电、泄水等。一般以落潮发电为正向发电，涨潮发电为反向发电。

(3) 双库连续潮汐电站。建造两个相邻的水库，分别用水闸与外海相通，一个水库（高水库）进潮，一个水库（低水库）出潮，两水库间设置发电厂房，采用单向发电机组。在涨落潮中，控制进水闸和出水闸，使高水库与低水库间始终保持一定落差，水流由高水库流向低水库，实现连续发电。

潮汐能与一般水能资源不同，是取之不尽，用之不竭。潮差较稳定，且不存在枯水年与丰水年的差别，因此潮汐能的年发电量稳定。但由于发电的开发成本较高和技术上的原因，所以发展较慢。

1.2.6 无调节水电站和有调节水电站

水电站除按开发方式进行分类外，还可以按其是否有调节天然径流的能力而分为无调节水电站和有调节水电站两种类型。

无调节水电站没有水库，或虽有水库却不能用来调节天然径流。当天然流量小于电站能够引用的最大流量时，电站的引用流量就等于或小于该时刻的天然流量；当天然流量超过电站能够引用的最大流量时，电站最多也只能利用它所能引用的最大流量，超出的那部分天然流量只好弃水。

凡是具有水库，能在一定限度内按照负荷的需要对天然径流进行调节的水电站，统称为有调节水电站。根据调节周期的长短，有调节水电站又可分为日调节水电站、年调节水电站及多年调节水电站等,视水库的调节库容与河流多年平均年径流量的比值(称为库容系数)而定。无调节和日调节水电站又称径流式水电站。具有比日调节能力大的水库的水电站又称蓄水式水电站。

在前述的水电站中,坝后式水电站和混合式水电站一般都是有调节的;河床式水电站和引水式水电站则常是无调节的,或者只具有较小的调节能力,例如日调节。

1.2.7 河流的梯级开发和梯级水电站

以上所述均为一个河段水能资源的开发方式。但是,由于一条河流的自然特征(水文、地形和地质条件等)和社会经济特征(居民分布情况、工农业及交通运输业的布局),以及地区国民经济发展对综合利用该河流水资源的要求等原因,一座水电站所能开发利用的河段长度是有一定限度的。当一条河流的全长(从河源到河口)超过一个开发段所能达到的最大长度时,就必须将全河段分成若干个河段来开发利用。在一条河流上,自上而下,建造一个接一个水利枢纽,成为一系列的梯级枢纽,这种开发方式称为河流的梯级开发,如图1-8所示。梯级开发中的一系列水电站,称为梯级电站。

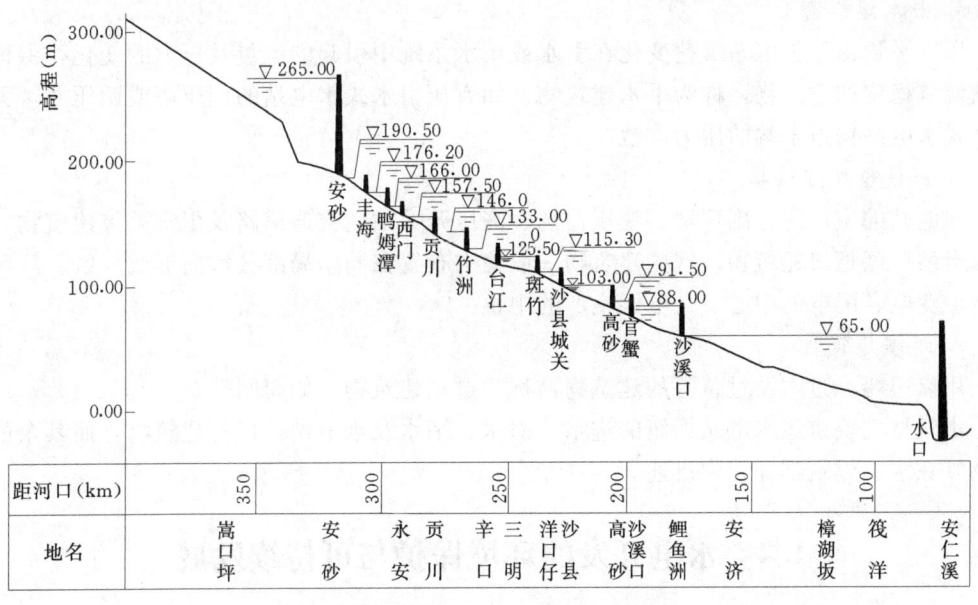

图1-8 沙溪河流域梯级电站布置示意图

河流梯级水电站开发的原则是:①在地形、地质和淹没限制等条件许可时,尽可能使各枢纽首尾衔接,以充分利用落差;②不允许淹没的河段,尽可能采用低坝河床式或引水式开发;③最上游一级最好是有较大的水库,以提高其调节控制性能;④优先建设比较关键且开发条件较优的工程。河流中上游有修较大水库的条件时,最好首先建设,这样对下游工程施工及运行管理有利。

1.3 水电站的组成建筑物

为了控制水流,实现水力发电而修建的一系列水工建筑物,称为水电站建筑物。水电站枢纽一般由以下建筑物组成。

1. 挡水建筑物

用以拦截河流，集中落差，形成水库的拦河坝、闸或河床式水电站的厂房等水工建筑物称为挡水建筑物。如混凝土重力坝、拱坝、土石坝、堆石坝及拦河闸等。

2. 泄水建筑物

用以宣泄洪水，供下游用水，放空水库的建筑物，称为泄水建筑物。如开敞式河岸溢洪道、溢流坝、泄洪洞及放水底孔等。

3. 进水建筑物

用以从河道或水库按发电要求引进发电流量的引水道首部建筑物，称为进水建筑物。如有压、无压进水口等。

4. 引水建筑物

用以集中水头，输送流量到水轮发电机组或将发电后的水排往下游河道的建筑物，称为引水建筑物，如渠道、隧洞、压力管道、尾水渠等。

5. 平水建筑物

用以平稳由于水电站负荷变化在引水或尾水系统中引起的流量及压力的变化，保证水电站调节稳定的建筑物，称为平水建筑物。如有压引水式水电站的调压塔或调压井，无压引水式水电站渠道末端的压力前池。

6. 厂区枢纽建筑物

水电站的主厂房、副厂房、变压器场、高压开关站、交通道路及尾水渠等建筑物，称为水电站厂区枢纽建筑物。这些建筑物一般集中布置在同一局部区域内形成厂区。厂区是发电、变电、配电的中心，是电能生产的中枢。

7. 过坝建筑物

用以通船、过木及过鱼等的建筑物，称为过坝建筑物。如船闸等。

本教材主要讲述水电站枢纽的进水、引水、平水及水电站厂房等建筑物，而其余的建筑物则在水工建筑物课程中讲述。

1.4 水电开发的环境保护与可持续发展

1.4.1 水电开发已进入生态制约阶段

我国是一个发展中国家，水电装机容量从1949年的36MW发展到2010年8月底的2.0亿kW。在不同的历史时期，水电事业的发展曾受到不同因素的制约。

新中国成立初期，我国水电事业发展受建筑材料和技术等因素的制约；后来，工程技术水平逐步得到提高，随之而来的是受资金的制约。为了加快我国电力发展，国家制定了各种优惠政策鼓励水电发展，调动各地办电的积极性。但在相当的一段时期，我国水电开发主要受到资金的制约。改革开放以后，随着我国经济实力的增强，国家水电投资的增加，极大地缓解了水电开发资金困难，而这阶段用电市场就成了主要的制约因素。

近几年来，国内外各界对生态和环境的问题日益关注。水电事业的发展在走出技术、资金、市场的制约后，又面临新因素的制约，即如何看待和处理水电开发对生态环境的影响,我国各界展开了激烈的讨论。这是人类社会趋于理性、向更高阶段发展的必然结果。人与自然的关系,从原始社会的"天人合一"到掠夺阶段的"人定胜天",再到目前人们所追求的"人与自然和谐",它是经济社会发展到一定程度的产物。只有把生态环境问题解决好,我国水电事业才能得到进一步的发展。

1.4.2 水电开发对生态环境的影响

科学地、实事求是地分析水电开发可能导致的生态环境问题,从一般意义上讲,可以归纳为以下八个方面。

(1) 对人的生存权和居住权的影响,即移民问题。这是一项庞杂的系统工程,是世界性的难题,也是生态环境影响中最值得关注的问题。新中国成立以来,我国修建了80000多座水库,移民人数多达1500多万,仅三峡工程就涉及移民110余万,这在世界上是没有的。我国政府历来十分重视移民工作,采取了多种措施,早期是采取经济补偿式移民安置;20世纪80年代后,采取开发型移民安置,即让移民拥有生产手段、生产资料,能进行积极的生产创业。现在是走向投资型移民安置,即让库区移民以其享有的土地使用权和居住权等作为资本入股,这种方式更为合理。但仍不可忽视的是许多移民至今仍未摆脱贫困,生产发展和生活没能很好解决,移民问题仍需引起高度重视。

(2) 对河道原生态的影响。在河道上建坝,阻断了天然河道,导致河道水流流态发生变化,使水库上游泥沙淤积,也是最令人担忧的问题。这是开发水电对生态环境所带来的最根本的影响,值得高度关注。

(3) 对气候的影响。这方面国内外有所不同。在国外,由于库容面积大,淹没大片森林,对大气造成污染,国际上把对大气的污染看作是对生态影响的首要问题;而我国多属高山峡谷型水库,与国外相比库容面积并不大,又没有大面积森林,因此我国水电开发对大气和气候影响相对较小。

(4) 水体变化带来的影响。首先是对航运的影响,水库水温有可能升高,水质变差,水库沟汊容易发生水污染等。

(5) 对鱼类和生物物种的影响。目前社会上极为关注的是对洄游鱼类造成的影响,而不是所有河流都有洄游鱼类。解决办法有:一是采取工程措施,建鱼道、鱼梯;二是对洄游鱼类进行人工繁殖。在不同的地区、不同的河流上建坝,对鱼类和生物物种的影响也是不同的,不能一概而论。

(6) 对文物和景观的影响。我国是文明古国,文物古迹极多,水库淹没必然会给文物、古迹带来影响,需要采取各种有效措施予以保护或迁移。

(7) 地质灾害的影响。修建水库可能会诱发地震、崩岸、滑坡、消落带等地质灾害,需要实施监测。

(8) 溃坝的影响。原因是多方面的,如运行不当、工程质量、超标准洪水、甚至战争等人为破坏,这种影响往往是灾难性的,对人文的生态环境和自然的生态环境都会造成极大的破坏。

以上八个方面的影响,要特别注重移民和对河道与泥沙的影响问题。要针对具体项目进行具体分析,作出对生态环境影响的评估,确定哪个项目该上,哪个项目不该上。

1.4.3 水电事业建设的可持续发展

我国是一个常规能源资源（指煤、石油、天然气、水能，目前消耗各占 75%、19%、2%、4%）十分缺乏的国家，人均占有能源资源很有限；而我国水能资源开发目前只达到 37%（发达国家甚至达到 90% 以上）。因此，我国要进一步发展，就必须解决电力能源问题，发展水电事业是势在必行的。

我国提出 2020 年要实现国内生产总值比 2000 年翻两番的目标，届时国家需电力装机容量达 9.3 亿 kW，其中水电装机容量需达 3.8 亿 kW，这就意味着今后平均每年新增水电装机容量 1800 多万 kW。

为达到上述发展目标，就必须创造一个水电可持续发展的环境。要转变观念，从过去水电开发都是以工程建设为主，转变为工程建设和生态环境建设并重和河流的开发与河流的保护并重。从广义上讲，任何水利水电工程都是生态工程。在今后的 20 年间，我国将迎来水电开发的高峰，在对每一个水电工程进行规划设计时，都要十分慎重地对待生态问题（包括人文生态环境保护和自然生态环境保护），认真做好生态环境的评估，保证水电事业的可持续发展。

小　　结

本章主要介绍了我国的水能资源及其开发利用的发展概况、水力发电的基本原理和特点、水电站出力和发电量的计算、水能资源的开发方式及水电站的基本类型、水电站建筑物组成、水能开发的环境保护与可持续发展。在学习过程中应着重掌握以下几点：

（1）我国的水能资源总量及其分布特点。
（2）水力发电的原理及特点。
（3）水电站出力及发电量估算。
（4）水电站不同开发方式的适用条件。
（5）各种水电站的主要组成建筑物。
（6）水电开发的环境保护与可持续发展。

习题及思考题

1. 何谓水能资源？其开发方式有哪些？
2. 水力发电的基本原理是什么？特点是什么？
3. 什么是水电站？水电站出力和发电量如何估算？
4. 水电站有哪些基本类型？
5. 坝式水电站与引水式水电站的主要区别有哪些？
6. 水电站有哪些组成建筑物？其主要作用是什么？
7. 如何实现水电开发的可持续发展？

第 2 章 水电站进水和引水建筑物

2.1 进水口的功用、要求及类型

2.1.1 进水口的功用和要求

进水建筑物简称进水口，是指从天然河道或水库中取水而修建的专门水工建筑物。水电站进水口是指为发电目的而专门修建的进水建筑物。水电站进水口位于引水系统的首部，其功用是引进符合发电要求的用水。

水电站进水口应满足下列基本要求：

（1）要有足够的进水能力。在任何工作水位下，进水口都应保证按照负荷要求引进所需的流量。因此，在枢纽总体布置时，必须合理安排进水口的位置和高程；选用足够的过水断面尺寸；防止产生吸气漩涡；一般按水电站的最大引用流量 Q_{max} 设计。

（2）水质要符合要求。不允许有害泥沙进入引水道和水轮机，因此进水口要设置拦污、拦沙、沉沙、防冰及冲沙、排冰设施。

（3）水头损失要小。进水口的位置应合理，外形轮廓应平顺，使水流通畅地进入引水道；断面尺寸应足够，以使水流速度控制在允许范围内，尽可能减小水头损失。

（4）可控制流量。进水口需设置闸门，为进水和引水系统的检修创造条件，并进行紧急事故关闭，截断水流，避免事故扩大。对无压引水式水电站，引用流量的大小也可由进口闸门控制。

（5）满足对水工建筑物的一般要求。进水口结构要有足够的强度、刚度和稳定性，并且结构简单，施工方便，造型美观，便于运行、检修和维护等。

2.1.2 水电站进水口的类型

水电站进水口按水流条件可分为无压进水口和有压进水口两大类。

无压进水口的主要特征是：取河流或水库的表层水，进水口的水流具有自由水面，水流为无压流，其后一般紧接无压引水建筑物，适用于从天然河道或水位变化不大的水库中取水。无压引水式水电站的进水口一般为无压进水口。

有压进水口的主要特征是：进水口位于水库死水位以下的一定深度，引进深层水，水流为有压流，其后常与有压引水隧洞或压力管道连接，适用于从水位变化幅度较大的水库中取水。有压进水口也称深式进水口或潜没式进水口。有压引水式水电站和坝后式水电站的进水口大都属于这种类型。

2.2 有压进水口

2.2.1 有压进水口的类型及适用条件

有压进水口的类型主要取决于水电站的开发和运行方式、引用流量、枢纽建筑物的总体布置要求以及地形地质条件等因素，可分为隧洞式、压力墙式、塔式和坝式四种主要类型。

1. 隧洞式进水口

隧洞式进水口的基本特征是：在隧洞进口附近的岩体中开挖竖井，闸门布置在竖井中，竖井的顶部布置启闭设备及操作室，如图2-1所示。

隧洞式进水口由进口段、闸门段和渐变段三部分组成。进口段的横断面一般为矩形，平面上及立面上均开挖成喇叭形，以使进口水流顺畅；进口处应设置拦污栅，常布置成倾斜，以扩大水流过栅面积，降低过栅流速，减小水头损失。闸门段是安置检修闸门和工作闸门的洞段，过水断面仍为矩形。渐变段为由矩形断面逐步过渡到有压隧洞圆形断面的过渡段。这种布置的特点是结构比较简单，能充分利用围岩的作用，钢筋混凝土工程量较少，不受风浪和冰冻的影响，受地震影响也较小，工作安全可靠。该型式适用于工程地质条件较好，岩体比较完整坚硬，山坡坡度适宜，易于开挖竖井和平洞的情况。

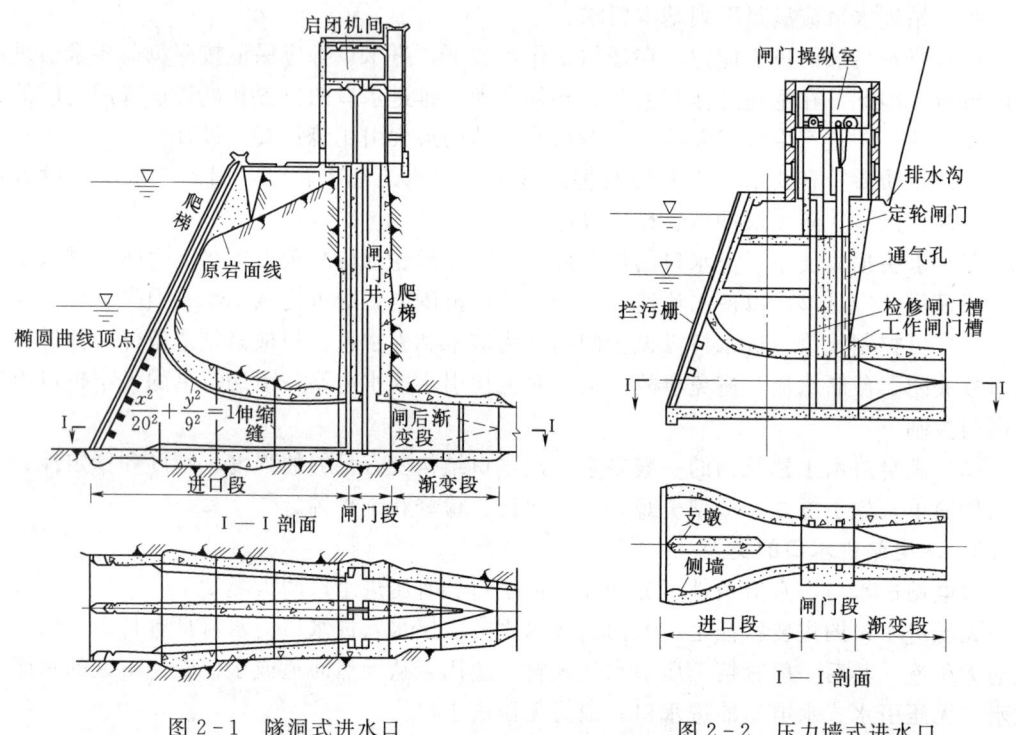

图2-1 隧洞式进水口　　　　　　图2-2 压力墙式进水口

2. 压力墙式进水口

压力墙式进水口的基本特征是：进口段和闸门段均布置在山岩之外，形成一个紧靠山岩的单独墙式建筑物，如图2-2所示。压力墙式进水口结构承受水压力及山岩压力，要求有足够的强度及稳定性。有时，为了简化结构布置，增加结构的稳定性及可靠性，可将进水口布置成倾斜的。压力墙式进水口适用于地质条件较差，山坡较陡，不易开挖竖井的情况。

3. 塔式进水口

塔式进水口的基本特征是：进口段、闸门段及其一部分框架形成一个独立的塔式结

2.2 有压进水口

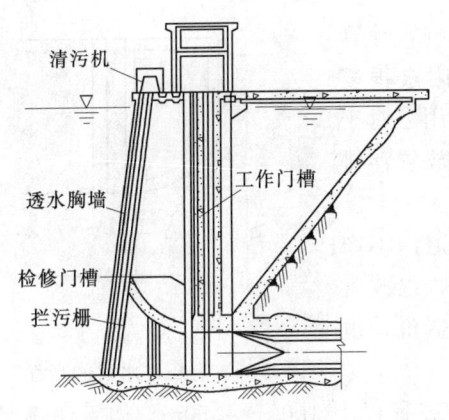

图 2-3 塔式进水口

构,耸立在水库之中,塔顶设操作平台及启闭机室,用工作桥与岸坡或坝顶相连,如图 2-3 所示。这种布置的特点是进水口可一边或四边进水,然后将水引入塔底的竖井中;塔身是直立的悬臂结构,结构复杂,施工较困难,还要承受风浪压力及地震力,要求有足够的强度和稳定性以及坚固的地基。适用于采用当地材料坝的枢纽中,以及水库岸坡地质条件差或地形平缓,无法采用压力墙式进水口的情况。

4. 坝式进水口

坝式进水口的基本特征是:进水口布置在混凝土坝体的上游面,并与坝内压力管道连接,进水口与坝身合成一体,进口段和闸门段常合二为一,布置紧凑,如图 2-4 所示。适用于混凝土重力坝的坝后式厂房、坝内式厂房和河床式厂房等。

2.2.2 有压进水口的布置

1. 有压进水口的位置及高程

(1) 有压进水口的位置。水电站有压进水口在枢纽中的位置应根据地形地质条件、水位变幅、隧洞线路、进水口型式等综合考虑确定。应尽量使进水口水流平顺、对称、无回流和漩涡、不出现淤积、不聚集污物,泄洪时仍能正常进水。进水口后接压力隧洞,应与洞线布置协调一致,选择地形、地质及水流条件较好的位置。

(2) 有压进水口的高程。有压进水口的顶部高程应低于运行中可能出现的最低水位,并有一定的淹没深度,以不产生漏斗状吸气漩涡为原则,如图 2-5 所示。漏斗状漩涡不仅会带入空气,而且会吸入漂浮物,引起电站机组噪声和振动,减少过流能力,影响水电站的正常发电。

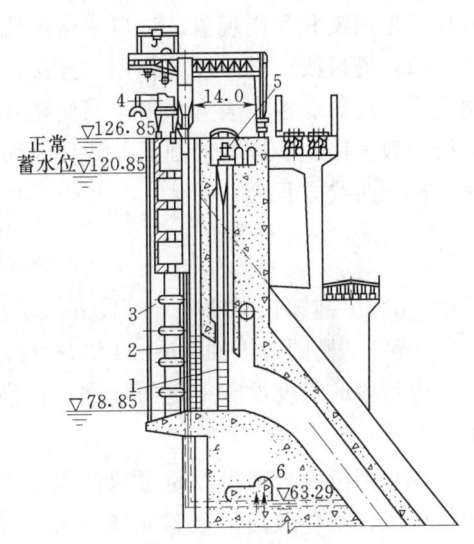

图 2-4 坝式进水口
1—事故闸门(或快速闸门);2—检修闸门;
3—拦污栅;4—清污机;5—液压
启闭机;6—旁通阀操作室

根据已建工程的经验,不出现吸气漩涡的临界淹没深度按式 (2-1) 估算:

$$S = CV\sqrt{H} \qquad (2-1)$$

式中 H——闸门净高,m;
V——闸门断面流速,m/s;
S——闸门门顶低于最低水位的临界淹没深度,m;
C——经验系数,$C = 0.55 \sim 0.73$,对称进水的进水口取小值,侧向进水的进水口取大值。

式 (2-1) 中未计入风浪影响。若考虑风浪影响，计算所得的 S 值应加上 1/3 的浪高。由于影响漩涡的因素很复杂，式 (2-1) 只能作为初步确定进水口淹没深度用。对于已建电站，若运行中出现吸气漩涡，可在进水口处放置浮排消除漩涡，效果良好。

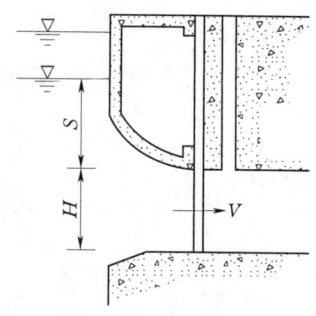

图 2-5 有压进水口的高程

在满足进水口前不产生漏斗状吸气漩涡及引水道内不产生负压的条件下，进水口的布置高程应尽可能高些，以改善结构的受力条件，降低闸门、启闭设备及引水道的造价，也便于进水口的维护和检修。

有压进水口底板高程通常应高于水库设计淤沙高程以上 1.00~1.50m。如无法满足时，则应设置冲沙设施，以保证进水口不被淤沙堵塞。

2. 有压进水口轮廓尺寸的拟定

有压进水口的轮廓尺寸主要受拦污栅断面、闸门段断面及引水隧洞过水断面控制。在满足引进发电所需流量的前提下，进水口的轮廓应使水流平顺进入引水道，水头损失小，避免产生涡流和负压现象。进口水流的流速不宜太大，一般控制在 1.5m/s 左右。

(1) 进口段。进口段的作用是连接拦污栅与闸门段，其尺寸主要受拦污栅断面面积控制。进口段的底板一般为水平，两侧稍有收缩，上唇则收缩较大，断面为矩形。上唇收缩曲线一般采用 1/4 椭圆或圆弧，两侧收缩曲线为 1/4 圆弧，以使进水顺畅，如图 2-1 所示。椭圆曲线方程为：

$$\frac{x^2}{a^2}+\frac{y^2}{b^2}=1 \tag{2-2}$$

式中 a——椭圆长半轴，$a=(1.0\sim1.5)D$，通常用 $1.1D$，D 为引水道直径；
b——椭圆短半轴，$b=(1/3\sim1/2)D$，通常 $a/b=3\sim4$。

进口段的长度没有一定的标准，在满足工程结构布置和水流顺畅的条件下，尽可能紧凑。

(2) 闸门段。闸门段是进口段与渐变段的连接段，闸门及启闭设备布置于此。闸门段的体型主要取决于所采用的闸门、门槽形式以及结构受力条件。

闸门段为矩形断面，其高度一般等于或略大于引水道直径，宽度等于或略小于引水道直径，长度主要由闸门及启闭设备布置需要确定。事故闸门净过水面积一般为引水道的 1.1~1.25 倍左右，检修闸门净过水面积与事故闸门相等或稍大些。

(3) 渐变段。渐变段是矩形闸门断面过渡到圆形引水隧洞的过渡段。通常采用圆角过渡，圆角半径 r 可按直线规律变化，如图

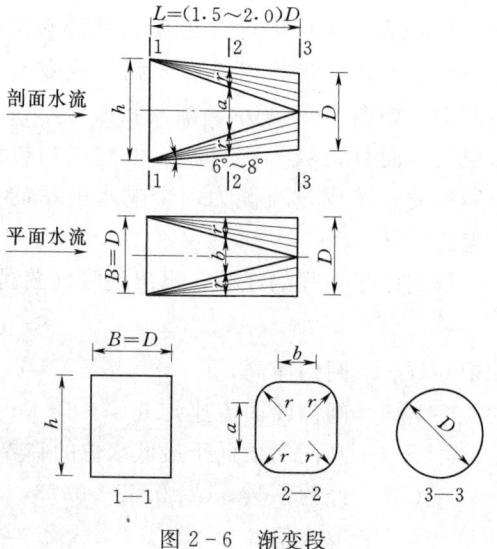

图 2-6 渐变段

2.2 有压进水口

2-6所示。渐变段的长度一般为引水隧洞直径的1.5~2.0倍，侧面收缩角以6°~8°为宜，一般不超过10°。

上述拟定方法对坝式进水口同样适用，但是为适应坝体的结构要求，进水口长度要缩短，进口段与闸门段常结合在一起。坝式进水口一般都做成矩形喇叭口形状。进水口的中心线可以是水平的，也可以是倾斜的，视与压力管道的连接条件而定，如图2-4所示。坝式进水口的渐变段长度一般取引水道直径的1.0~1.5倍。

2.2.3 有压进水口的主要设备

有压进水口的主要设备包括拦污设备、闸门及启闭设备、通气孔及充水阀等。

1. 拦污设备

拦污设备的作用是防止河流及水库中漂木、树枝、树叶、杂草、垃圾、浮冰等污物进入进水口，并不使漂浮物堵塞进水口，保证闸门和机组的正常运行，主要拦污设备为拦污栅。工程经验表明，进水口拦污栅极易被漂浮物堵塞，须经常清理，若清理不及时，可能造成电站出力减少甚至停机，毁坏拦污栅。工程上为减小进水口处拦污栅的压力，常在远离进水口几十米之外加设一道粗栅或拦污浮排，拦住粗大的漂浮物，并集中清除。

(1) 拦污栅的布置。

1) 拦污栅的立面布置。拦污栅的立面布置可以是垂直的或倾斜的。隧洞式和压力墙式进水口的拦污栅常布置成倾斜的，倾角为60°~70°左右，如图2-1和图2-2所示。这种布置的优点是过水断面大，过栅流速小，易于清污。塔式进水口的拦污栅可布置成垂直的，也可布置成倾斜的，如图2-3所示。坝式进水口的拦污栅一般布置成垂直的，如图2-4所示。

2) 拦污栅的平面布置。拦污栅的平面形状可以是平面的或多边形的。隧洞式及压力墙式进水口一般常用平面布置，便于清污；塔式和坝式进水口，两种形状均可采用，但多边形布置可增加过水断面。

(2) 支承结构。拦污栅通常由钢筋混凝土框架结构支承，拦污栅框架由墩（柱）及横梁组成，墩（柱）侧面留槽，拦污栅片插入槽内，上、下两端分别支承在两根横梁上，承受水压力时相当于简支梁。横梁的间距一般不大于4m，间距过大会增加栅片的横断面，减小净过水断面，增加水头损失。

(3) 拦污栅栅片。拦污栅由若干块栅片组成，每块栅片的宽度一般不超过2.5m，高度不超过4m，栅片像闸门一样插在支承结构的栅槽中，必要时可一片片提起检修。栅片的结构如图2-7所示，其矩形边框由角钢或

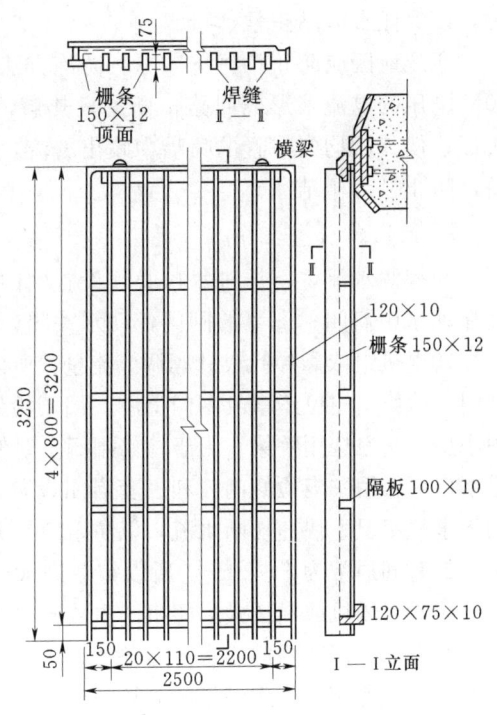

图2-7 拦污栅栅片结构（单位：mm）

槽钢焊成，固定中间的栅条，栅条上下端焊在栅框上。

(4) 拦污栅设计。

1) 过栅流速。过栅流速是指扣除墩（柱）、横梁及栅条等各种阻水断面后按净面积计算出的流速。拦污栅面积小则过栅流速大，水头损失大，漂浮物对拦污栅的作用力大，清污困难；拦污栅面积大，则会增加造价，甚至造成布置困难。为便于清污，人工清污的允许过栅流速一般不大于 1.0m/s，机械清污的允许过栅流速一般限制在 1.0~1.2m/s。

2) 栅条的厚度、宽度及净距。栅条的厚度及宽度由强度计算决定。通常厚 8~12mm，宽 100~200mm。栅条净距 b 越大，拦污效果越差，水头损失越小；反之，拦污效果越好，水头损失越大。栅条净距 b 取决于水轮机的类型及转轮直径：轴流式水轮机，$b \approx D_1/20$；混流式水轮机，$b \approx D_1/30$；冲击式水轮机，$b \approx d/20$，d 为喷嘴直径。

3) 拦污栅与进水口的距离。拦污栅与进水口的距离应不小于 D（洞径或管道直径），以保证水流平顺。

4) 拦污栅的高度。拦污栅的总高度取决于库水位及清污要求。对于经常清污的情况，拦污栅顶应高于需要清污的最高水位；不需经常清污的拦污栅，顶部高程可做在汛前水位以上，以便每年有机会清理与维修拦污栅。

(5) 拦污栅的清污及防冻。拦污栅清污方式有人工清污和机械清污两种。人工清污是用齿耙扒掉拦污栅上的污物，一般适用于小型水电站中淹没深度较浅的倾斜布置拦污栅。大中型水电站进水口拦污栅需用清污机清污。污物不多的河流，也可采用定期吊起栅片进行清污或检修。若河流污物较多，也可设前后两道拦污栅，一道吊出清污时，另一道拦污，以保证水电站正常运行。

寒冷地区应防止拦污栅冰冻。防冻方法常用的有两种：一是电热法。栅条上通以低于 50V 电压的电流，形成回路，栅条发热解冻；二是将压缩空气用管道通到拦污栅上游面底部，使其从均匀布置的喷嘴中喷出气流，形成自下而上的夹气水流，将下层温水带至水面，防止拦污栅结冰。

2. 闸门及启闭设备

为控制水流，有压进水口必须设置闸门。按工作性质可分为三类：①工作闸门，需能够在动水中启闭；②事故闸门，动水关闭，静水开启；③检修闸门，静水中启闭。

发电机组依靠导叶或针阀调节流量，所以有压进水口通常设置检修闸门和事故闸门两道闸门。检修闸门位于事故闸门上游，用于检修事故闸门及其门槽，检修闸门通常为平板门，中小型电站也选用叠梁。由于检修闸门平时使用机会少，也没有快速下闸的要求，所以几个进水口可合用一扇检修闸门和一套启闭设备，如坝顶活动门机。事故闸门不用于调节流量，用于事故工况下快速切断水流，以防事故扩大，也可用于检修期间封堵水流。事故闸门快速关闭的时间通常为 1~2min，所以每一进水口都须配置一套事故闸门和一套固定式启闭机，如液压式启闭机或卷扬式启闭机。事故闸门前后应设旁通管及平压阀，以便闸门开启前向门后充水平压，创造闸门静水开启条件。工作闸门应在全开或全关情况下工作，不应作部分开启调节流量使用。工作闸门和事故闸门多为平板门。对于压力墙式进水口，若调压井内或高压管道的首部布置有事故闸门，进水口处一般只布置检修闸门就够了。如果引水道很长或运行有要求，进水口仍需配置事故闸门，坝式进水口通常既装设检修闸门又装设事故闸门。

2.3 无压进水口

无压引水不同于有压引水，其进口存在着对进渠流量的控制问题，所以进水口处装设有检修闸门和工作闸门。

3. 通气孔及充水阀

(1) 通气孔。通气孔设在有压进水口的工作闸门之后，其作用是当引水道充水时用以排气，当工作闸门紧急关闭放空引水道时用以补气，防止出现有害的真空。若闸门为前止水布置时，可利用工作闸门后的竖井兼作通气孔，如图2-1所示；若闸门为后止水时，则必须设专用的通气孔，如图2-2所示。通气孔内可设爬梯，兼作进人孔，其顶部应高出上游最高水位，防止水流溢出。

通气孔的面积取决于工作闸门关闭时的进气量，进气量的大小一般取引水道的最大引水流量。通气孔的面积可按式 (2-3) 计算

$$A = \frac{Q_a}{V_a} \qquad (2-3)$$

式中　Q_a——进水口进水流量，一般为最大引水流量，m^3/s；

　　　　V_a——通气孔进气流速。对于露天式管道进水口，一般采用30～50m/s，但不得大于引水道放空过程中水流速度的15倍。坝式进水口可取70～80m/s。

根据工程经验，发电引水道工作闸门后的通气孔面积不宜小于引水管道面积的5%左右。

(2) 充水阀。充水阀的作用是开启闸门前向引水道充水，平衡闸门前后水压，以便在静水中开启闸门，减小闸门起门力。充水阀的设置方法是将旁通管通至上游水中，下游接入工作闸门之后，旁通管上设充水阀；另一种方法是将充水阀设置在平板闸门上，利用闸门吊杆启闭。闸门关闭时，吊杆下压即可关闭；开启闸门前，先将吊杆吊起20cm左右，这时充水阀开启（闸门门体未开），开始向引水道充水，充水完毕，再提升吊杆拉动闸门门体。

2.3 无压进水口

无压进水口的特点是水流为无压流，以引表层水为主，进水口后一般接无压引水道；因上游无大的水库，河中流量大，流速高（尤其在洪水期），水流挟带大量泥沙和漂浮物，在进水口前回漩淤积，防沙、防污及防冰问题突出，如处理不当，可能造成河道变形和危及建筑物的正常运行。

无压进水口适用于无压引水式水电站，起着控制流量与水质的作用，并保证使发电所需的流量以尽可能小的水头损失进入渠道（或无压隧洞）。无压进水口可分为有坝取水进水口和无坝取水进水口。因无坝取水不能充分利用河流水资源，故工程上较少采用。这里主要介绍有坝取水的开敞式进水口。

2.3.1 开敞式进水口位置选择

根据无压进水口的特点，进水口位置的选择应特别注意防沙、防污问题，应尽量选在河床比较稳定的河段，并位于凹岸。水流的主流在凹岸，无回流，漂浮物不易淤积，易引进河流表层清水，进水口前不易淤积泥沙。当无合适的稳定河段可利用时，可采取工程措施建造人工弯道以形成环流。弯道半径约为弯道断面平均宽度的4～8倍，弯道长度约为

弯道半径的 1~1.4 倍，如图 2-8 所示。

2.3.2 开敞式进水口的组成及布置

开敞式进水口的组成建筑物一般有拦河坝（或拦河闸）、进水闸、冲沙闸及沉沙池等。

建造拦河坝或拦河闸时，要充分考虑泥沙的影响，原则上要尽量保持河流原有的形态，洪水期要使上游泥沙（特别是推移质）绝大部分经冲沙闸下泄，不使其堆积在闸的上游。

进水闸与冲沙闸的相对位置应以"正面进水、侧面排沙"的原则进行布置。应根据自然条件和引水流量的大小确定最佳引水角度，条件许可时应尽量减小引水角度，一般不大于 20°~30°。进水闸轴线与冲沙闸轴线交角宜在 35°~45°，以保证防沙效果。当地形条件限制不能满足以上要求时，应适当加大冲沙闸的过水

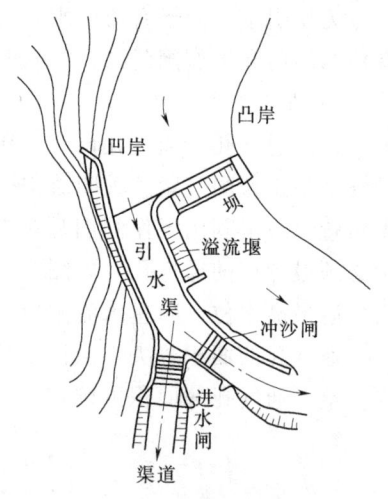

图 2-8 无压进水口布置图

能力，并在进口前设分水墙，以形成冲沙槽，也可设置冲沙廊道排除进口前淤沙。

进水闸的底坎高程应高于冲沙闸底板高程 1.00~1.50m，防止底沙进入引水道。冲沙闸的布置应以提高冲沙效果、施工方便为原则，因地制宜地进行，其底坎高程应高出河床 0.5~1.0m。

在非洪水期，引水比例较大，河道推移质泥沙较多时，可设拦沙坎防止底沙进入引水道。拦沙坎高度约为冲沙槽设计水深的 1/4~1/3，不宜小于 1~1.5m，拦沙坎与进水闸前水流方向宜成 30°~40°交角。带冲沙闸进水口的总体布置如图 2-9 所示。

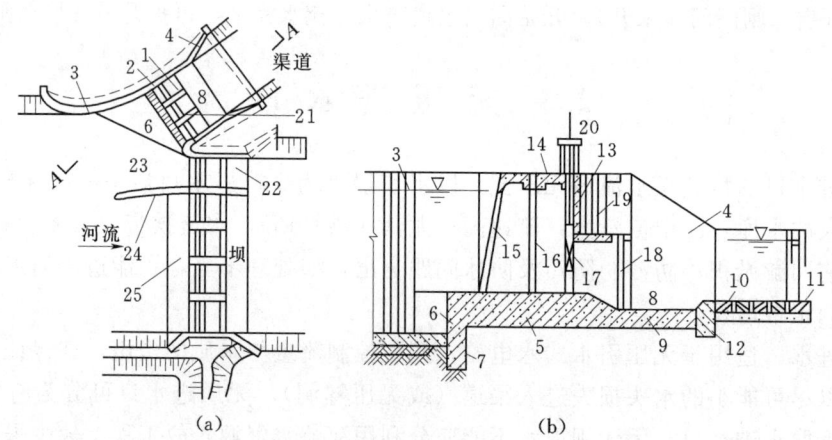

图 2-9 带冲沙闸进水口的总体布置图
(a) 平面图；(b) A—A 纵剖面图
1—闸墩；2—边墩；3—上游翼墙；4—下游翼墙；5—闸底板；6—拦沙槛；7—截水墙；
8—消力池；9—护坦；10—穿孔混凝土板；11—乱石海漫；12—齿墙；13—胸墙；
14—工作桥；15—拦污栅；16—检修闸门；17—工作闸门；18—下游检修
闸门；19—下游闸板存放槽；20—启闭机；21—进水闸；22—冲沙闸；
23—冲沙槽；24—分水墙；25—铺盖

2.4 引水建筑物

水电站的引水建筑物可分为无压引水和有压引水两大类。

无压引水建筑物的特点是具有自由水面，引水建筑物承受的水压力较小，适用于无压引水式水电站以及河道或水库的水位变化不大，沿线地形平缓、岸坡稳定的情况。在结构型式上，无压引水建筑物最常用的有引水渠道或无压隧洞。渠道常沿山坡等高线布置，受地形地质条件制约，其长度和开挖工程量较大，且运行期需经常维护和检查，但施工方便，以往中小型电站常采用渠道。目前因无压隧洞的施工技术提高，运行可靠，维护工作量小等特点，故中小型电站采用无压隧洞在逐渐增多。

有压引水建筑物的特点是引水道水流为压力流，承受的水压力较大，适用于有压引水式水电站以及河道或水库水位变幅较大的情况。有压引水建筑物最常用的结构型式是有压隧洞，埋藏在岩体中的有压隧洞造价比较昂贵，但运行可靠，使用年限长，维护工作量小，不受地表地形、气温及泥沙污物的影响，并可利用岩体承受内水压力和防止渗漏。

引水建筑物的功用是集中落差，形成水头，输送发电所需的流量。

2.4.1 引水渠道

1. 引水渠道的基本要求

水电站的引水渠道与一般灌溉和供水渠道不同。这是因为电力系统中的负荷随时间变化很大，水电站通常在系统中承担调峰作用，要求引水渠道的引用流量随负荷的变化而变化，引起渠道中的水位、压强也不断变化，故而通称水电站的引水渠道为动力渠道。

水电站引水渠道应满足以下基本要求。

（1）有足够的输水能力。当电站负荷发生变化时，机组的引用流量也随之变化。为使引水渠道能适应由于负荷变化而引起流量变化的要求，渠道必须有合理的纵坡和过水断面。一般按水电站的最大引用流量设计。

（2）水质要符合要求。应防止有害污物和泥沙进入渠道，渠道进口、沿线及渠末要采取拦污、防沙、排沙措施。

（3）运行安全可靠，经济合理。应尽可能减少输水过程中的水量和水头损失，因此渠道要有防冲、防淤、防渗漏、防草、防凌功能。渠道应能放空和维护检修，并有排洪设施，结构布置合理，便于施工和运行。

2. 引水渠道的类型

根据引水渠道的水力特性，可分为自动调节渠道和非自动调节渠道两种类型。

（1）自动调节渠道。当水电站引用流量发生变化时，可由渠道自身调节渠内水深和水面比降，不必运用渠首闸门控制流量的渠道称为自动调节渠道。其主要特点是渠顶高程沿渠道全线不变，且高出上游最高水位；渠底按一定坡度逐渐降低，断面也逐渐加大；渠末不设泄水建筑物，如图 2-10 所示。

当水电站引用流量等于渠道设计流量时，渠道内水面线平行于渠底，水深为正常水深，水面线为降水曲线；当水电站的引用流量为零时，渠道内水位与水库齐平，渠道不产生溢流和弃水现象；当水电站引用流量小于渠道设计流量时，渠道内水面线为雍水曲线。

这种渠道在最高水位和最低水位之间有一定的容积，可在一定程度上起调节作用，引用流量较小时可保持较高水头，为电站适应负荷变化创造了条件，但所需工程量较大，适用于渠道线路短，地面纵坡较小，进水口水位变化不大，且下游无其他部门用水要求的情况。

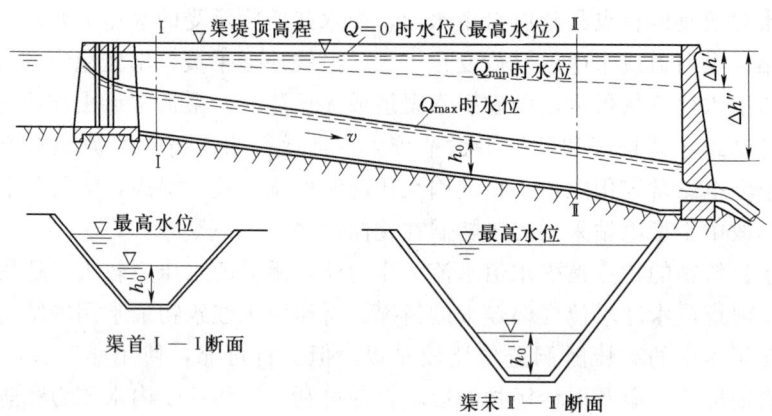

图 2-10　自动调节渠道

（2）非自动调节渠道。当水电站引用流量发生变化时，由渠道末端的泄水建筑物（溢流堰）控制渠内水位变化和宣泄水量，并运用渠首闸门控制流量的渠道称为非自动调节渠道。其主要特点是渠道顶部大致平行于渠底，渠道的深度基本不变，在渠道末端的压力前池中设有溢流堰，如图 2-11 所示。

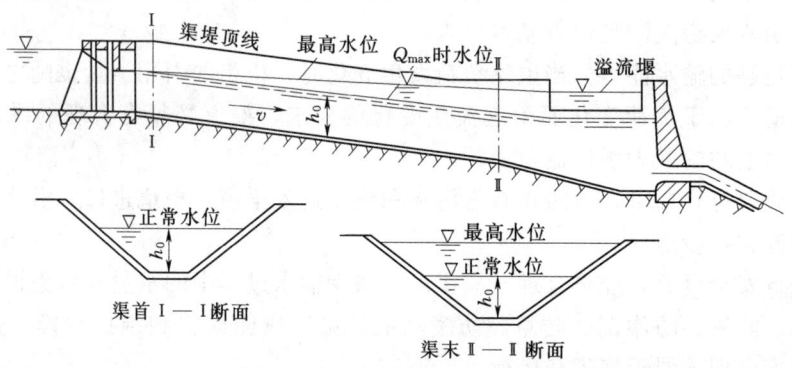

图 2-11　非自动调节渠道

当水电站引用流量等于渠道设计流量时，渠道内水面线平行于渠底，水深为正常水深，压力前池水位低于堰顶；当水电站引用流量小于渠道设计流量时，渠道内水面线为雍水曲线，水位超过堰顶，开始溢流；当水电站的引用流量为零时，通过渠道的全部流量泄向下游。

这种渠道的渠顶高程随地形而变化，当渠道较长、底坡较陡时，工程量比较小；溢流堰可限制渠末的水位，保证向下游供水；但若下游无用水要求而进口闸门又不能及时关闭时，则造成大量弃水损失。该渠道适用于渠道线路较长，地面纵坡较大或电站停止运行后仍需向下游供水的情况。

3. 引水渠道线路选择

线路选择是引水渠道设计的重要任务，线路选择合理，可为施工带来方便，降低造价及管理维护费用，提高电站运行的可靠性和经济效益。线路选择一般应遵循以下原则。

（1）渠线应尽量短而直，以减小水头损失，降低造价。需转弯时，有衬砌渠道的转弯半径宜不小于渠道水面宽度的 2.5 倍，无衬砌的土渠宜不小于水面宽度的 5 倍。

（2）应选择地质条件较好的地段。避开大溶洞、大滑坡、泥石流等不良地质地段，且不宜在冻胀性、湿陷性、膨胀性、分散性、松散坡积物等土壤上布置渠线。若无法避免时，则应采取相应的工程措施。

（3）渠线应尽量提高，以获得较大的落差。山区渠道宜沿等高线布置，减小工程量，避免深挖高填。宜少占或不占耕地，避免与现有建筑物干扰，必要时修建交叉建筑物，避免穿过集中居民点、高压线塔、重点保护文物、军用通信线路、油气地下管网以及重要的铁路、公路等。

4. 引水渠道水力计算

引水渠道水力计算的主要任务是根据设计流量，选择合理的断面尺寸以及水电站在不同运行方式下动力渠道的水头损失、水位和流速。在水电站的运行过程中，由于负荷的变化，动力渠道中可能出现恒定流和非恒定流两种流态。

（1）恒定流计算。

1）根据均匀流计算出流量 Q、过水断面 A、水力半径 R、底坡 i、糙率 n 之间的关系。当 i、A 均已确定，可求出渠道正常水深与流量之间的关系曲线 h_n—Q，如图 2-12 中的曲线①所示。

2）根据断面面积 A，假定一系列临界水深 h_c，可求出与其相对应的流量 Q，从而作出 h_c—Q 关系曲线，即图中曲线②。

3）非均匀流计算的目的是确定渠道水面曲线。对于给定的渠首设计水深 h_1，利用水力学中非均匀流水面曲线的计算方法可求出渠道通过不同流量时渠末水深 h_2，可绘出 h_2—Q 关系曲线，即图中曲线③。

4）根据渠末溢流堰的实际尺寸，按堰流公式可求出渠末水深 h_2（等于堰顶至渠底的高度 h_w，再加上堰上水头）与溢流流量 Q_w 的关系曲线 h_2—Q_w，即图中曲线④。

图 2-12 中各条曲线的关系及意义如下。

曲线①与曲线③的交点 N 表示 $h_1=h_2$，渠道内发生均匀流，此时的流量相应于渠道的设计流量 Q_d。

若水电站引用流量大于 Q_d，$h_2<h_n$，渠道中出现降水曲线，且随着流量的增加 h_2 迅速减小。h_2 的极限值是临界水深 h_c，即曲线②与曲线③的交点 C，此时的流量 Q_c 为给定渠首水深 h_1 下渠道的极限过水能力。Q_d 一般采用水电站最大引用流量 Q_{max}，这是因为：

1）可使渠道经常处于雍水状态工作，以增加发电水头。

2）可避免因流量增加不多而水头显著减小的现象。

3）可使渠道的过流能力留有余地，以防渠道淤积、长草或实际糙率大于设计采用值时，水电站出力受阻（即发不出额定出力）。

若水电站引用流量小于 Q_{max}（即 Q_d）时，渠道中出现雍水曲线，渠末水位随流量减小而上升。当水电站引用流量等于 Q_A 时，即在曲线③与堰顶高程线的交点 A 处，$h_2 = h_w$，刚好不溢流。当水轮机的流量 Q_t 在 0 与 Q_A 之间，$h_2 > h_w$，溢流堰发生溢流，溢流流量为 Q_w，通过渠道的流量为 $Q_t + Q_w$，渠末水位 h_2 可由图 2－12 中查出。当水电站停止运行（$Q_t = 0$）时，通过渠道的流量全部由溢流堰溢走，相应于曲线③与曲线④的交点 B，即溢流堰在恒定流情况下的最大溢流流量 $Q_{w\max}$，相应水位为恒定流下渠末最高水位。

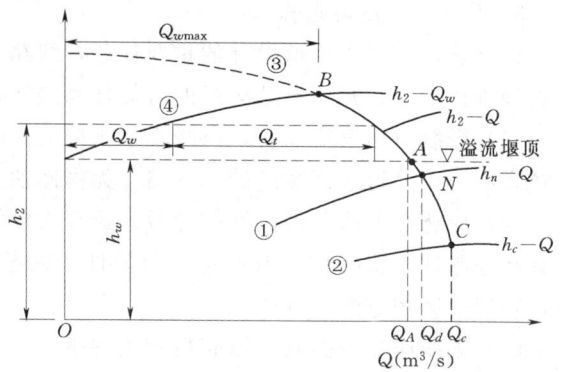

图 2－12 渠末水深与流量关系

当水库水位在一定范围内变化时，渠首水深 h_1 也要发生变化，可取几个典型 h_1 进行非均匀流计算，得出相应的 h_2-Q 曲线，进行综合分析。

（2）非恒定流计算。非恒定流计算的目的是研究水电站负荷变化时渠道中水位和流速的变化过程。计算内容包括：

1）水电站突然丢弃负荷时渠道涌波的计算，求出渠道沿线的最高水位，用以确定堤顶高程。

2）水电站突然增加负荷时渠道的涌波计算，求出渠道的最低水位，以确定压力管道进口高程。

3）水电站按日负荷图工作时渠道中水位及流速变化过程，以研究水电站的工作情况。

5．引水渠道的断面尺寸

渠道断面一般为梯形，边坡坡度取决于地质条件及衬砌的情况。在岩基中修建的渠道，其边坡可近似于垂直成为窄深式矩形断面。在选择断面型式时，应尽量符合水力最佳断面，同时要考虑施工、技术方面的要求。确定断面尺寸时，首先要满足防冲、防淤、防草等要求，拟定几个可能的方案，经过动能经济比较，选出最优方案。经过动能经济计算后，得到的渠道断面 A_e 称为经济断面。工程实践表明，渠道的经济流速 V_e 一般为 1.5～2.0m/s，则可用 $A_e = Q_{\max}/V_e$ 估算渠道断面面积。

2.4.2 水电站引水隧洞

水电站发电引水隧洞是在山体内开挖而成的引水道，它是水电站常用的引水建筑物之一。根据发电引水隧洞的工作条件，可分为无压隧洞和有压隧洞两种。

1．引水隧洞线路选择

洞线的选择是隧洞工程设计中的重要内容，它直接关系到隧洞的造价、施工难易、施工安全、工程进度、运行可靠性和工程效益等，应结合进水口、调压室、压力管道及厂房位置等综合考虑。在满足水电站枢纽总体布置的前提下，隧洞线路布置的原则是：洞线短、弯道少，沿线的工程地质、水文地质条件好，并便于布置施工平洞。

（1）地质条件。隧洞沿线应尽可能位于完整坚硬的岩层、山坡稳定的地区中，避开岩体软弱、山岩压力大、地下水充沛及岩石破碎带等不利地质区。隧洞必须穿越软弱夹层或断层时，应尽可能正交布置。隧洞通过层状岩体时，洞线与岩层走向间夹角应尽可能大（夹角不宜小于45°），以利于围岩稳定，提高承载能力。隧洞的进出口应选择在覆盖薄、风化层浅、岩石比较坚固完整的地段，避开容易滑坡的地带，以免施工和运行中发生塌方、堵塞洞口等事故。要考虑到运行中隧洞漏水使岩体浸湿后发生崩滑的可能性。

（2）地形条件。隧洞在平面上力求最短，在立面上要有足够的埋藏深度。尽量减少或避免与沟谷交叉，进口位置不应靠近陡壁，更不宜设于水面狭窄的山湾内。洞脸地形不宜过缓，否则引渠过长，进口建筑物工程量将加大。当隧洞左右地形显著不对称时，将对隧洞产生不利的附加荷载。一般要求隧洞周围坚固岩层厚度不小于3倍开挖直径，以利用岩石的天然拱形作用，减小山岩压力，承受部分内水压力。应利用山谷等有利地形布置施工支洞，不能单纯考虑缩短主洞长度，而要统一考虑主洞及支洞的布置。

（3）施工条件。对于长引水隧洞，施工条件是重要因素。为加快施工进度，每隔一段距离开凿一条施工支洞，支洞外还要有相应的道路及附属设施。有压隧洞纵坡通常为0.002~0.005左右，以便于施工排水及放空隧洞，若采用有轨运输时坡度宜小于1%。

（4）水流条件。应力求水流平顺，水头损失小。隧洞线路要求短而直，以节省开挖量，使水流条件好，减少水头损失，提高经济效益。平面上必须转弯时，由于弯道会影响流态和压力分布，造成水头损失，应选取合适的转角和曲率半径。一般小于10m/s流速的低流速隧洞洞线转角 α 不应大于60°，曲率半径 R 应大于或等于5倍洞径或洞宽。曲线两端应有长度不小于5倍洞径或洞宽的直线段。无压隧洞中，尽量不要形成反坡，避免坡度多变。在有压隧洞中，虽然洞身中一般不会产生空蚀现象，但为考虑检修时易于排水和避免水流的可能分离现象，也不宜布置成反坡。平面布置中，还要重视隧洞进出口轴线与河流主流的相对位置，应使进出口水流顺畅。

2. 引水隧洞的特点和类型

（1）引水隧洞的特点。水电站引水隧洞与渠道相比，具有以下优点。

1）可采用较短的线路，并避开沿线不利的地形、地质条件。

2）有压隧洞能适应水库水位的大幅度升降及水电站引用流量的迅速变化。

3）可利用岩石抗力承受部分内水压力，降低造价。

4）避免沿程水质污染，不受冰冻影响，运行安全可靠。

5）施工不受地面气候等外界因素干扰和影响。

隧洞的主要缺点是对地质条件、施工技术及机械化的要求较高，单价较贵，工期较长。但随着现代施工技术和设备的不断改进，以及隧洞衬砌设计理论的不断完善，这些缺点正被逐渐克服。目前，隧洞在我国已得到广泛的应用。

（2）引水隧洞的类型。引水隧洞分为有压隧洞与无压隧洞两种基本类型。

1）无压隧洞。当用明渠引水，渠线盘山过长，工程量很大时，通过方案比较，可采用无压隧洞引水。根据地质条件和施工条件，无压隧洞的断面形状常采用方圆形、马蹄形和高拱形，如图2-13所示。无压隧洞水面以上的空间一般不小于隧洞断面积的15%，顶部净空高度不小于0.4m。各种断面形状的隧洞，从施工需要考虑，其断面宽度不小于1.5m，高度不小于1.8m。为了防止隧洞漏水和减小洞壁糙率，并防止岩石风化，无压隧洞大都采用全部或部分衬砌。

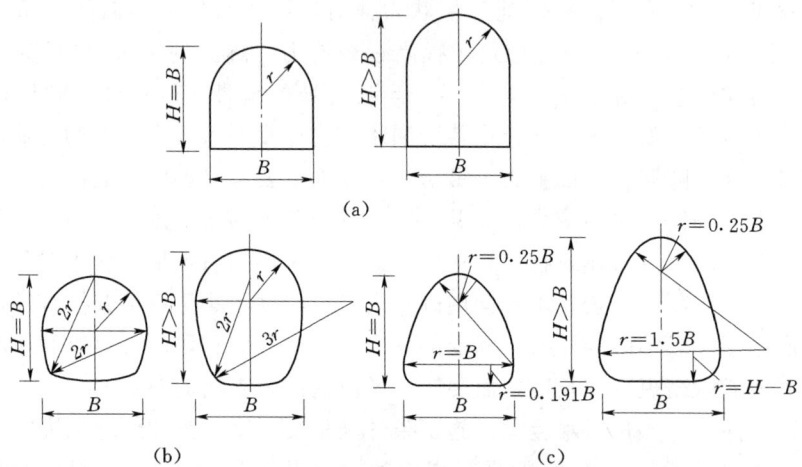

图 2-13 无压隧洞的断面形状
(a) 方圆形；(b) 马蹄形；(c) 高拱形

2) 有压隧洞。有压隧洞是有压引水式电站最常用的引水建筑物，隧洞中水流充满整个断面，承受较大的内水压力，其断面形状常采用圆形。为了便于施工，圆形断面的内径一般不小于 1.8m。

3. 引水隧洞经济断面的选择

对于引水隧洞，在水电站引用流量已定的情况下，选择的断面尺寸愈大，工程投资愈大，但电能损失较少；选择的断面尺寸愈小，工程投资愈小，但电能损失较大。这就需要通过技术经济分析来确定最经济的断面。经济分析的原则与前述引水渠道的经济分析相同，一般是先假设几个隧洞断面方案，然后进行经济比较。对于一般中、小型电站，可用经济流速确定隧洞经济断面，有压隧洞的经济流速 V_e 一般在 4m/s 左右，经济断面可由 Q_{max}/V_e 求出。

2.5 压力前池与日调节池

压力前池又称前池，是水电站无压引水建筑物与压力管道之间的平水建筑物，它设置在引水渠道或无压引水隧洞的末端。

2.5.1 压力前池的作用

(1) 平稳水压，平衡流量。当机组负荷发生变化时，引用流量的改变使渠道中的水位产生波动，由于前池有较大容积，能减少渠道水位波动的振幅，稳定了发电水头；另外，前池还可起到暂时补充不足水量和容纳多余水量的作用。

(2) 分配流量。将渠道来水分配给各条压力管道，管道进口设有控制闸门，保证各台机组正常运行和检修。

(3) 拦截污物和有害泥沙。前池设有拦污栅及拦沙、排沙、防凌设施，防止渠道中的漂浮物、冰凌、有害泥沙进入压力管道，保证水轮机正常运行。

(4) 宣泄多余水量。当压力前池设有泄水建筑物时，可宣泄多余水量，限制水位升高；同时，当电站停止运行时，可向下游供水，满足下游用水部门的需要。

2.5.2 压力前池的位置选择及布置

1. 压力前池的位置选择

压力前池的位置选择与引水道线路、压力管道、电站厂房及本身泄水建筑物等布置有密切联系。因此，应根据地形地质条件和运用要求，结合整个引水系统及厂房布置进行全面和综合的考虑。

(1) 前池整体布置应使水流平顺，水头损失最少，以提高电站的出力和电能。最好使渠道中心线与前池中心线平行或接近平行。

(2) 前池应尽可能靠近厂房，以缩短压力管道的长度。前池中水流应均匀地向各压力管道供水，使水流平顺，无漩涡发生。运行上要方便清污、维护和管理。

(3) 前池应有良好的地形地质条件。压力前池的位置通常布置在较陡山坡的顶部，故应特别注意地基的稳定和渗漏问题。因此，应建在天然地基的挖方中，不应建在填方或不稳定地基上，以防由于山体滑坡和不均匀沉陷导致前池及厂房建筑物破坏。

2. 压力前池的组成及布置

压力前池的主要组成建筑物包括：前室、进水室、泄水建筑物、冲沙和放水建筑物等，如图 2-14 所示。

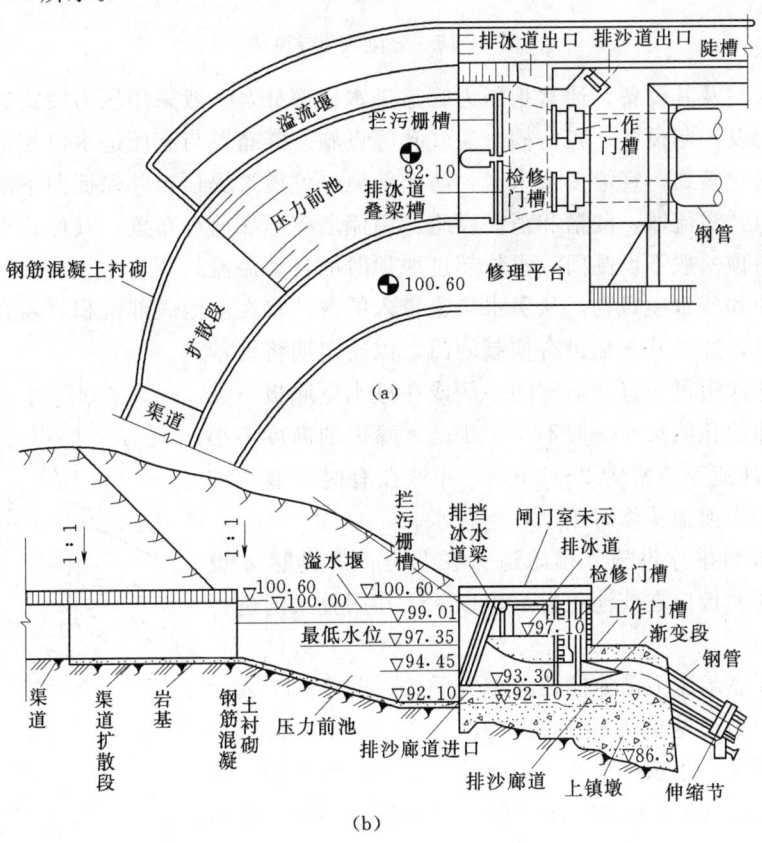

图 2-14 水电站压力前池布置图
(a) 平面图；(b) 剖面图

(1) 前室（池身及扩散段）。前室是渠末和压力管道进水室间的连接部分，由扩散段和池身组成。前室的作用是将渠道断面扩大并过渡到进水室所需的宽度和深度，减缓流速，便于沉沙，并形成一定容积。

前室的断面逐渐扩大，为使水流平顺，不产生漩涡，渠道连接前室的平面扩散角 β 不宜大于 $10°\sim 15°$；在立面上，渠道末端渠底应以 $1:3\sim 1:5$ 的斜坡向下延伸。为便于沉沙、排沙和防止有害泥沙进入进水室，前室末端底板高程应比进水室底板高程低 $0.50\sim 1.00\rm m$ 以形成拦沙槛，槛高及前室末端水平段长度，应根据冲沙廊道或冲沙孔的布置要求确定。为了缩短前室渐变段长度，可在前室首部中间设分流墩。当渠道轴线与压力管道轴线不一致时，为避免在前室中产生漩涡、增大水头损失和造成局部淤积，可用平缓的连接曲线和加设导流墙，如图 2-15 所示。

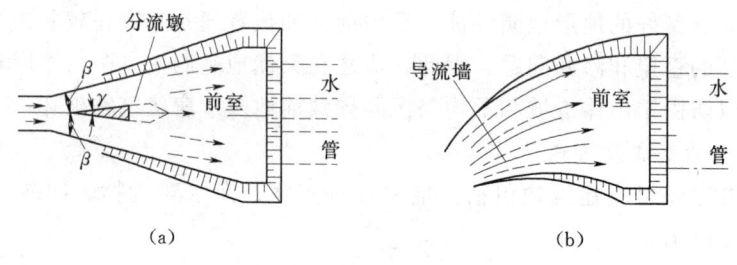

图 2-15 分流墩与导流墙

(2) 进水室及其设备。通常指压力管道进水口部分，一般采用压力墙式进水口。进水口处应设闸门及控制设备、拦污栅、通气孔等设施。其布置与有压进水口相似。

(3) 泄水建筑物。宣泄多余水量，防止前池水位漫过堤顶，并保证向下游供水。泄水建筑物一般包括溢流堰、陡槽和消能设施。溢流堰应紧靠前池布置，其形式可分为正堰和侧堰两种，堰顶一般不设闸门，水位超过堰顶时能自动溢流。

(4) 冲沙和放水建筑物。从引水渠道带入的泥沙将在前池底部沉积，需在前池的最低处设置冲沙道，并在其末端设有控制闸门，以便定期将泥沙排至下游。冲沙道可布置在前室的一侧或在进水室底板下设冲沙廊道。冲沙孔的尺寸一般不小于 $1\rm m^2$，廊道的高度不小于 $0.6\rm m$，冲沙流速通常为 $2\sim 3\rm m/s$。冲沙孔有时可兼作前池的放水孔，当前池检修时用以放空存水。

(5) 拦冰和排冰设施。排冰道只在北方严寒地区才设置，排冰道的底板应在前池正常水位以下，并用叠梁门进行控制。

图 2-16 表示压力前池的几种布置形式，图 2-17 表示引水渠道与压力前池的连接方式。图 2-17 (a) 的特点是渠线平行于管线，水头损失小，但排沙、排冰比较不利。图 2-17 (c) 的特点是渠线垂直于管线，进水流向不顺，常引起涡流并造成较大的水头损失，但排沙、排冰条件较好。图 2-17 (b) 的特点介于图 2-17 (a)、(c) 之间。

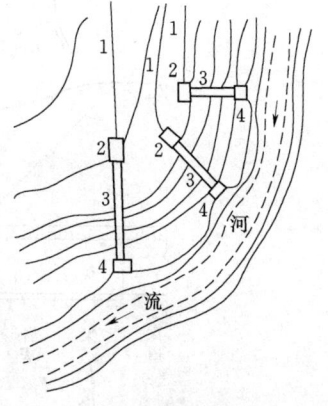

图 2-16 压力前池的布置形式图
1—渠道；2—压力前池；
3—压力水管；4—厂房

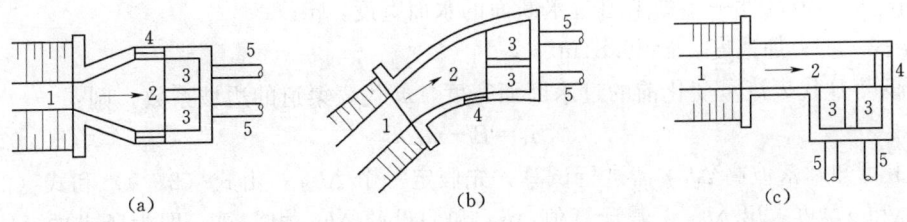

图 2-17 压力前池的平面布置方式
1—引水渠；2—前室；3—进水室；4—溢流堰；5—压力水管

2.5.3 压力前池的尺寸拟定

1. 前池中特征水位的确定

（1）前室的正常水位 $\nabla_{前正常}$。$\nabla_{前正常}$ 可近似采用引水渠道设计流量时的渠末正常水位 $\nabla_{渠末正常}$，即：

$$\nabla_{前正常} = \nabla_{渠末正常} \tag{2-4}$$

（2）前室的最高水位 $\nabla_{前最高}$。对于自动调节渠道一般认为与渠首最高水位齐平或按电站丢弃全部负荷时产生的最大涌波高程考虑；对于非自动调节渠道为溢流堰顶高程加堰上最高溢流水深 $h_{堰}$。由于堰顶高程通常按前池的正常水位加上 3~5cm 计算，因此：

$$\nabla_{前最高} = \nabla_{前正常} + h_{堰} + (0.03 \sim 0.05)(\text{m}) \tag{2-5}$$

溢流堰下泄流量，常取水电站的最大引用流量。

（3）前室的最低水位 $\nabla_{前最低}$。$\nabla_{前最低}$ 应根据下面两种情况确定：

1）枯水期渠道来水量为电站最小引用流量时，渠末水位为前池最低水位，即：

$$\nabla_{前最低} = \nabla_{渠末底} + h_{渠末} \tag{2-6}$$

式中　$\nabla_{渠末底}$——渠末底部高程；

$h_{渠末}$——电站最小引用流量时渠末水深。

2）电站突然增加负荷时，池中水位突然下降，前池水位为最低。此时，应根据运行可能出现的最不利情况进行计算，例如其他机组满负荷运行而最后一台机组突然带上满负荷。若非恒定流的落波高为 $\Delta h_{波}$，而增加负荷前的前池水位为 $\nabla_{起始}$，则前池中的最低水位为：

$$\nabla_{前最低} = \nabla_{起始} - \Delta h_{波} \tag{2-7}$$

落波的波高一般可按式（2-8）计算：

$$\Delta h_{波} = \frac{\Delta Q}{aB_1} \tag{2-8}$$

$$a = \sqrt{g\frac{A}{B_1} - V_0} \tag{2-9}$$

式中　a——落波沿渠道的传播速度，m/s；

A——流量变化前渠道过水断面的面积，m^2；

$\Delta h_{波}$——落波的波高，m；

V_0——流量变化前渠道中的流速，m/s；

ΔQ——由于负荷增加，相应增加的流量，m^3/s；

B_1——落波高度一半处渠道过水断面的水面宽度，m；

g——重力加速度，$g=9.81\text{m/s}^2$。

若假设 B 代表流量变化前的过水断面宽度，m 代表渠道的边坡系数，则：

$$B_1 = B - m\Delta h_{波} \tag{2-10}$$

由上可知，落波高 $\Delta h_{波}$ 需进行试算，先假定一个 $\Delta h_{波}$，由式（2-9）和式（2-10）求出 B_1 和 a，再求出 $\Delta h_{波}$，若计算值 $\Delta h_{波}$ 和假设的 $\Delta h_{波}$ 相一致，即为所求的 $\Delta h_{波}$，否则再重新假设并计算。

（4）进水室的正常水位 $\nabla_{进}$。正常水位 $\nabla_{进}$ 为前室正常水位减去局部水头损失，即：

$$\nabla_{进} = \nabla_{前正常} - (\Delta h_{进} + \Delta h_{门槽} + \Delta h_{栏}) \tag{2-11}$$

式中 $\Delta h_{进}$、$\Delta h_{门槽}$、$\Delta h_{栏}$——水流经过进水室、闸门槽及拦污栅时的水头损失。

（5）进水室的最低水位 $\nabla_{进最低}$。

最低水位 $\nabla_{进最低}$ 即压力管道进口处的最低水位：

$$\nabla_{进最低} = \nabla_{前最低} - (\Delta h_{进} + \Delta h_{门槽} + \Delta h_{栏}) \tag{2-12}$$

2. 前池尺寸的拟定

（1）前室侧墙高程 $\nabla_{墙顶}$。对自动调节渠道，前室侧墙的高程与进水口顶部的高程相同，如图 2-18 所示；对非自动调节渠道，前池侧墙的高程 $\nabla_{墙顶}$，应保证水流不漫顶并有适当的安全超高 δ：

$$\nabla_{墙顶} = \nabla_{前最高} + \delta \tag{2-13}$$

δ 的值一般可取 0.5m，前池面积较小时，可取略小于 0.5m 的数值。

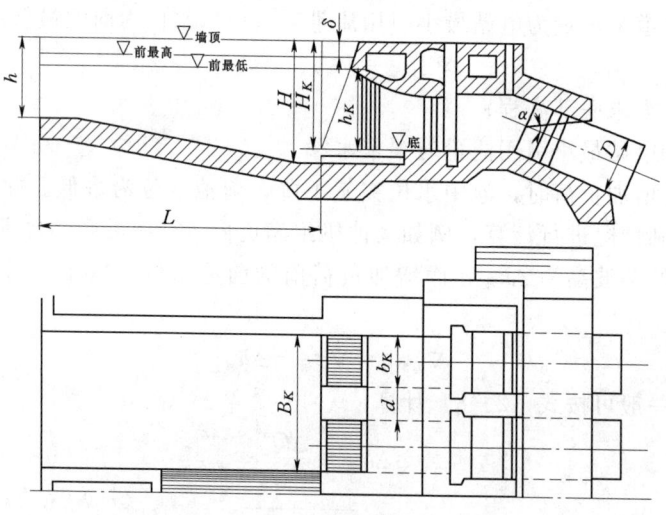

图 2-18 压力前池轮廓尺寸示意图

（2）宽度 B。

宽度 B 与进水室前沿的总宽度 B_K 相等。

（3）前室首端的深度 h。

h 为渠道末端底部至侧墙顶部的高度。

（4）前室末端的深度 H。

2.5 压力前池与日调节池

$$H = H_K + h_{拦沙} \tag{2-14}$$

式中 $h_{拦沙}$——拦沙坝的高度,取 0.5~1.0m。

式(2-14)中的 H_K 如图 2-18 所示。

(5) 前室的长度 L。

为了保证渠道在平面上和前室最大宽度相连接,在深度上和池身最大深度相连接,前室长 L 应为:

$$L = (3 \sim 5)(H - h) + (0.5 \sim 1.0)(m) \tag{2-15}$$

(6) 进水室的宽度 B_K。一个进水室的宽度 b_K 约为压力管道直径 D 的 1.5~1.8 倍,则进水室前沿的总宽度:

$$B_K = n b_K + (n-1)d \tag{2-16}$$

式中 n——压力管道的数目;
b_K——单个进水室的宽度;
d——中间隔墩的厚度,浆砌块石隔墩取 0.8~1.0m,混凝土隔墩取 0.5~0.6m。

(7) 进水室的进口水深 h_K。h_K 应使进口流速不超过拦污栅的允许过栅流速 V_Z,故:

$$h_K \geq \frac{q_{max}}{b_K V_Z} \tag{2-17}$$

式中 q_{max}——每个进水室的最大流量,m³/s;
V_Z——进口处拦污栅的允许过栅流速,m/s。当采用人工清污机时,栅前流速一般不超过 0.8~1.0m/s。

(8) 进水室的底板高程 $\nabla_{进底}$。由 $\nabla_{进底} = \nabla_{进最低} - h_K$,同时 $\nabla_{进底}$ 还应满足进水口不产生漏斗状吸气漩涡的条件,即:

$$\nabla_{进底} = \nabla_{进最低} - S - \frac{D}{\cos\alpha} \tag{2-18}$$

$$S = (2 \sim 3)\frac{V_{max}^2}{2g} \tag{2-19}$$

式中 V_{max}——压力管道通过最大引用流量时的流速,m/s;
D——压力管道的直径,m;
α——压力管道中心线与水平面的交角。

(9) 进水室的长度 $L_进$。进水室长度 $L_进$ 取决于拦污栅、工作闸门、通气孔、工作桥及启闭机等设备的布置。小型电站一般为 3~5m。

(10) 前池瞬时容积的校核。当发电流量在产生变化的瞬间,为保证供水的连续性,而不至于中断,要求前池瞬时的容积为:

$$V_{瞬时} = B'L'\Delta h' (m^3) \tag{2-20}$$

$$\Delta h' = h_2 - h_1$$

式中 B'——渠道宽度,m;
L'——渠道总长,m;
$\Delta h'$——渠道流量变化增加的水深,m;
h_1、h_2——渠道中流量发生变化前后的水深,m,可由曼宁公式计算。

当求出 $V_{瞬时}$ 后,再推求前池的面积。设前池的面积为 A,且最低水位以上的可调水

深为 $h_调$，则：

$$V_{瞬时} = Ah_调 \quad 或 \quad A = \frac{V_{瞬时}}{h_调} \quad (2-21)$$

其中，$h_调$ 一般可取 1～3m，根据地形、水头等情况而定，在最低水位以下容积不起调节作用，只要满足进水条件即可。

3. 溢流堰的尺寸拟定

溢流堰的位置由枢纽整体布置决定，溢流堰的断面形状一般做成流线型。当前池最高水位决定后，即可根据堰流公式求出所需溢流堰的长度。计算公式为：

$$L = \frac{Q_{max}}{Mh_堰^{3/2}} \quad (2-22)$$

式中　M——溢流堰流量系数；

　　　$h_堰$——堰上水头，一般可取 0.4～0.5m。

有时也可先确定 L 再求 $h_堰$，从而确定前室的最高水位。

2.5.4　日调节池

担任峰荷的水电站一日之内的引用流量在 0 与 Q_{max} 之间变化，而引水渠道是按 Q_{max} 设计的，因此在一天内的大部分时间里，渠道的过水能力没有得到充分利用。另外，由于引水渠道较长，利用进口处闸门调节流量反应缓慢；同时，引用流量的变化将引起渠道的水位波动。为了满足电站日调节的需要，可在渠道下游沿线合适的地形修建日调节池，如图 2-19 所示。

图 2-19　无压引水式水电站示意图
1—坝；2—进水口；3—沉沙池；4—引水渠道；5—日调节池；6—压力前池；
7—压力管道；8—厂房；9—尾水渠；10—配电所；11—泄水道

日调节池与压力前池之间的渠道仍按 Q_{max} 设计，而日调节池上游的渠道可按日平均流量进行设计，这样渠道断面可以减小。运行过程中，当水电站引用流量大于日平均流量时，不足水量由日调节池给予补充，日调节池的水位下降；当水电站引用流量小于日平均流量时，多余的水流入日调节池，池中水位回升，这样可减少前池水位的剧烈波动。

当引水渠道较长、水电站负荷变幅较大时，增设日调节池有可能降低整个引水系统的造价并改善其运行条件。日调节池越靠近压力前池,其作用越大。日调节池的容积,可根据水电站在日负荷图上的工作方式,通过流量调节计算求得,一般约为电站日用水总量的 20%～25%。

当河中水流含泥沙量大时,日调节池很容易被淤积,所以在含沙量大的季节,应将日调节池进口封闭,让水电站担任基荷,可改善淤积情况。

小 结

本章主要介绍了水电站进水口的功用及要求、有压进水口和无压进水口类型及布置、动力渠道和发电引水隧洞的布置及要求、压力前池布置及尺寸拟定等。在学习过程中应着重掌握以下几点:

(1) 水电站进水口的功用及要求。
(2) 有压进水口的类型及特点。
(3) 有压进水口的布置及主要设备组成。
(4) 动力渠道及发电引水隧洞的线路选择原则。
(5) 压力前池的功用及位置选择。
(6) 压力前池的建筑物组成及尺寸拟定。

习题及思考题

1. 绘图简要说明有压进水口的主要布置类型及适用情况。
2. 有压进水口位置、高程确定应考虑哪些因素?
3. 简要说明有压进水口的主要结构和设备。
4. 绘图简要说明开敞式进水口的组成及布置。
5. 自动调节渠道和非自调节渠道的工作特点有何不同?
6. 压力前池的作用有哪些?压力前池的位置如何选择?
7. 压力前池主要由哪些建筑物组成?各有何作用?

第3章 水电站压力管道

水电站压力管道是指从水库或水电站平水建筑物（压力前池、调压室）向水轮机输送水量并承受内水压力的输水建筑物。

3.1 压力管道的功用与类型

3.1.1 压力管道的功用与特点

压力管道的功用是输送水能。其特点是承受水电站大部分或全部的水头，内水压力大，坡度陡，靠近厂房，且承受动水压力（水锤压力），故又称水轮机管道或高压管道。压力管道的主要荷载为内水压力，管道的内直径 D、所承受的水头 H 及它们的乘积 HD 值是标志压力管道规模及技术难度的重要指标。

3.1.2 压力管道的类型及适用条件

按管壁材料和管道布置方式的不同，压力管道可分为不同的类型。

1. 按管壁材料分类

（1）钢管。由于钢材具有强度高、抗渗性能好等优点，因此钢管广泛应用于中、高水头电站。压力钢管的钢材应使用镇静钢，其性能及技术要求必须符合国家现行有关标准的规定。

（2）钢筋混凝土管。钢筋混凝土管具有造价低、刚度较大，经久耐用，能承受较大外压等优点，但管壁承受拉应力的能力较差，通常适用于水头较低的中小型水电站。钢筋混凝土管按管身的施工方法可分为普通钢筋混凝土管、预应力和自应力钢筋混凝土管、钢丝网水泥管和预应力钢丝网水泥管等。普通钢筋混凝土管一般适用于 $HD<60\mathrm{m}\cdot\mathrm{m}$，且静水头不宜超过 50m 的中小型水电站。预应力和自应力钢筋混凝土管具有抗裂性能好、抗拉强度高等特点，但制作要求较高，目前其适用范围可达 $HD\leqslant300\mathrm{m}\cdot\mathrm{m}$，静水头可达 150m。

（3）钢衬钢筋混凝土管。钢衬钢筋混凝土管即在钢筋混凝土管内衬钢板。在内水压力作用下，钢衬与钢筋混凝土联合受力，从而可减小钢板的厚度，适用于 HD 较高的情况。由于钢衬可以防渗，允许外围混凝土开裂，有利于充分发挥钢筋的作用。

（4）玻璃钢管。玻璃钢管是由玻璃纤维配合合成树脂缠绕而成。和钢管相比，玻璃钢管具有水流摩阻系数小、重量轻等优点，但目前尚无统一的设计规范，仅在水头不太高且流量较小的中小型水电站应用。

2. 按管道布置方式分类

（1）地面压力管道。压力管道沿山坡脊线露天敷设形成地面压力管道，称为明管，或称露天式压力管道。此种布置形式广泛应用于引水式地面厂房的水电站，如图 3-1 所示。

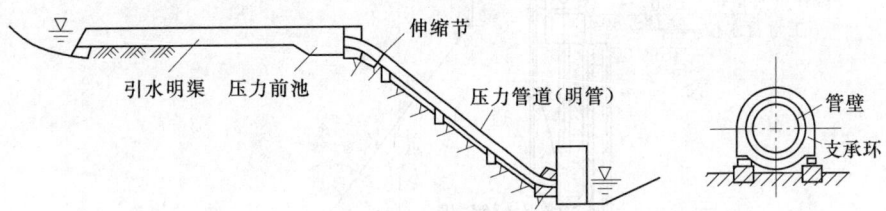

图 3-1 地面压力管道

（2）地下压力管道。将压力管道布置在地面以下成为地下压力管道，可分为地下埋管和回填管两种。压力管道埋入岩体中的称为地下埋管，如图 3-2（a）所示，其内水压力由管壁和周围岩体分担；回填管是在地面开挖沟槽，压力管道敷设在沟槽内后，再以土石回填，如图 3-2（b）所示，其内水压力全部由管壁承担。当电站厂房布置在地下或地形地质条件不宜布置成明管时，可采用地下压力管道。

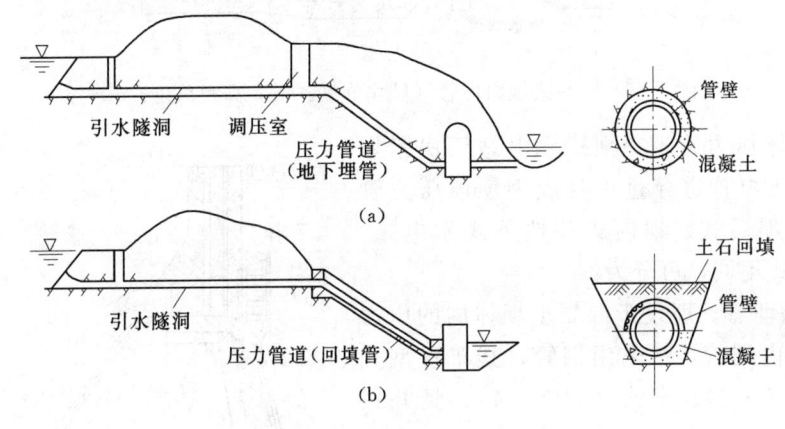

图 3-2 地下压力管道
(a) 地下埋管；(b) 回填管

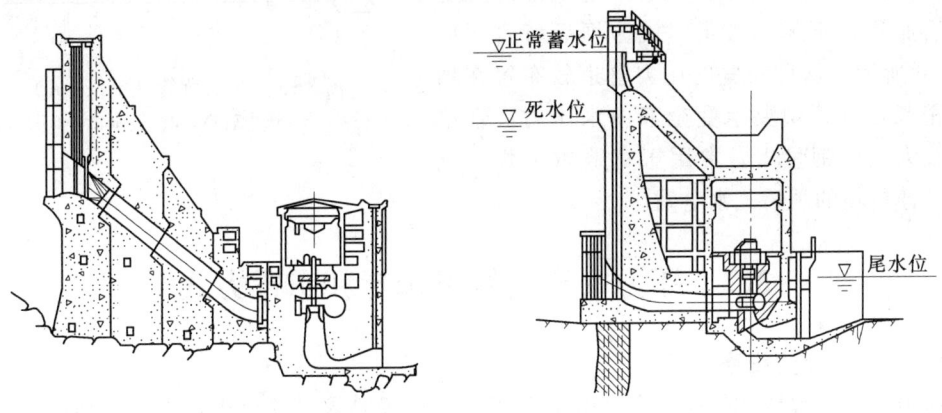

图 3-3 斜式坝内埋管　　　　　　图 3-4 平式坝内埋管

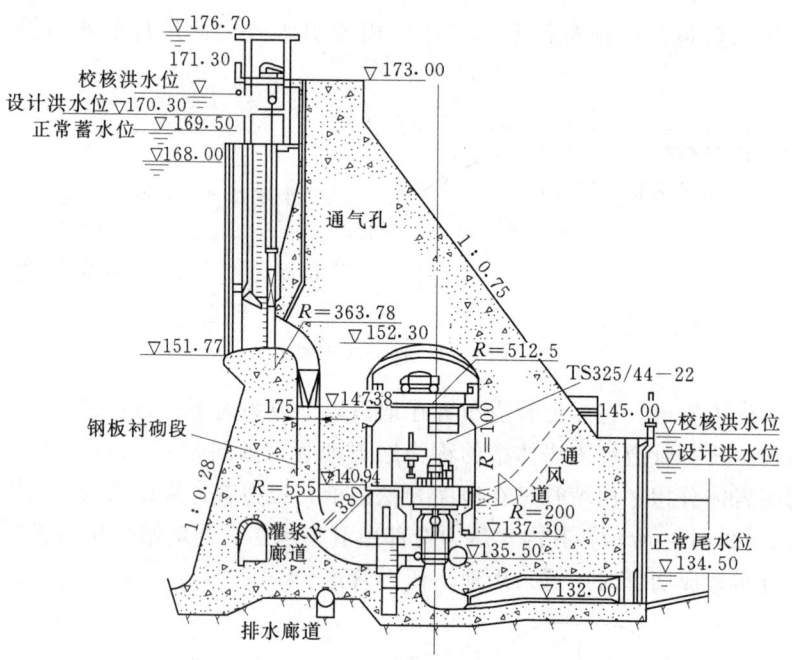

图 3-5 竖井式坝内埋管（尺寸单位：cm；高程单位：m）

(3) 坝体压力管道。坝式水电站厂房紧靠坝体布置，压力管道穿过坝身成为坝体压力管道，常用于坝后式、坝内式和地下式水电站。根据布置方式不同，可分为：

1) 坝内埋管。埋设于混凝土坝体内的压力管道称为坝内埋管，常采用钢管，其布置型式有斜式（图 3-3）、平式（图 3-4）、竖井式（图 3-5）三种。坝内埋管的安装与大坝施工干扰较大，且影响坝体强度。

2) 坝后背管。将压力钢管穿过上部混凝土坝体后布置在下游坝坡上，成为坝后背管，如图 3-6 所示。这种布置的压力管道较布置在坝内时稍长，且管壁要承受全部内水压力，管壁厚度较大，用钢量多。常用于宽缝重力坝、支墩坝及薄拱坝的坝后式水电站。

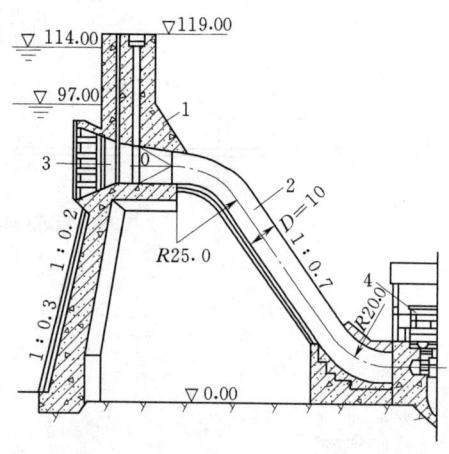

图 3-6 坝后背管（单位：m）
1—坝；2—压力管道；3—进水口；4—厂房

3.2 压力管道的线路选择和布置方式

3.2.1 压力管道的线路选择

压力管道的线路选择应符合水电站枢纽总体布置要求，并考虑地形、地质、水力学、施工及运行等条件，经技术经济比较后确定。压力管道线路选择的一般原则为：

(1) 应尽可能短而直。一方面可减少工程量和降低造价，另一方面可减少水头损失和降低水锤压力，有利于电站的稳定运行。地面管道一般布置在陡峻的山脊线上。

(2) 应选择良好的地形、地质条件。地面管道应避开可能产生滑坡或崩坍及山坡起伏和波折大等危及管道安全的地段。地下埋管应避开成洞条件差、活动断层、滑坡、地下水位高和涌水量很大的地段。避开不利的地形、地质条件可以减少工程处理措施，加快施工进度，降低工程造价，确保管道的安全运行。

(3) 应满足运行安全要求。管道顶部应位于最低压力线以下至少 2m，避免管内产生局部真空；应尽量减少管道转弯的次数，平面转弯和立面转弯位置较近时应尽可能合并成立体转弯；管道转弯半径不宜小于 3 倍管径；地下埋管应有足够的埋深，一般不宜小于 0.4 倍水头及 3 倍洞径；坝内埋管的布置应考虑钢管对坝体稳定和应力的影响及施工的干扰。为避免明钢管发生意外事故危及电站设备和人员的安全，应设置事故排水和防冲设施。

3.2.2 压力管道的布置型式

1. 压力管道的供水方式

压力管道向水轮机供水的方式可分为以下三种。

(1) 单元供水。每台机组均有一根压力管道供水，即单管单机供水，如图 3-7 (a)、(d) 所示。其特点是结构简单（无需岔管），水流顺畅，水头损失小，运行灵活可靠，管道易于制作；当其中一根管道或一台机组发生故障需要检修时不影响其他机组运行；但当管道根数较多和管道较长时工程量大，造价较高。适用于单机流量大或管道较短的电站。坝内埋管一般较短，通常采用单元供水。

(2) 联合供水。一根主管向电站全部机组供水，即单管多机供水，如图 3-7 (c)、(f) 所示。其特点是可节省管材，降低造价，但需设置结构复杂的分岔管，水头损失也较大；每台机组前需设阀门；当主管发生故障或检修时全部机组将停止运行，运行的灵活性和可靠性较单元供水差。适用于水头较高、流量较小，管道较长的电站。较长的地下埋管由于不宜平行开挖几根相近的管井，通常采用联合供水。

(3) 分组供水。布置有两根或多根主管，每根主管向两台或两台以上机组供水，即多管多机供水，如图 3-7 (b)、(e) 所示。其特点介于上述两供水方式之间。适用于管道较长、机组台数较多、需限制管径过大的电站。

无论采用联合供水或者分组供水，与每根管道相连的机组台数一般不宜超过 4 台。

2. 压力管道的引近方式

压力管道在进入厂房之前其主管的轴线与厂房纵轴线的相对方向称为引近方式。

(1) 正向引近。如图 3-7 (a)、(b)、(c) 所示，管道的轴线与厂房的纵轴线垂直。其工作特点是管线较短，水流平顺，水头损失小，开挖量小；但管道失事破裂时直接危及厂房安全。一般适用于水头较低、管道较短的水电站。

(2) 侧向引近。如图 3-7 (e)、(f) 所示，管道的轴线与厂房的纵轴线平行。其工作特点是当管道破裂可避免水流直冲厂房，但水流条件不好，增加水头损失，管材用量增加，开挖工程量较大。适用于高、中水头的电站。

(3) 斜向引近。如图 3-7 (d) 所示，管道的轴线与厂房的纵轴线斜交。其工作特点介于上述两种布置方式之间，常用于分组供水和联合供水的电站。

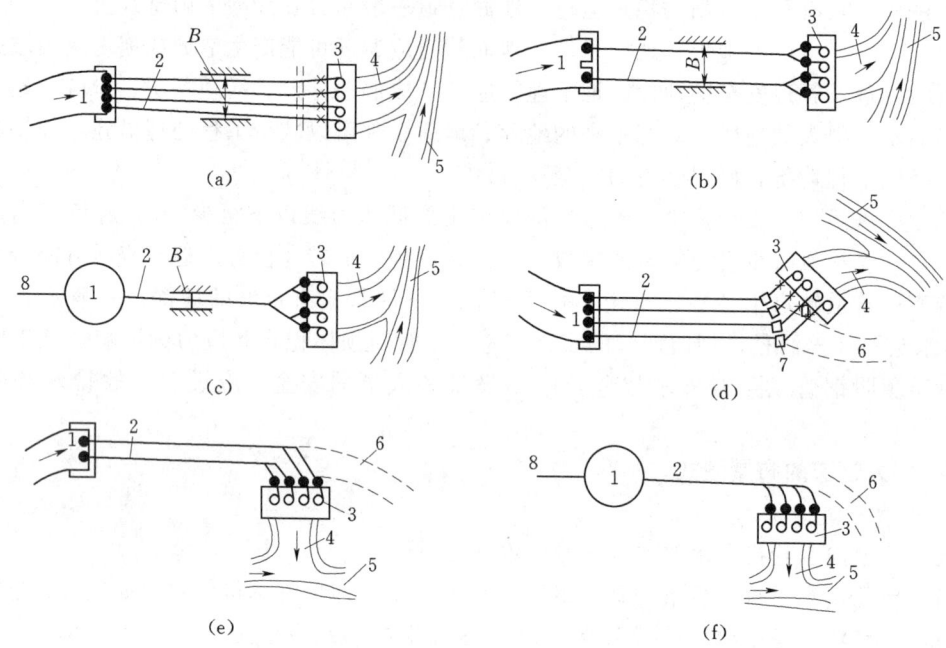

图 3-7 压力管道向机组的供水方式
1—压力前池或调压室；2—压力管道；3—厂房；4—尾水渠；5—河流；6—排水渠；
7—镇墩；8—压力隧洞；●—必设的阀门；×—非必设的阀门；B—管床宽度

3.3 明钢管的构造、附件及敷设方式

明钢管是指暴露在空气中的压力钢管，在中小型引水式水电站中应用广泛，其构造、附件及敷设方式在各种压力管道中具有典型性。

3.3.1 明钢管的构造

1. 接缝与接头

明钢管按其管身构造可分为无缝钢管、焊接钢管和箍管三种形式。

（1）无缝钢管。它是在工厂轧制成无纵缝的管节，运到现场后用横向焊缝或法兰将管节连成整体。无缝钢管强度高，性能可靠，但受制造条件的限制，直径一般小于60cm，适用于高水头、小流量的水电站，造价较高，应用不多。

（2）焊接钢管。它是由辊卷成圆弧形的钢板用纵缝和横缝焊接而成的，是压力钢管中最常用的方式。焊接管的纵缝受力较大，一般是在工厂中将钢板加工焊制成4～6m管节，运到现场后再逐节拼装，以保证纵缝的质量。各管节间可用焊接也可用法兰接头连接。相邻管节的纵缝应错开并且避免布置在横断面应力较大的水平轴线和垂直轴线上，与水平轴线和垂直轴线的夹角应大于15°，如图 3-8 所示。焊缝必须采用对接焊，焊接坡口应符合有关规程，焊接质量应按规范规定用超声波法或射线法进行探伤检查。

由于钢板制造工艺的提高，当压力管道 HD 值较大，采用普通低合金钢厚度很大时，

3.3 明钢管的构造、附件及敷设方式

可用高强度钢材。我国自行研制的高强钢的最大抗拉强度达 800MPa，日本已达到 1000MPa。目前我国压力管道的最大 HD 值达到 5000～6000m·m，目前很少用箍管。箍管是在无缝钢管或焊接管外套上无缝钢环（钢箍）而成，按加工工艺不同，箍管有热套和冷套两种，如图 3-9 所示。

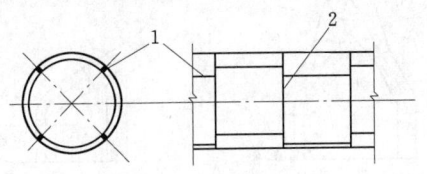

图 3-8 焊缝布置图
1—纵缝；2—横缝

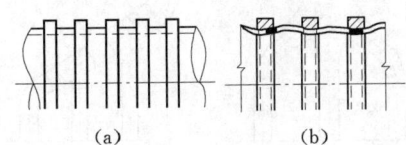

图 3-9 箍管
(a) 热套；(b) 冷套

2. 弯管和渐缩管

钢管在水平面内或竖直面内改变方向时，需要装置弯管以保持水流顺畅，弯管由钢板焊接而成，如图 3-10 所示。每一折线段两端径向线的夹角不宜超过 10°，以 5°～7°为宜，夹角越小，水流条件越好。但夹角小了意味着每一管节的长度也短了，对下料和焊接不利，因此单节管段长度不宜小于下列三者之大值 300mm、10 倍管壁厚度、$3.5\sqrt{rt}$。弯管的曲率半径不宜小于 3 倍管径，弯管首尾应为半节，使相邻管节在接缝处的相贯线形状相同。

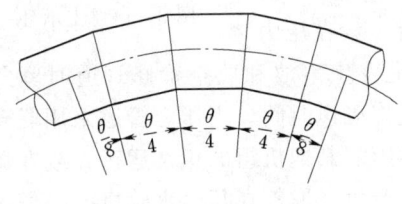

图 3-10 弯管

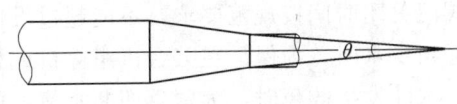

图 3-11 渐缩管

不同直径钢管段连接时需设置渐缩管。为减小水头损失，渐缩管的收缩角 θ 不宜过大，通常采用 $\theta=10°～16°$。渐缩管与相邻管段之间常以横向焊缝连接，如图 3-11 所示。当渐缩管与弯管位置相近时，宜合并成渐缩弯管。分段式钢管的弯管和渐缩管均须埋于镇墩中。

3. 加劲环（刚性环）

为提高抗外压稳定，或为加强钢管制作、安装时的刚度，而在管外侧设置的环状结构，称为加劲环。加劲环常用 T 形或槽形的型钢制作，其形式如图 3-12 所示。

4. 分岔管

当水电站采用联合供水或分组供水方式时，钢管进入厂房之前必须设置分岔管。常见的分岔管有对称分岔和非对称分岔两种基本形式，

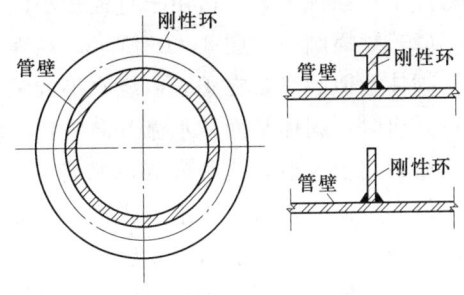

图 3-12 加劲环（刚性环）

如图3-13所示。当钢管为正向进水时,多采用对称分岔,侧向和斜向进水时,多采用非对称分岔。

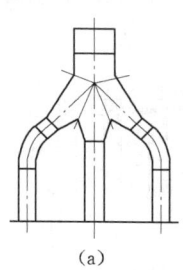 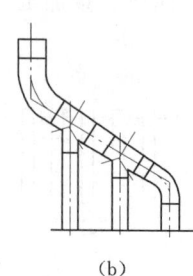 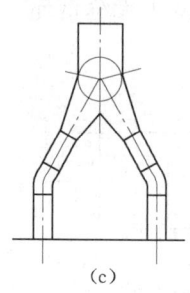 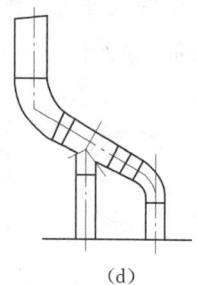

(a)　　　　　　　　(b)　　　　　　　　(c)　　　　　　　　(d)

图3-13　分岔管

(a)、(c) 对称分岔;(b)、(d) 非对称分岔

5. 支承环

钢管与支座间起支承、加固作用的环状结构,称为支承环。其作用是防止支墩直接接触管壁,加强支承处钢管的强度和刚度。支承环沿管周箍设,其断面型式可以为工字形、T形、矩形、槽形或如图3-14所示型式等。

3.3.2　明钢管的阀门和附件

1. 阀门

在压力管道的进、出口端常需设置阀门控制水流。设在压力

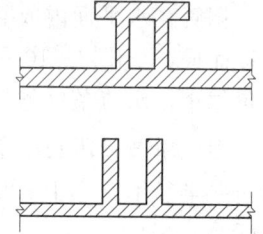

图3-14　支承环

钢管进口端的阀门通常采用闸门,主要用于压力管道发生事故和放空检修管道时紧急关闭。阀门关闭时间按规范要求,不能超过发电机的允许飞逸时间。当压力管道采用联合供水或分组供水时,为保证在某台机组停机或检修时不影响其他机组的正常运行,或在调速器、导水叶发生故障时,为紧急切断水流,防止机组产生飞逸,在每台水轮机前必需设置阀门,通常称为进水阀或主阀。对于单元供水的电站,当水头高于120m或管道较长时,经技术经济比较,也可设置主阀。水电站压力管道的主阀有三种常见的型式。

(1) 闸阀（也称平板阀）。闸阀由框架和面板构成,阀体在门槽中的滑动方式与一般的平板闸门相似,如图3-15所示。闸阀一般采用电动或液压操作。这种阀门的特点是安装和维修比较简单,止水严密,运行可靠;但启闭力大,动作缓慢,封水环易被磨损,也容易产生空蚀现象,只适用于直径较小的压力钢管。

(2) 蝴蝶阀。如图3-16所示,蝴蝶阀简称蝶阀,由阀壳和阀体组成。阀壳为一短圆筒,阀体形似圆盘,在阀壳内绕水平或垂直轴旋转。阀门关闭时,阀体平面与水流方向垂直;开启时,阀体平面与水流方向一致。蝶阀的操作有电动或液压两种方式。前者用于小型,后者用于大型。这种蝶阀的特点是启闭力小,动作迅速,体积小,重量轻,造价较低;但水头损失较大,止水不严密,过流时不能部分开启。蝶阀可在动水中关闭,应利用旁通管平衡水压后在静水中开启。适用于管径较大、水头不很高的水电站。

蝶阀有横轴和竖轴布置两种。前者结构简单,水压力的合力偏于中心轴以下,一旦阀体离开中间位置,即有自闭倾向,适于作事故阀门,但因接力器布置在旁边,需较大的空

3.3 明钢管的构造、附件及敷设方式

间。后者接力器在阀顶,结构紧凑,但结构复杂。目前蝶阀应用广泛,最大直径可达8m以上,最大水头达200m。

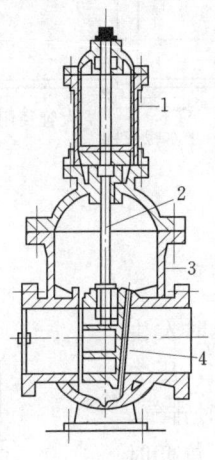

图 3-15 闸阀
1—接力器;2—闸阀柄;3—阀壳;4—活门

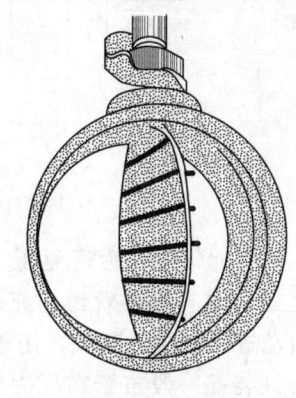

图 3-16 蝶阀

(3) 球阀。如图 3-17 所示,球阀由球形外壳、可旋转的圆筒形阀体(活门)及其他附件组成。阀体圆筒的轴线与水平轴线一致时,阀门处于开启状态。若将阀体旋转90°,使圆筒一侧的球面封板挡住水流,则阀门处于关闭状态。这种阀门的特点是在开启状态时无水头损失,止水效果好,结构强度高;但是结构复杂,尺寸大,重量大,造价高。操作方式有电动或液压两种。球阀是在动水中关闭,但需用旁通阀平压后在静水中开启。适用于100m以上的高水头水电站。目前最大球阀直径达3.4m,最大水头达850m以上,最大重量超过100t。

2. 附件

(1) 伸缩节。为避免明钢管管壁在环境温度变化及支座不均匀沉陷时产生过大的应力及

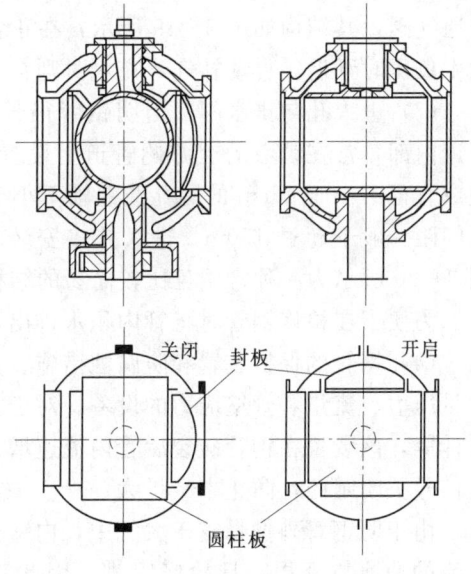

图 3-17 球阀

位移,常在镇墩的下游侧设置伸缩节。伸缩节的作用是使明钢管在温度变化时,能沿轴线自由伸缩,以消除温度应力,且适应少量的不均匀沉陷。常用的伸缩节为滑动套筒式,其构造如图 3-18 (a) 所示。图 3-18 (b) 所示为一种简易伸缩接头,可用于直径较小的压力钢管上。两镇墩之间一般要求布置伸缩节,伸缩节的间距不宜超过 150m。伸缩节应能满足轴向、径向和角变位的要求,并应有足够的刚度。套筒式伸缩节的内套管外表面应喷涂耐磨涂料或金属。目前,工程上大多采用波纹管替代伸缩节。

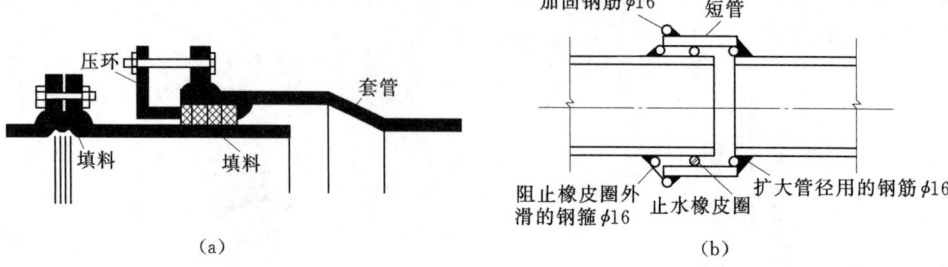

图 3-18 伸缩节
(a) 滑动套筒式伸缩节；(b) 简易伸缩节

(2) 通气孔与通气阀。为避免压力管道在放空和运行时发生真空，管道应能及时补气；管道在充水时需要排气。因此，压力管道应设有自动进气和排气装置，用于放空时补气，充水时排气。自动进气和排气装置一般布置在压力管道进口位置，水头较低时常采用通气孔或通气井，通气孔或通气井的面积应满足补排气的要求，通气孔上端应设在启闭室之外，孔口高于该处可能发生的最高水位，孔口通到坝顶时应有防护设施。进水口较深时，可采用通气阀，其结构如图 3-19 所示，在正常运行时保持关闭状态，发生负压时开启，自动补气，充水时则自动排气。

(3) 进人孔与排水阀。当明钢管很长时，为便于观察和检修管道内部，常在镇墩的上游侧管道上设置进人孔。进人孔截面常做成直径不小于 45cm 的圆孔或短轴不小于 45cm 的椭圆孔。进人孔间距一般不超过 150m，进人孔多安装在水平轴线下方 45°处，图 3-20 所示为一种常用且比较简易的结构。

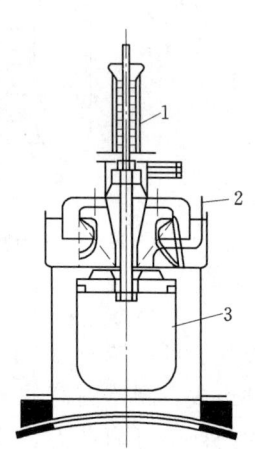

图 3-19 通气阀
1—弹簧；2—进气及排气孔；3—浮筒

为便于在检修钢管时将管内积水排出，通常在压力钢管的最低点设置排水阀。

(4) 钢管的保护装置和防腐蚀措施。为了解压力钢管的工作状态，压力钢管上可安装测量压力、流量和管壁应力的设备。对于大型钢管，还可装置过流保护装置，如超声波流量计等，该装置在钢管破裂后管内流速增大时能迅速发出信号关闭闸门，防止事故扩大。

由于明钢管外壁暴露于大气中，内壁长期过流，受水流的冲蚀与磨损，且检修困难，因此需进行防腐处理。钢管的防腐蚀措施有金属热喷涂和涂料保护两类，另外还可采用电化学保护与涂料联合防腐蚀措施。不论采用何种防腐蚀措施，对于钢板表面均要进行除锈预处理，达到规定除锈等级和粗糙度要求后，才能进行涂装。在严寒地区，明钢管应有防冻设施。

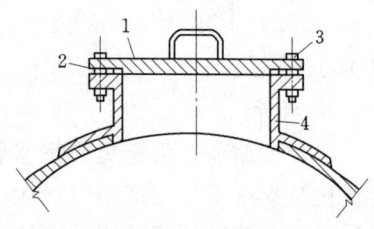

图 3-20 进人孔
1—孔盖；2—垫圈；3—螺栓；4—接管

3.3.3 明钢管的敷设方式

明钢管需要支承在一系列墩座上以便于安装、检修和安全运行，常用的墩座有镇墩和支墩两种。根据明钢管的管身在镇墩间是否连续，其敷设方式有连续式和分段式两种。

1. 连续式

明钢管管身在两镇墩之间是连续的，中间不设伸缩节，如图3-21（a）所示。连续式的明钢管由镇墩固定，不能移动，温度变化时，管身将产生很大的轴向温度应力，并传给镇墩，因而需增加管壁的厚度和镇墩的重量，工程中一般较少采用这种敷设方式。当钢管直径和温度变化较小及管线较短时，可在管身的适当位置设置转角接头，以减小管身的温度应力。

2. 分段式

在两镇墩之间设置伸缩节将钢管管身分段，如图3-21（b）所示。当温度变化时，由于伸缩节的作用，管身可沿管轴方向自由伸缩，由温度变化引起的轴向力仅为管壁与支墩的摩擦力及伸缩节的摩擦力。明钢管多采用这种分段敷设，但伸缩节构造较复杂，容易漏水，为了降低伸缩节的内水压力、便于安装钢管以及利于镇墩的稳定，伸缩节一般布置在镇墩下游侧第一节管的横向接缝处。为解决伸缩节漏水问题可采用波纹管。

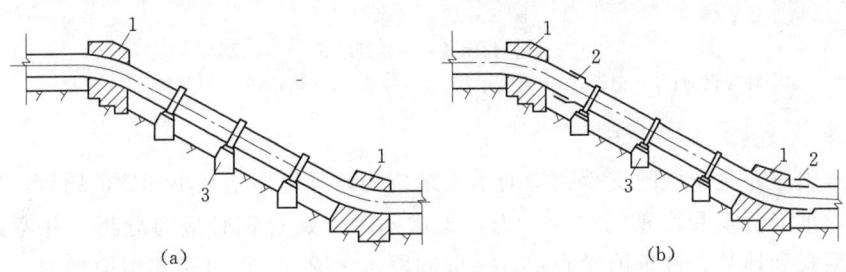

图3-21 明钢管的敷设方式
(a) 连续式；(b) 分段式
1—镇墩；2—伸缩节；3—支墩

3.3.4 明钢管的支承结构

1. 镇墩及其构造

镇墩是保持钢管段不致发生位移、倾覆和扭转的支承结构物，其作用是依靠自身的重量来固定钢管，承受因钢管改变方向及管径变化而产生的轴向不平衡力，并使钢管在任何方向均不产生位移和转角。分段式明钢管转弯处宜设置镇墩，直线管段长度超过150m时，宜在其间加设镇墩；当直线管段的管道纵坡较缓且长度不超过200m，也可以不加设镇墩，而将伸缩节布置在该段的中部。

镇墩为重力式结构，若基础为软基，镇墩底面宜做成水平；若为岩基，镇墩底面宜做成台阶式，以节省工程量。镇墩的轮廓尺寸应能包住全部弯管段，镇墩的上游面应与钢管垂直，使管壁受力均匀。在软基上，镇墩底应深埋在冻土线以下；在岩基上，埋深应不小于0.5m。镇墩内的管段外包混凝土厚度一般不应小于0.8~1.0倍管径。明钢管底部至少应高出其下地表0.6m。

镇墩施工常分两期进行，初期浇筑混凝土基座，敷设钢管后再浇筑二期混凝土。向上凸的弯管应配置锚固件，镇墩的表面应配置温度钢筋，镇墩内的钢管周围宜配置环向筋。镇墩混凝土强度等级不应低于C15。钢管运行后，若镇墩混凝土裂缝较大，应在混凝土表面涂敷密闭材料。镇墩应进行抗滑稳定、抗倾覆稳定和地基应力计算,保证镇墩的整体性和稳定性。

按压力钢管在镇墩上的固定方式不同,镇墩可分为封闭式和开敞式两种,如图 3-22 所示。前者结构简单,节约钢材,管道固定性好,应用普遍;后者利用锚栓将钢管固定在混凝土基础上,管壁受力不均匀,锚环施工复杂,但便于检修,在工程上应用较少。

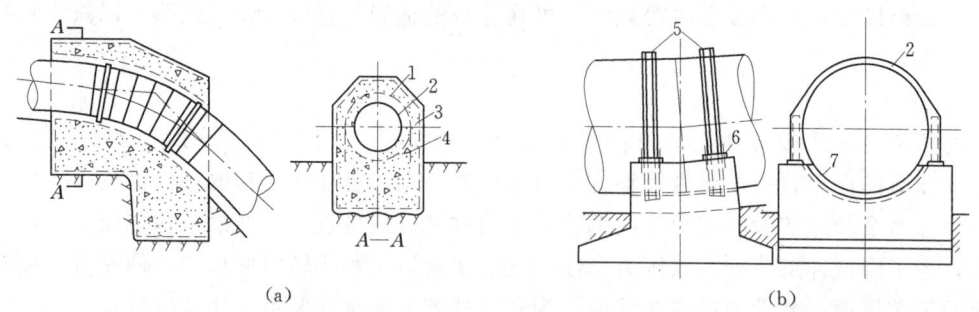

图 3-22 镇墩型式
(a) 封闭式;(b) 开敞式
1—环向钢筋;2—钢管;3—温度钢筋;4—锚筋;5—锚定环;6—锚栓;7—灌浆

2. 支墩(支座)及其构造

支墩(支座)是镇墩间支承钢管的承重结构物,其作用是减小钢管的跨度,防止钢管横向滑脱,承受管重和水重的法向分力。支墩间距应通过钢管应力分析,并考虑安装条件、支墩型式和地基条件等因素确定,一般间距 6~12m。在两相邻镇墩之间,支墩宜等间距布置,设有伸缩节的一跨,间距宜缩短。分段式明钢管的支墩应保证钢管轴向能自由伸缩并能防止横向滑脱。在可能沉陷的地基上的支墩,在支墩旁及支承环两侧应预留调整钢管高程的千斤顶顶托位置。支墩混凝土强度等级不应低于 C15。支墩也应进行抗滑稳定和地基应力计算,保证支墩的整体性和稳定性。

根据支墩与管身相对位移的特征及管径等因素,常用的支墩有鞍形滑动支墩、平面滑动支墩、滚动支墩、摇摆支墩等型式。

(1) 滑动支墩。

1) 鞍形滑动支墩。如图 3-23 (a) 所示,钢管直接支承在鞍形的混凝土支墩上,支墩的包角为 90°~135°。为减小钢管伸缩时的摩擦力,可在鞍座表面铺设石墨、石棉或油毡等材料;直径较大的钢管,可在支墩的鞍面衬钢板,并涂润滑剂。鞍形滑动支墩的特点是结构简单,施工方便,但摩擦力大,管身受力不均匀,鞍座边缘处的钢管会产生较大的弯矩。一般适用于直径小于 1m 无支承环的钢管及直径小于 2m 有支承环的钢管。

2) 平面滑动支墩。如图 3-23 (b) 所示。为了克服鞍形滑动支墩缺点,平面滑动支墩在支墩处的管身设置支承环,环的两侧支承在墩座上。当钢管伸缩时支承环沿支墩滑动,从而避免管壁摩擦。平面滑动支墩适用于直径 1~3m 有支承环的钢管。

(2) 滚动支墩。如图 3-23 (c) 所示,钢管通过滑轮支承在支墩顶面的固定钢板上,滑轮安装在支承环下端,固定钢板外侧设有防止横向位移的侧挡板。滚动支墩适用于直径大于 2m 的钢管。

(3) 摇摆支墩。如图 3-23 (d) 所示,在支承环与支墩面之间设置可以摆动的短柱,短柱的下端与支墩铰接,上端以圆弧面与支承环的承板接触。钢管沿轴向伸缩时,短柱以铰为中心前后摆动。这种支墩的摩擦力很小,能承受较大的垂直荷载,但构造较复杂,造价较高,适用于直径大于 2m 的钢管。

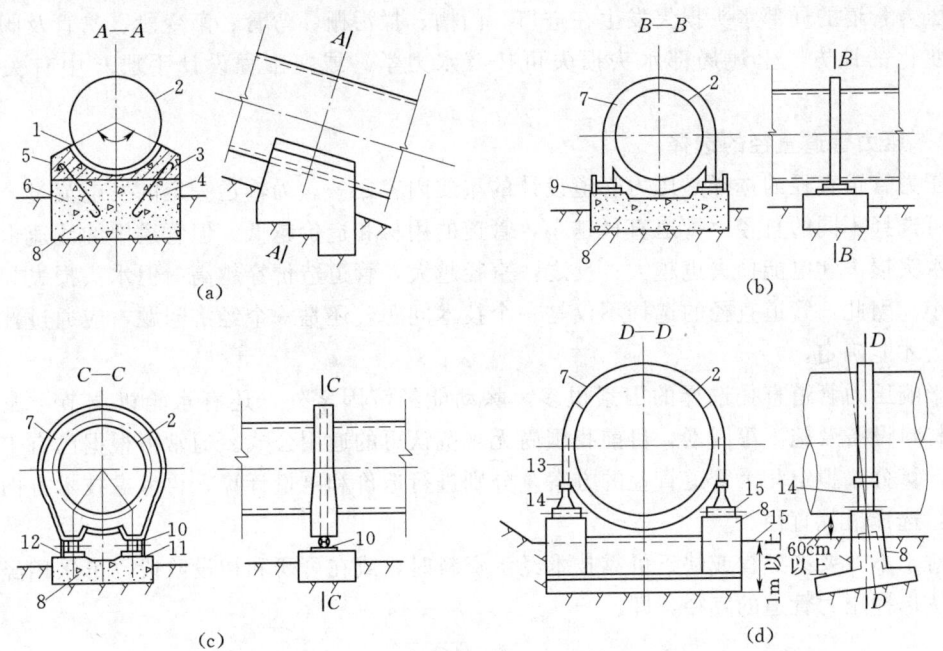

图 3-23 支墩型式
(a) 鞍形滑动支墩;(b) 平面滑动支墩;(c) 滚动支墩;(d) 摇摆支墩
1—钢板;2—钢管;3—插筋;4—锚筋;5—二期混凝土;6——期混凝土;
7—支承环;8—支墩;9—滑动面;10—滚轮;11—钢垫板;
12—侧挡板;13—支柱;14—摆柱;15—转轴

3.4 压力管道的水力计算与尺寸拟定

3.4.1 压力管道的水力计算

压力管道的水力计算包括恒定流计算和非恒定流计算两部分。非恒定流计算称为水锤计算,其目的是为了确定管道各点的动水压力及其变化过程,为管道的结构设计和机组运行提供依据。非恒定流计算的内容见本书第 4 章。

恒定流计算主要是为了确定压力管道的水头损失,以供确定水轮机的工作水头、选择装机容量、计算电能和确定管径之用。水头损失包括沿程摩阻损失和局部水头损失两种。

1. 沿程摩阻水头损失

水电站压力管道中水流的流态一般为紊流,沿程摩阻水头损失常用曼宁公式计算:

$$i = \frac{n^2}{R^{\frac{4}{3}}} V^2 \qquad (3-1)$$

式中 i——单位管长的摩阻水头损失;

n——压力管道糙率，可查《水工设计手册》选用；

R——压力管道的水力半径，m；

V——压力管道中水体的流速，m/s。

2. 局部水头损失

压力管道的局部水头损失发生在进口、门槽、拦污栅、弯管、渐变段、岔管及阀门等流道变化的地方。上述局部水头损失可按《水力学》或《工程设计手册》中有关公式计算。

3.4.2 压力管道直径的选择

压力管道直径的选择是压力管道设计的重要内容之一。为输送一定的发电流量，压力管道可选择不同的直径。管道直径越小，管道的用材和造价越低，但管道中的流速也就越高，水头损失和电能损失也越大；反之，直径越大，管道造价穿越高，但水头损失和电能损失小。因此，管道直径的选择不仅是一个技术问题，还是一个经济问题，应通过技术经济比较才能确定。

影响压力管道直径选择的因素很多，除动能经济因素外，还有水轮机调节、泥沙磨损、材料设备及施工等因素，目前我国尚无规范认可的通用公式。通常可根据已有工程经验和计算公式拟定几个管道直径的方案，分别进行造价和电量计算，再考虑技术方面的因素后，选择最优直径。

对于不重要的工程或缺乏可靠技术经济资料时，或在可研和初设阶段，可采用经济流速方法选择压力管道的直径，即：

$$D_0 = \sqrt{\frac{4Q_{\max}}{\pi V_e}} \qquad (3-2)$$

式中 $Q_{\max}$——压力管道的最大设计流量，m³/s；

V_e——经济流速，m/s，明钢管和地下埋管为 4～6m/s，钢筋混凝土管为 2～4m/s，对坝内埋管，当设计水头在 30～70m 时为 3～6m/s，设计水头在 70～100m 时为 5～7m/s。

若考虑动能经济因素，则其经济直径公式为：

$$D_0 = \sqrt[7]{\frac{kQ_{\max}^3}{H_d}} \qquad (3-3)$$

式中 k——系数，取值范围 5～15，常取用 5.2（机组运行小时数低、钢管供水机组台数多、钢材贵而电价便宜时，取较小值，反之取大值）；

$Q_{\max}$——压力管道的最大设计流量，m³/s；

H_d——设计水头，m。

当压力管道比较长时，水电站压力管道的直径随水头的增高而逐渐缩小是经济合理的，但变径次数不宜过多，通常是在镇墩处变径并设渐变段，渐变段应全部包在镇墩内部。

3.4.3 明钢管管壁厚度的拟定

明钢管所承受的荷载主要是内水压力（即静水压力和水锤压力），内水压力在管壁上产生的环向应力是其主要应力，因此常用"锅炉"公式初拟管壁厚度，然后再对典型断面进行较详细的应力分析，校核管壁厚度是否满足强度和稳定的要求。

3.4 压力管道的水力计算与尺寸拟定

设钢管管壁计算厚度为 t_0，取单位长度承受较大内水压力 P 的管段，将其沿水平直径切开，由力的平衡条件可得出管壁中的环向拉应力：

$$\sigma_\theta = \frac{PD_0}{2t_0} = \frac{\rho_w g H D_0}{2t_0} \tag{3-4}$$

以钢材的设计允许应力 $[\sigma]$ 代替 σ_θ，并考虑焊缝的强度降低，引入焊缝系数 φ，整理得钢管管壁的计算厚度：

$$t_0 \geqslant \frac{\rho_w g H D_0}{2\varphi[\sigma]} \text{(mm)} \tag{3-5}$$

式中 ρ_w ——水的密度，1000kg/m³；

H ——内水压力（包括水锤压力），m。初估时水锤压力值按静水头的15%~30%，高水头电站取小值，低水头电站取大值；

φ ——焊缝系数，一般为 0.90~0.95，双面对接焊取 0.95，单面对接焊取 0.90；

D_0 ——压力钢管的内直径，m；

$[\sigma]$ ——钢材的设计允许应力，kPa。钢材允许应力见表 3-1。

表 3-1 钢材的容许应力 $[\sigma]$

应力区域		膜应力区		局部应力区				备注
荷载组合		基本	特殊	基本		特殊		
产生应力的内力		轴力	轴力	轴力	轴力和弯矩	轴力	轴力和弯矩	
允许应力	明钢管	$0.55\sigma_s$	$0.7\sigma_s$	$0.67\sigma_s$	$0.85\sigma_s$	$0.8\sigma_s$	$1.0\sigma_s$	σ_s 为钢材屈服强度
	地下钢管	$0.67\sigma_s$	$0.9\sigma_s$					
	坝内埋管	$0.67\sigma_s$	$(0.8~0.9)\sigma_s$					

注 若钢材屈强比 σ_s/σ_b 大于 0.7，应以 $\sigma_s = 0.7\sigma_b$ 计算允许应力。

因计算中未考虑由于轴向力和法向力所产生的应力，根据规范要求，明钢管的允许应力 $[\sigma]$ 应按表 3-1 中数值降低 15%~20%。

考虑到钢管管壁厚度的制造误差以及钢管运行中的磨损和锈蚀，管壁厚度 t 应比计算厚度至少增加 2mm 的厚度裕量；对泥沙磨损、腐蚀较严重的钢管，还应专门论证。

此外，在实际工程中，钢管除满足结构强度要求外，还应考虑制造、运输、安装等条件，必须保证有一定的刚度。因此，对于不同管径的管壁最小结构厚度应不小于表 3-2 规范规定的最小值，且同时满足下式条件：

$$t \geqslant \frac{D_0}{800} + 4 \text{(mm)} \tag{3-6}$$

式中 D_0 ——压力钢管的内直径，mm。

表 3-2 规范规定的明钢管最小管壁厚度 单位：mm

钢管外径	870 以下	920~1530	1630~4040	4240~6040	6240~7050
最小厚度	6	8	10	12	14

钢管壁厚变化处宜保持内径不变，管壁厚度级差宜取 2mm。不同管壁厚度钢板的对接焊，若厚度差大于 4mm，应将较厚板的接口处刨成 1:3 的坡度。

3.5 明钢管的结构分析

3.5.1 作用在明钢管上的荷载及荷载组合

1. 作用在明钢管上的荷载

分段式明钢管上的作用力，按作用的方向可分为轴向力、法向力和径向力三种。径向力使管壁产生环向拉应力 [图 3-24（a）]；轴向力通过管壁传给墩座再传给地基，使管壁产生轴向应力 [图 3-24（b）]；法向力使管壁产生弯矩和剪力 [图 3-24（c）]。

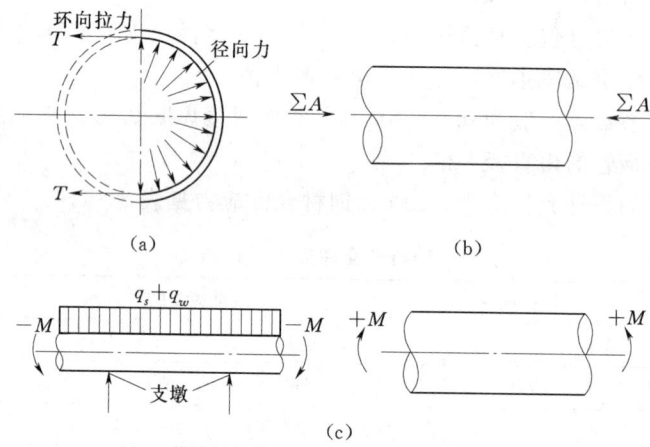

图 3-24 明钢管受力简图
（a）径向力及其环向拉力；(b) 轴向力；(c) 法向力及其弯矩

各主要荷载的计算公式及作用方向示意图见表 3-3。此外，有时还应考虑镇墩和支墩不均匀沉陷引起的力、风荷载、雪荷载、施工荷载、地震荷载及管道放空时管内外气压差等，这些荷载的计算可参考有关规范和书籍。

内水压力 P 分别考虑以下几种情况。

（1）正常蓄水位的静水压力。

（2）正常工况最高压力，即正常蓄水位运行时的静水压力加上该钢管供水的全部机组丢弃全部负荷或部分负荷时的水锤压力。

（3）特殊工况最高压力，情况同第（2）种情况，但库水位为最高发电水位。

（4）水压试验内水压力，其值通常为设计水头的 1.2~1.3 倍。

直径和跨度大而水头不很高、管壁较薄的钢管部分充水时，会在管壁引起较大的弯曲应力，需考虑充水、放水过程中管内部分水重的情况。

上述的各种荷载是指钢管在各种工作状态下的受力情况，对某个工作状态而言，上述的荷载并不同时发生。例如，当电站暂时停机时，钢管内虽充满水，但 A_8 却不存在；当钢管正常工作时，A_2 不存在。因弯管段埋于镇墩内，轴向力 A_3 及 A_8 由镇墩承受，管壁中不产生应力。

2. 荷载组合

在进行分段式明钢管直线段管身应力计算和稳定计算时，必须根据工程的具体情况，

3.5 明钢管的结构分析

对上述荷载选择最不利的组合进行计算,见表 3-4。

表 3-3 作用在分段式明钢管及镇座上的力

序号	作用力方向	作用力名称	计算公式	作用力符号 上段温度 升	作用力符号 上段温度 降	作用力符号 下段温度 升	作用力符号 下段温度 降	结构受力部位 管壁	结构受力部位 支墩	结构受力部位 镇墩	作用力示意图	备注
1	管轴方向	钢管自重分力	$A_1=\sum(q_s L)\sin\alpha$	+	+	+	+	√		√		q_s—每米管长钢管自重
2		关闭的阀门及闷头上的力	$A_2=\dfrac{\pi D_0^2}{4}p$	±	±	±	±	√		√		D_0—钢管内径;p—内水压强,阀门全开时此力不存在
3		弯管上的内水压力	$A_3=\dfrac{\pi D_0^2}{4}p$	+	+	−	−	√		√		
4		渐缩管的内水压力	$A_4=\dfrac{\pi}{4}(D_{01}^2-D_{02}^2)p$	+	+	+	+	√		√		D_{01}、D_{02}—渐缩管最大和最小内径
5		伸缩节端部的内水压力	$A_5=\dfrac{\pi}{4}(D_{01}^2-D_{02}^2)p$	+	+	−	−	√		√		D_{01}、D_{02}—套管式伸缩节内套管外径和内径
6		温度变化时伸缩节止水填料的摩擦力	$A_6=\pi D_{01}b_1\mu_1 p$	+	−	+	−	√		√		μ_1—伸缩节止水填料与钢管摩擦系数;b_1—填料沿管轴长度
7		温度变化时支座对钢管的摩擦力	$A_7=\sum(qL)f\cos\alpha$	+	−	−	+	√	√	√		f—支座对管壁的摩擦系数;L—支承环间距
8		弯管中水的离心力的分力	$A_8=\dfrac{\pi D_0^2}{4}\dfrac{v_0^2}{g}\rho_w g$	+	+	−	−	√		√		v_0—管中平均流速;R—离心力;A_8—离心力在管轴方向的分力
9	垂直管轴方向	钢管自重分力	$Q_s=q_s L\cos\alpha$					√	√	√		q_s—每米管长钢管自重
10		钢管中水重分力	$Q_w=q_w L\cos\alpha$					√	√	√		q_w—每米管长管内水重
11	径向	内水压力	$p=\rho_w g H$					√	√			H—水头,算到计算截面管道中心

注 1. 管轴向作用力符号:+为钢管下行方向;−为钢管上行方向。
2. 上段指镇墩以上,下段指镇墩以下。

第3章 水电站压力管道

表3-4　　　　　　　　明钢管结构分析的计算工况与荷载组合

序号	荷载名称		基本组合		特殊组合				
			正常运行工况(一)	正常运行工况(二)	放空工况	特殊运行工况	水压试验工况	施工工况	充水工况	地震工况
1	内水压力	正常蓄水位的静水压力		√						√
		正常工况最高压力	√							
		特殊工况最高压力				√				
		水压试验内水压力					√			
2	钢管结构自重		√	√		√	√	√	√	√
3	钢管内的满水重		√	√		√				√
4	钢管充水、放水过程中，管内部分水重								√	
5	由温度变化引起的力		√	√		√		√		√
6	管道直径变化处、转弯处及作用在堵头、闸阀、伸缩节上的水压力		√	√		√	√			√
7	镇墩、支墩不均匀沉陷引起的力		√	√		√				√
8	风荷载			√ 或9					√ 或9	
9	雪荷载									
10	施工荷载							√		
11	地震荷载									√
12	管道放空时，管内外气压差				√					

3.5.2　管身的应力分析

明钢管结构分析方法有弹性力学法和结构力学法，一般情况下采用结构力学法。

钢管敷设在一系列的镇墩与支墩上，两镇墩之间的压力钢管为直线管段，为了改善钢管的受力条件及保持管壁的外压稳定，有时需要在管壁上加设支承环和加劲环。直线管段在管重和水重作用下相当于一根连续梁，按其结构和受力特点，计算管身应力一般选取四个基本断面，即两支墩间的跨中断面①，支承环旁断面②，加劲环及其旁管壁断面③，支承环及其旁管壁断面④，如图3-25所示。

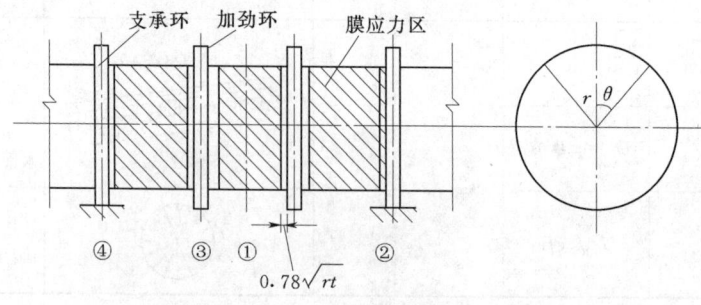

图3-25　管壁应力分析的基本断面

3.5 明钢管的结构分析

在压力钢管的应力分析中,其坐标系规定为:管轴向为 x 轴、径向为 r 轴、环向为 θ 轴。图 3-26 所示为自钢管上切取一块微小的管壁,建立微元应力坐标系,则在微元上作用有三个方向的正应力 σ_θ、σ_x、σ_r(拉应力为正,压应力为负)及六个剪应力。

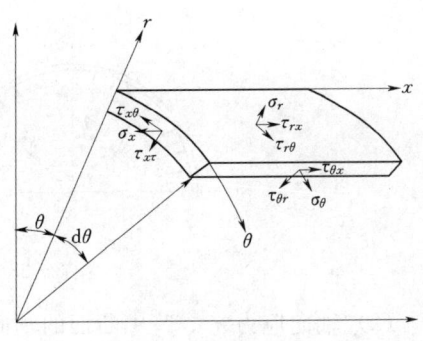

图 3-26 微元应力坐标系

1. 跨中断面①的应力计算

跨中断面属于膜应力区,其特点是弯矩最大,剪力为零。

(1) 环向(切向)应力 $\sigma_{\theta 1}$。设压力管道中心处的水头为 H,而管道轴线与水平面的夹角为 α,则在管壁中任意一点(该点半径与管顶半径的夹角为 θ,如图 3-27 所示)的水头为 $H - r\cos\alpha\cos\theta$。沿管轴线切取单位长度管段,在计算点处取出一微小弧段 $ds = rd\theta$,则由力的平衡条件(图 3-28),可推导出管壁中环向拉力 T 和环向应力 $\sigma_{\theta 1}$ 为:

$$T = \rho_w g r (H - r\cos\alpha\cos\theta) \text{(kN)} \tag{3-7}$$

$$\sigma_{\theta 1} = \frac{T}{1 \times t_0} = \frac{\rho_w g r}{t_0}(H - r\cos\alpha\cos\theta) \text{(kPa)} \tag{3-8}$$

式中 t_0——管壁计算厚度,mm;

H——计算水头,m;

α——管道轴线与水平面的夹角;

θ——管壁中任意一点半径与管顶半径的夹角;

r——钢管半径,m。

当水电站水头较高、管径较小,且 $r\cos\alpha\cos\theta \leqslant 0.05$ 时,此项可忽略不计。

此外,钢管自重在管壁中引起的环向应力值 $\sigma_{\theta 2}$,其值为 $\sigma_{\theta 2} = -\gamma_s r \cos\alpha\cos\theta$,式中 γ_s 为钢材的重度,$\gamma_s = 7.85 \times 9.81 \text{kN/m}^3$。一般 $\sigma_{\theta 2}$ 很小,故在计算中常可忽略不计。

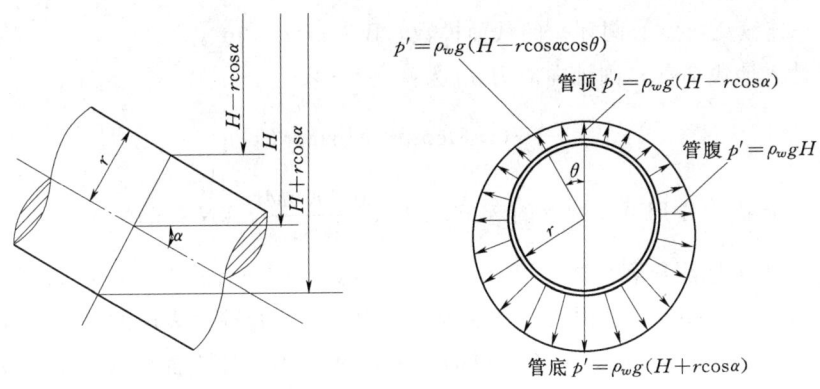

图 3-27 倾斜管道管壁上内水压力分布

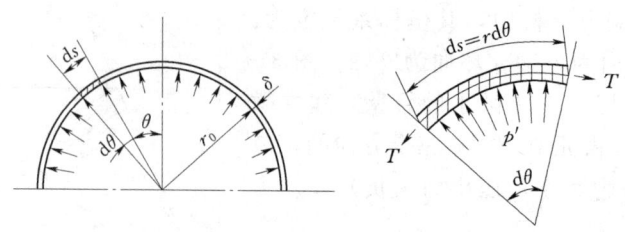

图 3-28 管壁切向拉力 T 计算图

(2) 轴向应力 σ_x。跨中断面的轴向应力由两部分组成，即轴向力引起的轴向应力 σ_{x1} 和法向力引起的轴向弯曲应力 σ_{x2}。

1) 轴向力引起的 σ_{x1}：设计算工况下各轴向力之和为 $\sum A$，则：

$$\sigma_{x1} = \frac{\sum A}{2\pi r t_0} (\text{kPa}) \tag{3-9}$$

2) 法向力引起的 σ_{x2}：分段式明钢管可视为支承在一系列支墩上的薄壁圆环断面的多跨连续梁，下端固定于镇墩，上端伸缩节视为自由端，支墩通常为等跨布置，水重和管重的法向分力视为均布荷载。在法向均布荷载作用下，连续梁的弯矩和剪力如图 3-29 所示，二者的正负最大值近似认为相等。于是，管壁横断面上任意一点的轴向应力为：

$$\sigma_{x2} = -\frac{M}{W}\cos\theta = -\frac{M}{\pi r^2 t_0}\cos\theta (\text{kPa}) \tag{3-10}$$

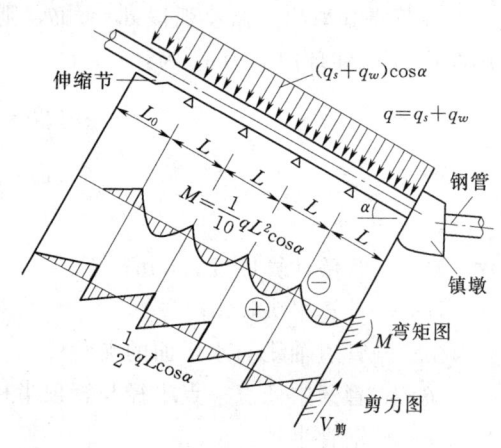

图 3-29 法向力引起的弯矩和剪力图

式中 M——水重和管重的法向分力作用下连续梁的弯矩，kN·m，正负号和大小如图 3-29 所示；

W——连续梁（空心圆环）的截面模数，$W = \pi r^2 t_0$，m³。

若同时计入地震荷载，则轴向应力 σ_{x2} 为：

$$\sigma_{x2} = \frac{1}{\pi r^2 t_0}(-M\cos\theta + M_e \sin\theta)(\text{kPa}) \tag{3-11}$$

式中 M_e——地震力作用下连续梁的弯矩，$M_e \approx \frac{0.5 K_H M}{\cos\alpha}$，kN·m；

K_H——水平地震荷载系数，可查《水工建筑物抗震设计规范》(SL 203—97)。

(3) 径向应力 σ_r。钢管的内表面承受内水压力，因此管壁内表面的径向应力等于该处的内水压强，即 $\sigma_r = -p$，该应力由内壁向外壁逐渐减小，外表面的应力 $\sigma_r = 0$。由于径向应力 σ_r 的数值比较小，所以在应力计算中可以忽略不计。

(4) 剪应力 $\tau_{x\theta}$。由于跨中断面的剪力为 0，所以该断面的 $\tau_{x\theta} = 0$。

3.5 明钢管的结构分析

2. 支承环旁管壁膜应力区断面②的应力计算

断面②虽靠近支承环，但不受支承环影响，即不考虑支承环对管壁的约束作用，属膜应力区的边缘。为了安全起见，认为该断面的弯矩和剪力与支承环断面相等。由图 3-29 可知，跨中断面和支承环断面处弯矩的大小相等，方向相反，但支承环处存在剪力 $V_{剪}$。所以在垂直于管道轴线的横断面上剪应力的计算公式为：

$$\tau_{x\theta} = \frac{V_{剪} S_R}{bJ} = \frac{V_{剪} \sin\theta}{\pi r t_0} (\text{kPa}) \tag{3-12}$$

式中　$V_{剪}$——水重和管重的法向分力作用下连续梁的剪力，kN；
　　　J——钢管横截面惯性矩，$J = \pi r^3 t_0$，m^4；
　　　S_R——计算点以上管壁环形截面积对重心轴的静面矩，$S_R = 2r^2 t_0 \sin\theta$，$m^3$；
　　　b——受剪截面宽度，$b = 2t_0$，m。

若同时计入地震力的作用，则剪应力为：

$$\tau_{x\theta} = \frac{V_{剪} \sin\theta - V_{剪e} \cos\theta}{\pi r t_0} (\text{kPa}) \tag{3-13}$$

式中　$V_{剪e}$——地震力作用下连续梁的剪力，$V_{剪e} \approx \dfrac{0.5 K_H V_{剪}}{\cos\alpha}$，kN。

断面②处的其他应力 σ_θ、σ_x 和 σ_r 均与断面①相等，但符号不尽相同。

3. 加劲环及其旁管壁断面③的应力计算

在加劲环处，管壁受环的约束，在内水压力作用下，产生局部弯曲和附加局部应力。因此，需将这些局部应力求出，按相同方向分别与断面②的应力叠加，然后进行强度校核。断面③处管壁的附加局部应力是由该处的附加弯矩 M 和剪力 $V_{剪}$ 所引起，如图 3-30 所示。

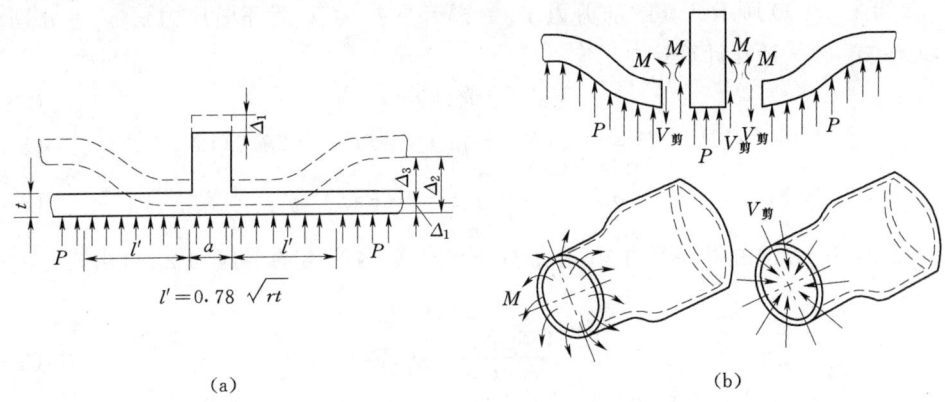

图 3-30　加劲环及其旁管壁变形示意图
(a) 管壁局部变形；(b) 切口处均布的径向弯矩和剪力

加劲环对管壁约束的影响范围，每侧为 l'。l' 又称管壁的等效翼缘宽度。由弹性理论可得：

$$l' = \frac{\sqrt{rt_0}}{\sqrt[4]{3(1-\mu^2)}} \approx 0.78 \sqrt{rt_0} (\text{mm}) \tag{3-14}$$

式中　μ——钢材泊松比，可取 0.3。

对于 l' 以外的管壁，认为不受加劲环的影响，即不存在局部应力。在计算时，加劲环有效断面面积 A_e，等于其自身净断面面积 A' 加上两侧各长为 l' 的管壁面积，如图 3-31 所示。若只考虑均匀内水压力的作用，则其变形具有对称性，因此管壁圆周上各处的弯矩和剪力值都相等。

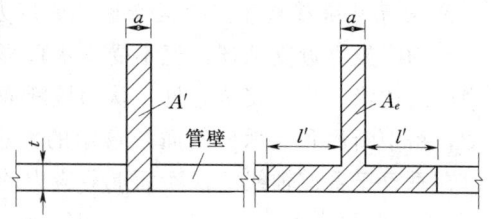

图 3-31　加劲环（或支承环）的计算断面

（1）轴向应力 σ_x。附加弯矩 M 及由 M 引起的局部弯曲应力 σ_{x3} 可分别由下式计算：

$$M=\frac{1}{2}\beta(l')^2\rho_w gH(\text{kN}\cdot\text{m}) \tag{3-15}$$

$$\sigma_{x3}=\pm 1.816\beta\frac{r}{t_0}\rho_w gH=\pm 1.816\beta\frac{r}{t_0}P(\text{kPa}) \tag{3-16}$$

其中
$$\beta=\frac{A'-at_0}{A'+2t_0 l'}=\frac{A'-at_0}{A_e}$$

式中　β——反映加劲环相对刚性的参数；
　　　a——加劲环宽度，m。

σ_{x3} 中的正号代表管壁内缘受拉，负号代表管壁外缘受压。当加劲环的断面很大时，$\beta\approx 1$；不设加劲环时，$\beta=0$，不存在局部弯曲应力。

因此等效翼缘内的管壁，其轴向应力为 $\sigma_x=\sigma_{x1}+\sigma_{x2}+\sigma_{x3}$，其中由轴向力及法向力引起的轴向应力 σ_{x1} 及 σ_{x2} 的计算与断面②相同。

（2）环向应力 $\sigma_{\theta 2}$。加劲环净截面除承受径向的均匀内水压力外，还承受外侧附加剪力 $2V_{\text{剪}}$，如图 3-30 所示。其附加剪力 $V_{\text{剪}}$、总环向拉力 T 及环向应力 $\sigma_{\theta 2}$，可分别由式（3-17）～式（3-19）计算：

$$V_{\text{剪}}=\beta l'P(\text{kN}) \tag{3-17}$$

$$T=r(Pa+2V_{\text{剪}})=r(Pa+2\beta l'P)=rP(a+2\beta l')(\text{kN}) \tag{3-18}$$

$$\sigma_{\theta 2}=\frac{T}{A'}=\frac{rP}{t_0}(1-\beta)(\text{Pa}) \tag{3-19}$$

（3）剪应力 $\tau_{\theta x}$。由附加剪力 $V_{\text{剪}}$ 在加劲环旁管壁内产生的剪应力 τ_{xr} 可由式（3-20）计算：

$$\tau_{xr}=\frac{1.5\beta l'\rho_w gH}{t_0}(\text{kPa}) \tag{3-20}$$

τ_{xr} 值一般较小，可忽略不计。由剪力 $V_{\text{剪}}$ 引起的剪应力 $\tau_{\theta x}=\tau_{x\theta}$ 与断面②相同。

（4）径向应力 σ_r。与断面①相同。

4. 支承环及其旁管壁断面④的应力计算

支承环与加劲环从形式上看都是一个套焊在管壁外缘的钢环，因此断面④管壁应力的计算均与断面③相同。但由于支承环承担水重和管重的法向力 Q 而在支墩处引起的支承反力 R，因而在支承环内产生附加应力。支承方式和结构不同，应力状态也不同。

（1）支承环的支承方式。大中型水电站明钢管上支承环的支承方式有侧支承和下支承两种形式，如图 3-32 所示。图 3-32 中点划线为支承环有效截面重心轴，它与圆心的距

3.5 明钢管的结构分析

离为半径 R，b 为支墩支承点至支承环截面有效重心轴的距离，支承反力为 $\dfrac{Q\cos\alpha}{2}$。研究表明，对于侧支承，当 $b/R=0.04$ 时，可使环上正、负弯矩的最大值相等，则钢材性能得到最充分的发挥，支承环所需断面面积最小。采用下支承时，一般 $\varepsilon=30°\sim90°$ 较经济，符号 ε 的意义如图 3-32（b）所示。

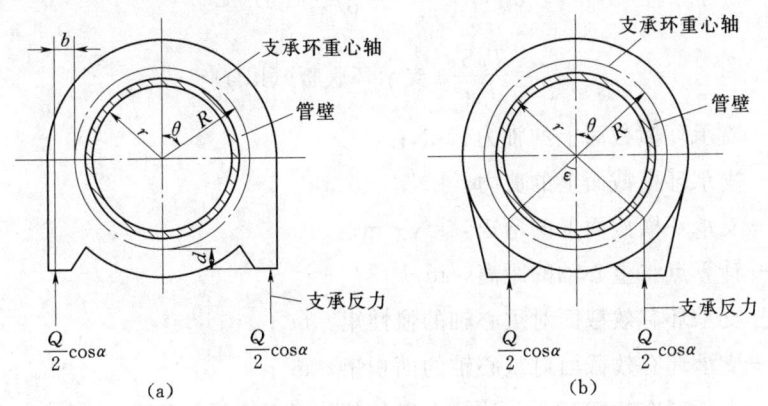

图 3-32　支承环的支承方式
(a) 侧支承；(b) 下支承

（2）支承环内力计算。支承环的内力计算常采用结构力学法进行。因为钢管断面为对称圆环，是一个三次超静定结构，因此可用结构力学的弹性中心法计算支承环上各点的内力，侧支承式支承环各截面中的轴力 N_R、剪力 T_R 和弯矩 M_R 的计算公式见表 3-5。从表 3-5 中可以看出，支承环内力除取决于它的几何尺寸及荷载外，还与支点的位置 b 有关。

表 3-5　　　　　　支承环内力计算公式（结构力学法）

内力	象限	任一段面的内力	$\theta=0°$、$\pi/2$、π 时的截面内力	
弯矩 M_R	Ⅰ 或 Ⅱ	$M_R=\dfrac{QR}{2\pi}\left[\theta\sin\theta+\left(\dfrac{2b}{R}+\dfrac{3}{2}\right)\cos\theta-\dfrac{\pi}{2}\left(1+\dfrac{b}{R}\right)\right]$	$\theta=0°$	$M_R=-\dfrac{QR}{2\pi}\left(0.07-0.43\dfrac{b}{R}\right)$
			$\theta=\pi/2$	$M_R=-\dfrac{Qb}{4}$，$M_R=\dfrac{Qb}{4}$
	Ⅳ 或 Ⅲ	$M_R=\dfrac{QR}{2\pi}\left[\pi-\theta\sin\theta-\left(\dfrac{2b}{R}+\dfrac{3}{2}\right)\cos\theta-\dfrac{\pi}{2}\left(1+\dfrac{b}{R}\right)\right]$	$\theta=\pi$	$M_R=\dfrac{QR}{2\pi}\left(0.07-0.43\dfrac{b}{R}\right)$
轴力 N_R	Ⅰ 或 Ⅱ	$N_R=\dfrac{Q}{\pi}\left[\left(\dfrac{r-b}{R}-\dfrac{3}{4}\right)\cos\theta-\dfrac{\theta}{2}\sin\theta\right]$	$\theta=0°$	$N_R=\dfrac{Q}{\pi}\left(\dfrac{r-b}{R}-0.75\right)$
			$\theta=\pi/2$	$N_R=-\dfrac{Q}{4}$，$N_R=\dfrac{Q}{4}$
	Ⅳ 或 Ⅲ	$N_R=\dfrac{Q}{\pi}\left[\left(\dfrac{r-b}{R}-\dfrac{3}{4}\right)\cos\theta+\dfrac{\pi-\theta}{2}\sin\theta\right]$	$\theta=\pi$	$N_R=-\dfrac{Q}{\pi}\left(\dfrac{r-b}{R}-0.75\right)$
剪力 T_R	Ⅰ 或 Ⅱ	$T_R=-\dfrac{Q}{\pi}\left[\left(\dfrac{r-b}{R}-\dfrac{5}{4}\right)\sin\theta+\dfrac{\pi-\theta}{2}\cos\theta\right]$	$\theta=0°$	$T_R=0$
			$\theta=\pi/2$	$T_R=-\dfrac{Q}{\pi}\left(\dfrac{r-b}{R}-1.25\right)$
	Ⅳ 或 Ⅲ	$T_R=-\dfrac{Q}{\pi}\left[\left(\dfrac{r-b}{R}-\dfrac{5}{4}\right)\sin\theta-\dfrac{\theta}{2}\cos\theta\right]$	$\theta=\pi$	$T_R=0$

(3) 支承环应力公式。计算出支承反力产生的轴力 N_R、剪力 T_R 和弯矩 M_R 后,它们所产生的应力分别为:

$$\sigma_{\theta 3}=\frac{N_R}{A_e}(\text{kPa}) \qquad (3-21)$$

$$\sigma_{\theta 4}=\frac{M_R Z_R}{J_R}=\frac{M_R}{W_R}(\text{kPa}) \qquad (3-22)$$

$$\tau_{\theta r}=\frac{T_R S_R}{J_R a}(\text{支承环腹板})(\text{kPa}) \qquad (3-23)$$

式中 N_R——支承环横截面上的轴力,kN;

T_R——支承环横截面上的剪力,kN;

M_R——支承环横截面上的弯矩,kN·m;

Z_R——计算点与重心轴的距离,m;

J_R——支承环有效截面对重心轴的惯性矩,m^4;

W_R——支承环有效截面对重心轴的面积矩,m^3;

S_R——支承环有效截面上,计算点以外部分对重心轴的静距,m^3;

a——支承环腹板厚度,m;

A_e——支承环有效截面积,包括管壁等效翼缘,m^2。

以上四个断面的应力计算公式汇总在表 3-6 中。

表 3-6　　　　　管壁、加劲环、支承环应力计算公式(结构力学法)

断面	应力				计 算 公 式
	跨中	支承环旁膜应力区边缘	加劲环及其旁管壁	支承环及其旁管壁	
纵断面	$\sigma_{\theta 1}$	$\sigma_{\theta 1}$			$\sigma_{\theta 1}=\frac{Pr}{t}\left(1-\frac{r}{H}\cos\alpha\cos\theta\right)$
			$\sigma_{\theta 2}$	$\sigma_{\theta 2}$	$\sigma_{\theta 2}=\frac{Pr}{t}(1-\beta)$
				$\sigma_{\theta 3}$	$\sigma_{\theta 3}=\frac{N_R}{A_e}$
				$\sigma_{\theta 4}$	$\sigma_{\theta 4}=\frac{M_R Z_R}{J_R}$
				$\tau_{\theta r}$	$\tau_{\theta r}=\frac{T_R S_R}{J_R a}$(支承环腹板)
			$\tau_{\theta x}$	$\tau_{\theta x}$	$\tau_{\theta x}=\tau_{x\theta}$
横断面	σ_{x1}	σ_{x1}	σ_{x1}	σ_{x1}	$\sigma_{x1}=\frac{\sum A}{2\pi rt}$
	σ_{x2}	σ_{x2}	σ_{x2}	σ_{x2}	$\sigma_{x2}=\frac{1}{\pi r^2 t}(-M\cos\theta+M_e\sin\theta)$
			σ_{x3}	σ_{x3}	$\sigma_{x3}=\pm 1.816\beta Pr/t$(管壁内缘+,外缘-)
	$\tau_{x\theta}$	$\tau_{x\theta}$	$\tau_{x\theta}$	$\tau_{x\theta}$	$\tau_{x\theta}=\frac{1}{\pi rt}(V_{剪}\sin\theta-V_{剪e}\cos\theta)$

3.5.3 强度校核

钢材是一种比较均匀、具有弹塑性的材料，根据《水电站压力钢管设计规范》（DL/T 5141—2001）要求，各计算点应力应满足以下强度条件。

(1) 按空间结构计算。

$$\sigma = \sqrt{\sigma_\theta^2 + \sigma_x^2 + \sigma_r^2 - \sigma_\theta\sigma_x - \sigma_\theta\sigma_r - \sigma_x\sigma_r + 3(\tau_{\theta x}^2 + \tau_{\theta r}^2 + \tau_{xr}^2)} \leqslant \varphi[\sigma] \qquad (3-24)$$

式中 φ——焊缝系数；

  σ_θ、σ_x、σ_r——钢管的环向、轴向和径向正应力，以拉为正，kPa；

  $\tau_{\theta x}$、$\tau_{\theta r}$、τ_{xr}——管壁中各方向的剪应力，kPa；

  $[\sigma]$——相应计算工况的允许应力，kPa。

(2) 按平面问题计算。由于水电站压力钢管的 σ_r、τ_{xr}、$\tau_{\theta r}$ 比较小，在强度校核时，可按平面问题计算，即：

$$\sigma = \sqrt{\sigma_\theta^2 + \sigma_x^2 - \sigma_\theta\sigma_x + 3\tau_{\theta x}^2} \leqslant \varphi[\sigma] \qquad (3-25)$$

3.5.4 明钢管的抗外压稳定分析

钢管是一种薄壁结构，能承受较大的内水压力，但当管道放空时通气孔（或通气阀）发生故障不能及时补气时，管道内将产生真空，或机组运行过程中由于负荷变化产生负水锤时，管内将产生负压，钢管管壁在内外压差作用下，容易丧失稳定而被压瘪。钢管承受外压时维持稳定的最高理论压力值称为抗外压稳定临界压力。工程实际中，应根据钢管处于真空（或负压）状态下不至于产生不稳定变形的条件来校核管壁的厚度或采取工程措施。

1. 光面管的稳定分析

设钢管材料的弹性模量为 E_s，钢管内直径为 D_0，内半径为 r_0，管壁厚度为 t_0，单位管长管壁的惯性矩为 J，以径向均布临界外压力为 P_{cr} 表示使管壁失稳的最小外压力，则由壳体理论可得：

$$P_{cr} = \frac{3E_s J}{r_0^3} \geqslant KP \text{ (kPa)} \qquad (3-26)$$

对于不设加劲环及支承环的分段式光面钢管，$J = \dfrac{t_0^3}{12}$，则：

$$P_{cr} = 2E_s \left(\frac{t_0}{D_0}\right)^3 \geqslant KP \text{ (kPa)} \qquad (3-27)$$

若取 $E_s = 2.06 \times 10^8 \text{kPa}$，$P$ 为一个大气压（$P = 98.1 \text{kPa}$），K 为抗外压稳定安全系数，DL/T 5141—2001 规定 $K = 2.0$，则由式 (3-27) 可得，在大气压力作用下光面管管壁能保持稳定的管壁厚度应满足：

$$t_0 \geqslant \frac{D_0}{130} \text{ (mm)} \qquad (3-28)$$

2. 加劲钢管的抗外压稳定分析

当管径较大时按式 (3-26) 求出的管壁厚度太大，可能无法加工，且不经济。因此，可采用在管壁上设置加劲环以提高管壁的刚度，从而提高管壁抗外压稳定性，并降低钢管的造价。

对于设有加劲环的明钢管,在外压作用下失稳的情况有两种:一是将加劲环本身及其近旁的一段管壁压曲失稳;二是由于加劲环之间的间距过长,只有两加劲环间的管壁被压曲失稳。

(1) 加劲环抗外压强度及稳定分析。加劲环的临界外压力可按下两式计算,并取小值:

$$P_{cr1} = \frac{3E_s J_R}{R^3 l} \geqslant KP \text{ (kPa)} \tag{3-29}$$

$$P_{cr2} = \frac{\sigma_s A_e}{rl} \geqslant KP \text{ (kPa)} \tag{3-30}$$

式中 R——加劲环有效截面重心轴处的半径,m;

J_R——加劲环有效截面对重心轴的惯性矩,m^4;

A_e——加劲环有效截面面积(包括管壁等效翼缘面积),m^2;

l——加劲环间距,m;

K——安全系数,$K=2.0$。

(2) 加劲环间管壁抗外压强度及稳定分析。加劲环间管壁的临界外压力,可用米赛斯公式计算:

$$P_{cr} = \frac{E_s t_0}{r(n^2-1)\left(1+\frac{n^2 l^2}{\pi^2 r^2}\right)^2} + \frac{E_s}{12(1-\mu^2)} \times \left(n^2-1+\frac{2n^2-1-\mu}{1+\frac{n^2 l^2}{\pi^2 r^2}}\right) \frac{t_0^3}{r^3} \geqslant KP \tag{3-31}$$

$$n = 2.74 \left(\frac{r}{l}\right)^{\frac{1}{2}} \left(\frac{r}{t}\right)^{\frac{1}{4}} \tag{3-32}$$

式中 n——相应于最小临界压力的波数,如图 3-33 所示,取与计算值相近的整数。

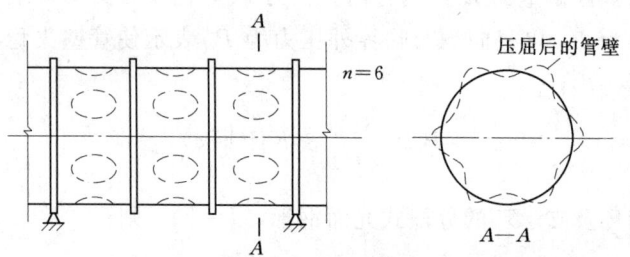

图 3-33 环间管壁屈曲波形示意图

应用式(3-30)计算 P_{cr} 的工作量较大,为方便起见,可用查图表的方法求临界外压力,如图 3-34 所示。

综上所述,明钢管的设计步骤可归纳为:

(1) 根据电站设计引用流量及管道的经济流速,初步拟定压力钢管的直径。

(2) 根据锅炉公式并考虑锈蚀厚度初步拟定管壁厚度(应力和稳定计算中不应考虑锈蚀厚度)。

(3) 由管壁厚度用光面管抗外压稳定计算公式进行抗外压稳定校核,如果不稳定,可设置加劲环(也可用支承环代替),并选择加劲环间距。

(4) 根据加劲环抗外压稳定和横断面压应力小于允许值的要求,确定加劲环的尺寸。

3.5 明钢管的结构分析

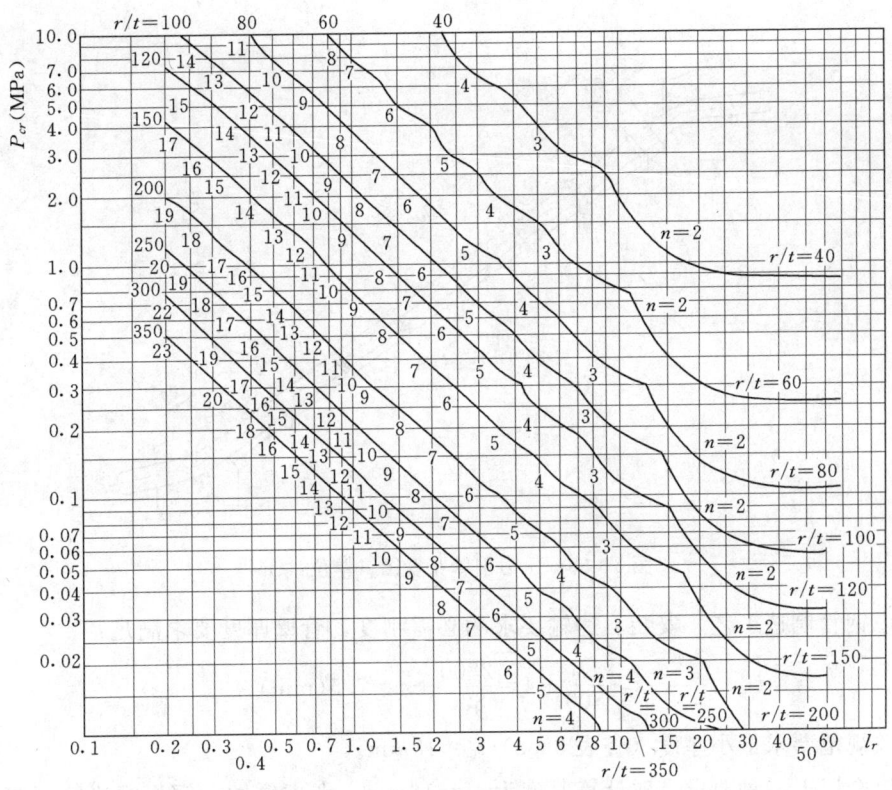

图 3-34 明钢管临界外压力曲线

(5) 根据钢管布置及作用荷载,进行强度校核,若不满足要求,则采取增加管壁厚度或设置加劲环等措施或调整加劲环间距;重复上面步骤,直到满足要求。

【例 3-1】 某水电站压力钢管的布置如图 3-35 所示,采用 16Mn 钢,$\sigma_s = 343.350 \times 10^3 \text{kPa}$。钢管内径 $D_0 = 2.8\text{m}$,管轴线倾角 $\alpha = 32°01'21''$,下镇墩转弯中心处的计算水头(含水锤压力)$H = 102\text{m}$,上、下镇墩钢管转弯中心距离 63.22m。采用设有支承环的滚动支墩,支承环间距 $l = 8\text{m}$,伸缩接头填料长度 $b_1 = 0.3\text{m}$,止水填料与管壁间的摩擦系数 $\mu_1 = 0.25$,管中最大流速 $V = 5\text{m/s}$。要求在钢管正常工作情况下,进行管身应力分析和稳定校核。

解:1. 初定管壁厚度

根据(内水压力)由图 3-35 可知钢管与下镇墩相交断面处的计算水头为:

$$H = 102 - 2.93\sin 32°01'21'' = 102 - 1.55 = 100.45 (\text{m})$$

由主要荷载(内水压力)初估管壁厚度,因未计入其他荷载,将材料的允许应力降低 15%,则:

$$[\sigma] = 0.85 \times 0.55\sigma_s = 0.85 \times 0.55 \times 343.350 = 160.516 (\text{MPa})$$

考虑单面对接焊,焊缝系数 $\varphi = 0.9$,得:

$$t_0 = \frac{\rho_w g H r}{\varphi [\sigma]} = \frac{1 \times 9.81 \times 100.45 \times 1.4}{0.9 \times 160.516 \times 10^3} = 0.0095(\text{m}) = 9.5(\text{mm})$$

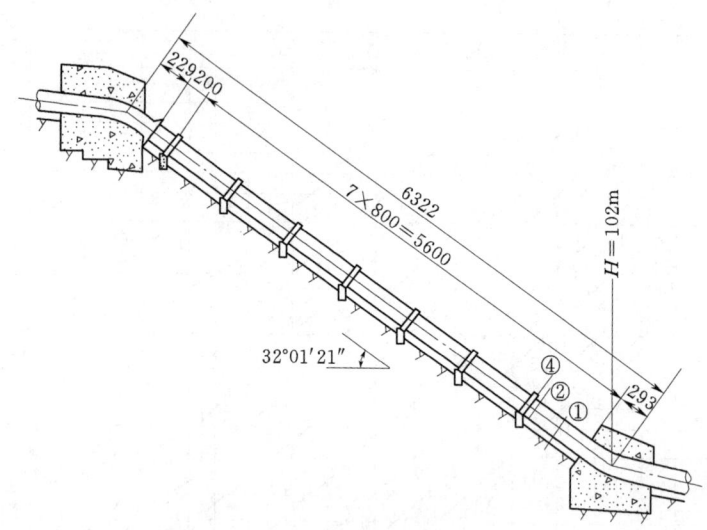

图 3-35 压力钢管布置图（单位：cm）

考虑钢管制造工艺、安装、运输要求的必需刚度，管壁厚度要求满足：

$$t \geqslant \frac{D_0}{800}+4=\frac{2800}{800}+4=7.5(\mathrm{mm})$$

相关规范要求最小厚度（查表 3-2）$t_0=10\mathrm{mm}$。

故综合以上三种要求，取计算厚度为 $t_0=10\mathrm{mm}$，考虑锈蚀、钢板规格等因素，在计算的基础上增加 2mm 的壁厚裕量，管壁厚度初定为 $t=12\mathrm{mm}$。

2. 荷载计算

由于本算例的钢管不设加劲环，故取断面①、②、④（图 3-35）作为基本断面进行计算。

(1) 法向力计算。初估支承环等附加重量约为钢管自重的 25%。钢材容重 $\gamma_s=7.85 \times 9.8 \mathrm{kN/m^3}$，钢管平均直径 $\overline{D}=2.8+0.012=2.812\mathrm{m}$，则：

每米管长钢管重为：

$$q_s=\pi \overline{D} t \gamma_s=3.14 \times 2.812 \times 0.012 \times 7.85 \times 9.8 \times (1+0.25)=10.19(\mathrm{kN/m})$$

每米管长水重为：

$$q_w=\frac{1}{4}\pi D_0^2 \rho_w g=0.25 \times 3.14 \times 2.8^2 \times 9.81 \times 1=60.37 \ (\mathrm{kN/m})$$

每米管长水重和管重的法向分力为：

$$q=(q_s+q_w)\cos\alpha=(10.19+60.37)\cos 32°01'21''=59.82(\mathrm{kN/m})$$

两支墩间每跨管重和水重的法向力 Q 为：

$$Q=ql=59.82 \times 8=478.56(\mathrm{kN})$$

(2) 轴向力计算。只计算表 3-3 中的 A_1、A_6、A_5 及 A_7，其余轴向力数值较小，忽略不计。

$$A_1=\sum q_s L \sin\alpha=10.19 \times (63.22-2.29)\sin 32°01'21''=329.22(\mathrm{kN})$$

3.5 明钢管的结构分析

$$A_5 = \frac{\pi}{4}(D_1^2 - D_2^2)P = 0.25 \times 3.14 \times (2.824^2 - 2.8^2) \times 9.81 \times 69.71 = 72.46(\text{kN})$$

$$A_6 = \pi D_1 b_1 \mu_1 P = 3.14 \times 2.824 \times 0.3 \times 0.25 \times 9.81 \times 69.71 = 454.80(\text{kN})$$

伸缩节接头处的计算水头 $H = 102 - (63.22 - 2.29)\sin32°01'21'' = 69.71(\text{m})$

$$A_7 = \sum(q_s + q_w)Lf\cos\alpha = (10.19 + 60.37) \times 60.93 \times 0.1\cos32°01'21''$$
$$= 364.51(\text{kN})(\text{取管壁与支座面摩擦系数 } f = 0.1)$$

以上轴向力对计算跨的断面均为压力,故总轴向力为:

$$\sum A = A_1 + A_5 + A_6 + A_7 = 329.22 + 72.46 + 454.80 + 364.51 = 1220.99(\text{kN})$$

3. 钢管的应力分析

(1) 断面①的应力计算与强度校核。按规范规定,正常运行情况取 $\theta = 0$ 处的管壁外缘为计算点。

1) 径向应力 $\sigma_r = 0$。

2) 环向应力 σ_θ 的计算:

$$H = 102 - (2.93 + 4)\sin32°01'21'' = 98.33(\text{m})$$

因 $r\cos\alpha\cos\theta = 1.187(\text{m}) < 0.05H = 4.917(\text{m})$,故此项忽略不计。

$$\sigma_{\theta 1} = \frac{\rho_w g r_0 H}{t_0} = \frac{1 \times 9.81 \times 1.4 \times 98.33}{0.01} = 135.046(\text{MPa})$$

$\sigma_{\theta 2}$ 忽略不计。

3) 轴向应力 σ_x 的计算:

$$\sigma_{x1} = -\frac{\sum A}{2\pi r t_0} = -\frac{1220.99}{2 \times 3.14 \times 1.405 \times 0.01} = -13.838(\text{MPa})$$

$$\sigma_{x2} = -\frac{M}{W}\cos\theta = -\frac{ql^2}{10\pi r^2 t_0}\cos\alpha\cos\theta$$

$$= -\frac{59.82 \times 8^2}{10 \times 3.14 \times 1.405^2 \times 0.01} \times \cos32°01'21'' \times 1$$

$$= -5.237(\text{MPa})$$

$$\sigma_x = \sigma_{x1} + \sigma_{x2} = -13.838 - 5.237 = -19.075(\text{MPa})$$

4) 强度校核:按平面问题计算,即:

$$\sigma = \sqrt{\sigma_x^2 + \sigma_\theta^2 - \sigma_x\sigma_\theta} = \sqrt{(-19.075)^2 + 135.046^2 - (-19.075) \times 135.046}$$
$$= 145.524 < \varphi[\sigma] = 0.9 \times 0.55 \times 343.350 = 169.958(\text{MPa})$$

可以满足强度要求。

(2) 断面②的应力计算与强度校核。按规范规定,正常运行情况取 $\theta = \pi$ 处管壁外缘为计算点:

1) 径向力 $\sigma_r = 0$。

2) 环向应力 σ_θ 的计算:断面②的计算水头近似为 $H = 102 - (2.93 + 8)\sin32°01'21'' = 96.2(\text{m})$,则:

$$\sigma_{\theta 1} = \frac{\rho_w g H r_0}{t_0} = \frac{1 \times 9.81 \times 96.2 \times 1.4}{0.01} = 132.121(\text{MPa})$$

3) 轴向应力 σ_x 的计算:断面②处的弯矩取近似值 $M = \frac{1}{10}ql^2$,则断面②和断面①的

轴向力相同,即:

$$\sigma_x = \sigma_{x1} + \sigma_{x2} = -13.838 - 5.237 = -19.075 (\text{MPa})$$

4) 剪切力 $\tau_{x\theta}$ 的计算:

$\tau_{x\theta} = \dfrac{V_{\text{剪}} \sin\theta}{\pi r t_0}$,因计算点在 $\theta = \pi$ 处,$\sin\theta = 0$,故 $\tau_{x\theta} = 0$。

5) 强度校核:

$$\sigma = \sqrt{\sigma_x^2 + \sigma_\theta^2 - \sigma_x \sigma_\theta} = \sqrt{(-19.075)^2 + 132.121^2 - (-19.075) \times 132.121}$$
$$= 142.618(\text{MPa}) < \varphi[\sigma] = 169.958(\text{MPa})$$

可以满足强度要求。

(3) 断面④的应力计算与强度校核。

1) 支承环断面拟定:支承环采用单腹板矩形截面,腹板厚度 $a = 0.02$m,环高 $h = 0.2$m,如图 3-36 所示。

$$A' = 0.02 \times (0.2 + 0.01) = 0.0042(\text{m}^2); l' = 0.78\sqrt{1.405 \times 0.01} = 0.092(\text{m})$$

$$A_e = 0.02 \times 0.2 + (2 \times 0.092 + 0.02) \times 0.01 = 0.00604(\text{m}^2)$$

由图 3-36 可求得:

$$R = 1.475\text{m}; J_R = 28.25 \times 10^{-6} \text{m}^4$$
$$S_R = 182.25 \times 10^{-6} \text{m}^3; W_{R\text{外}} = 209.2 \times 10^{-6} \text{m}^3; W_{R\text{内}} = 376.6 \times 10^{-6} \text{m}^3$$

2) 径向应力 σ_r 的计算:径向应力 σ_r 在管壁外缘为零,在管壁内缘其值相对较小,忽略不计。

3) 环向应力 σ_θ 的计算。

支承环相对刚性的参数:

$$\beta = \dfrac{A' - at_0}{A' + 2l't_0}$$
$$= \dfrac{0.0042 - 0.02 \times 0.01}{0.0042 + 2 \times 0.092 \times 0.01}$$
$$= 0.66$$

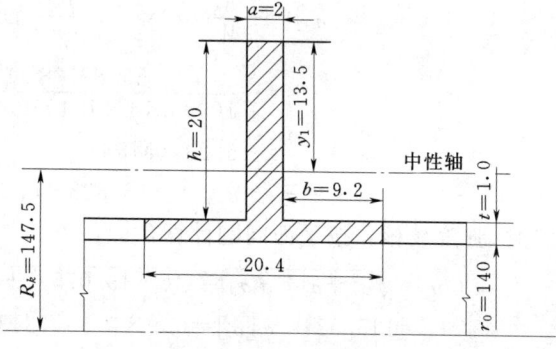

图 3-36 支承环断面尺寸图(单位:cm)

断面④的计算水头 $H = 96.2$m,在内水压力作用下,其环向应力:

$$\sigma_{\theta 2} = \dfrac{r_0}{t_0} \rho_w g H (1 - \beta) = \dfrac{1.4}{0.01} \times 9.81 \times 1 \times 96.2 \times (1 - 0.66) = 44.921(\text{MPa})$$

当计算支承环外缘应力时取 $W_{R\text{外}} = 209.2 \times 10^{-6} \text{m}^3$;当计算支承环内缘应力时取 $W_{R\text{内}} = 376.6 \times 10^{-6} \text{m}^3$。取 $\dfrac{b}{R} = 0.04$,并将 M_R、N_R、T_R 的计算结果列于表 3-7(计算公式见表 3-5),环向应力的计算结果列于表 3-8。

3.5 明钢管的结构分析

表3-7   支承环内力计算

断面位置		M_R (kN·m)	N_R (kN)	T_R (kN)
第Ⅰ、Ⅳ象限	$\theta=0$	−5.935	24.26	0
	$\theta=\dfrac{\pi}{2}$	−7.059	−119.64	−51.95
第Ⅱ、Ⅲ象限	$\theta=\dfrac{\pi}{2}$	7.059	119.64	−51.95
	$\theta=\pi$	5.935	−24.26	0

表3-8   支承环环向应力计算

位 置		$\sigma_{\theta 3}$ (MPa)	$\sigma_{\theta 4}$ (MPa)	$\sigma_\theta=\sigma_{\theta 2}+\sigma_{\theta 3}+\sigma_{\theta 4}$ (MPa)
$\theta=0$	内缘	4.017	15.759	64.697
	外缘	4.017	−28.370	20.568
$\theta=\dfrac{\pi}{2}$（上）	内缘	−19.808	18.744	43.857
	外缘	−19.808	−33.743	−8.630
$\theta=\dfrac{\pi}{2}$（下）	内缘	19.808	−18.744	45.985
	外缘	19.808	33.743	98.472
$\theta=\pi$	内缘	−4.017	−15.759	25.145
	外缘	−4.017	28.370	69.274

4）剪应力计算。

剪力：$V_剪=\dfrac{1}{2}(q_w+q_s)L\cos\alpha=\dfrac{1}{2}\times(60.37+10.19)\times8\times\cos32°01'21''=239.28(\text{kN})$

剪应力：$\tau_{x\theta}=\dfrac{V_剪}{\pi r t_0}\sin\theta=\dfrac{239.28}{3.14\times1.405\times0.01}\sin\theta=5.424\sin\theta(\text{MPa})$

由上式得，在 $\theta=\dfrac{\pi}{2}$ 处，$\tau_{x\theta}=5.424$（MPa）；在 $\theta=0$ 和 $\theta=\pi$ 处，$\tau_{x\theta}=0$。

$\tau_{xr}=\dfrac{1.5\beta l'}{t_0}\rho_w gH=\dfrac{1.5\times0.66\times0.092}{0.01}\times9.81\times1\times96.2=8.595(\text{MPa})$（管壁中心处）

在管壁内、外缘处，$\tau_{xr}=0$。

$\tau_{\theta r}=\dfrac{T_R S_R}{J_R a}=\dfrac{51.95\times182.25\times10^{-6}}{28.25\times10^{-6}\times0.02}=16.757(\text{MPa})\left(\theta=\dfrac{\pi}{2}\right)$

在 $\theta=0$ 和 $\theta=\pi$ 处，$\tau_{\theta r}=0$。

5）轴向应力 σ_x 的计算。

σ_{x1} 和 σ_{x2} 的值与断面①、断面②相同，即 $\sigma_{x1}=-13.838$（MPa），$\sigma_{x2}=-5.237$（MPa）

$\sigma_{x3}=\pm1.816\beta\dfrac{r_0}{t_0}\rho_w gH=\pm1.816\times0.66\times\dfrac{1.4}{0.01}\times9.81\times1\times96.2=\pm158.355(\text{MPa})$

轴向应力 $\sigma_x=\sigma_{x1}+\sigma_{x2}+\sigma_{x3}$，其计算结果列于表3-9中。

表 3-9　　　　　　　　　　　　支承环轴向应力计算

位置	σ_x	σ_{x1} (MPa)	σ_{x2} (MPa)	σ_{x3} (MPa)	$\sigma_x=\sigma_{x1}+\sigma_{x2}+\sigma_{x3}$ (MPa)
$\theta=0$	内缘	−13.838	5.237	158.355	149.754
	外缘	−13.838	5.237	−158.355	−166.956
$\theta=\dfrac{\pi}{2}$	内缘	−13.838	0	158.355	144.517
	外缘	−13.838	0	−158.355	−172.193
$\theta=\pi$	内缘	−13.838	−5.237	158.355	139.280
	外缘	−13.838	−5.237	−158.355	−177.430

6) 强度校核。

因断面④的管壁应力通常在 $\theta=0$、$\theta=\dfrac{\pi}{2}$、$\theta=\pi$ 及 $\dfrac{\partial M_R}{\partial \theta}=0$ 处最大，故均作为校核点。断面④处于局部应力区，根据规范规定，钢材允许应力：

$$[\sigma]=0.85\sigma_s=0.85\times343.350=291.848(\text{MPa})$$

在 $\theta=0$ 处，管壁内缘剪应力为零，则：

$$\sigma=\sqrt{\sigma_x^2+\sigma_\theta^2-\sigma_x\sigma_\theta}=\sqrt{149.754^2+64.697^2-149.754\times64.697}$$
$$=130.090(\text{MPa})<\varphi[\sigma]=0.9\times291.848=262.663(\text{MPa})$$

在 $\theta=0$ 处，剪应力为零，管壁外缘的 $\sigma_{\theta4}=15.759\times\dfrac{0.065}{0.075}=13.658$ (MPa)〔其中 0.065 和 0.075 分别为支承环中性轴至管壁外缘和内缘的距离 (m)〕，则该点的径向应力为：

$$\sigma_\theta=\sigma_{\theta2}+\sigma_{\theta3}+\sigma_{\theta4}=44.921+4.017+13.658=62.596(\text{MPa})$$

于是：

$$\sigma=\sqrt{\sigma_x^2+\sigma_\theta^2-\sigma_x\sigma_\theta}=\sqrt{(-166.956)^2+62.596^2-(-166.956)\times62.596}$$
$$=205.532(\text{MPa})<\varphi[\sigma]=262.663(\text{MPa})$$

在 $\theta=\dfrac{\pi}{2}$ 处，支点上侧管壁外缘的 $\sigma_{\theta4}=18.744\times\dfrac{0.065}{0.075}=16.245$ (MPa)，则该点的径向应力为：

$$\sigma_\theta=\sigma_{\theta2}+\sigma_{\theta3}+\sigma_{\theta4}=44.921-19.808+16.245=41.358(\text{MPa})$$

于是：

$$\sigma=\sqrt{\sigma_x^2+\sigma_\theta^2-\sigma_x\sigma_\theta+3(\tau_{x\theta}^2+\tau_{xr}^2+\tau_{\theta r}^2)}$$
$$=\sqrt{(-172.193)^2+41.358^2-(-172.193)\times41.358+3\times(5.424^2+0+16.757^2)}$$
$$=198.527(\text{MPa})<\varphi[\sigma]=262.663(\text{MPa})$$

在 $\theta=\dfrac{\pi}{2}$ 处，支点上侧管壁内缘以及支点下侧管壁内外缘的应力值 σ，经分析均较小，不作为校核点。

在 $\theta=\pi$ 处，管壁外缘的 $\sigma_{\theta4}=-15.759\times\dfrac{0.065}{0.075}=-13.658$ (MPa)，则该点的径向应力为：

$$\sigma_\theta = \sigma_{\theta 2} + \sigma_{\theta 3} + \sigma_{\theta 4} = 44.921 - 13.658 - 4.017 = 27.246 (\text{MPa})$$

则

$$\sigma = \sqrt{\sigma_x^2 + \sigma_\theta^2 - \sigma_x \sigma_\theta} = \sqrt{(-177.430)^2 + 27.246^2 - (-177.430) \times 27.246}$$
$$= 192.505 (\text{MPa}) < \varphi[\sigma] = 262.663 (\text{kPa})$$

经分析，在 $\theta = \pi$ 处管壁内缘的应力值 σ 较小，故不作为校核点。

在 $\dfrac{\partial M_k}{\partial \theta} = 0$ 处（即 $\theta = 61°41'20''$ 及 $\theta = 118°18'40''$）可能是校核点，其计算从略。

另外，支承环本身也应作强度校核，经分析选择 $\theta = \dfrac{\pi}{2}$ 下侧支承环的外缘作为校核点，因支承环上的轴向应力为零，于是：

$$\sigma = \sqrt{\sigma_\theta^2 + 3\tau_{\theta r}^2} = \sqrt{98.472^2 + 3 \times 16.757}$$
$$= 98.727 (\text{MPa}) < \varphi[\sigma] = 262.663 (\text{MPa})$$

由以上计算结果可知，管壁和支承环均满足强度要求。

4. 抗外压稳定校核

(1) 管壁抗外压稳定校核。

$$n = 2.74 \left(\frac{r_0}{l}\right)^{0.5} \left(\frac{r_0}{t_0}\right)^{0.25} = 2.74 \times \left(\frac{1.4}{8}\right)^{0.5} \times \left(\frac{1.4}{0.01}\right)^{0.25} = 3.943, \text{取 } n = 4$$

$$P_{cr} = \frac{E_s}{(n^2-1)\left(1+\dfrac{n^2 l^2}{\pi^2 r_0^2}\right)^2} \left(\frac{t_0}{r_0}\right) + \frac{E_s}{12(1-\mu^2)} \left(n^2 - 1 + \frac{2n^2 - 1 - \mu}{1 + \dfrac{n^2 l^2}{\pi^2 r_0^2}}\right) \left(\frac{t_0}{r_0}\right)^3$$

$$= \frac{206 \times 10^6}{(4^2-1)\times\left(1+\dfrac{4^2 \times 8^2}{\pi^2 \times 1.4^2}\right)^2} \times \frac{0.01}{1.4} + \frac{206 \times 10^6}{12 \times (1-0.3^2)} \times \left(4^2 - 1 + \frac{2 \times 4^2 - 1 - 0.3}{1 + \dfrac{4^2 \times 8^2}{\pi^2 \times 1.4^2}}\right) \times \left(\frac{0.01}{1.4}\right)^3$$

$$= 140.69 (\text{kPa}) < KP = 2 \times 98.1 = 196.2 (\text{kPa})，因此管壁发生失稳。$$

(2) 支承环抗外压稳定校核。

$$P_{cr1} = \frac{3E_s J_R}{R^3 l} = \frac{3 \times 2.06 \times 10^8 \times 28.25 \times 10^{-6}}{1.475^3 \times 8} = 1003.1 (\text{kPa}) > KP = 196.2 (\text{kPa})$$

$$P_{cr2} = \frac{\sigma_s A_e}{rl} = \frac{343.350 \times 10^3 \times 0.00604}{1.405 \times 8} = 184.50 (\text{kPa}) < KP = 196.2 (\text{kPa})$$

取小值 $P_{cr2} = 184.50 (\text{kPa}) < KP = 196.2 (\text{kPa})$，支承环也发生失稳。

由上述计算结果可知，支承环本身及环间管壁在外压作用下无法满足稳定。此时，工程上常采用设置加劲环，也可考虑加大管壁厚度（应经过经济分析），并重新进行计算（计算从略）。

3.6 钢 岔 管

3.6.1 钢岔管的工作特点及设计要求

1. 钢岔管的工作特点

钢岔管是指输水管道分岔处的压力钢管管段。在水电站中，采用联合供水或分组供水时，常需在主管末端设置岔管，岔管一般采用钢材制作。岔管的特点是结构复杂，水头损失大，位于钢管末端并靠近厂房，承受很大的内水压力。在岔管段，由于一部分管壁被割裂，不再是完整的圆形断面，内水压力所产生的环向力便不能平衡，所以，必须采取加固措施来承受被割裂处管壁的环向力。

2. 钢岔管的布置原则

钢岔管是一个被加强的复杂曲面的壳体，其布置应结合地形地质条件，与主管线路布置、水电站厂房布置协调一致，布置方案应作技术经济比较，并符合下列原则：

（1）结构合理，安全可靠，不产生较大的应力集中和变形。为此，各管节的转角不宜过大，加强构件和管壁的刚度比不宜太悬殊，加固措施应结构合理。岔管主、支管轴中心线宜布置在同一平面内。

（2）水流平顺，水头损失小，减少涡流和振动。分支管宜采用锥管过渡，分岔角宜较小，一般为 30°～45°；分岔后流速宜逐渐加快。对于重要工程的岔管宜作水力学模型试验。

（3）制作、运输、安装方便，经济合理。

3.6.2 岔管的布置形式及构造要求

1. 布置形式

（1）非对称 Y 形布置，如图 3-37（a）所示。

（2）对称 Y 形一级或二级分岔布置，如图 3-37（b）所示。

（3）三岔形布置，如图 3-37（c）所示。

岔管形式的选择应进行技术经济比较，影响因素包括制作和土建费用、水头损失、内水压力的大小、岔管尺寸和受力条件、布置形式、工程经验等。

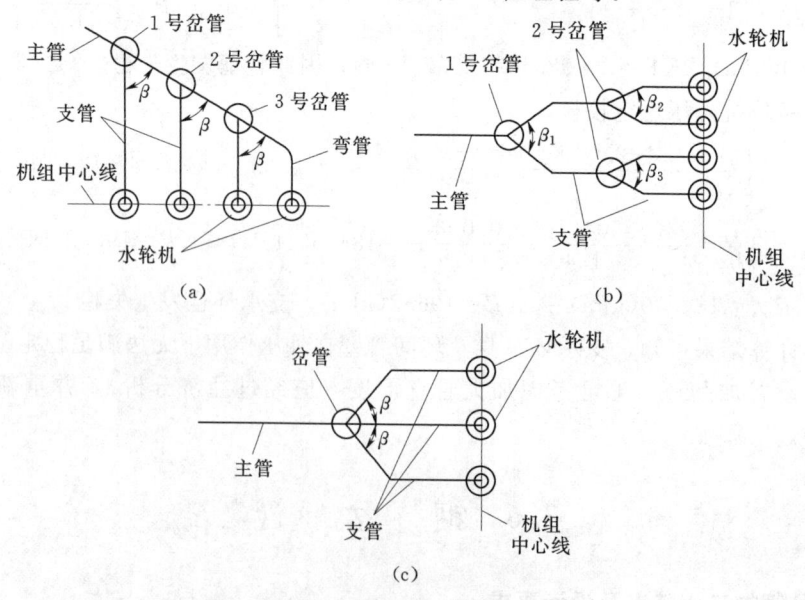

图 3-37 岔管布置形式
(a) 非对称 Y 形；(b) 对称 Y 形；(c) 三岔形

2. 构造要求

岔管的构造要求应符合下列规定:

(1) 主、支锥管(或柱管)间的连接,除贴边岔管外,应使相贯线为平面曲线。

(2) 主、支锥管长度及分节,在满足结构布置和水流流态要求下,宜布置紧凑。月牙肋岔管当肋宽比大于 0.3 时宜设置导流板。无梁岔管、球形岔管内部应设置导流板。

(3) 大型岔管宜按变厚设计。

3.6.3 岔管的结构型式

由于布置型式及加固措施不同,岔管的结构型式也不同。

1. 三梁岔管

三梁岔管是用 U 形梁及腰梁加强的岔管,如图 3-38 所示。

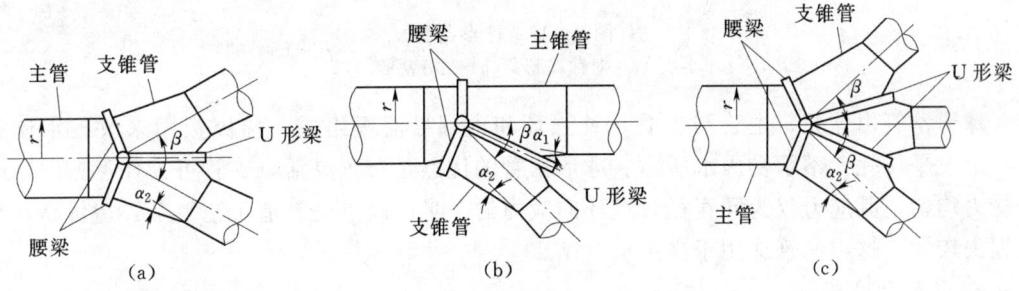

图 3-38 三梁岔管
(a) 对称 Y 形;(b) 非对称 Y 形;(c) 三分岔形

在岔管主、支管三条相贯线处焊接矩形或 T 形断面的加强梁,主管处的加强梁为腰梁,支管间的加强梁为 U 形梁,这三根梁构成的空间结构共同承受不平衡区的内水压力。

三梁岔管结构较为简单,运行安全可靠,各种布置型式均能适用。但梁系中的主要应力是弯曲应力,材料强度未得到充分利用,致使梁的截面尺寸较大,加大了岔管的轮廓尺寸,浪费材料,且对岔管的制造、运输和安装带来困难。此外,加强梁的刚度相对很大,在梁附近的管壁内将产生较大的焊接应力和局部应力,从而影响岔管的整体强度,又需要加固处理。因此,这类岔管多用于水头较高、流量较小的明钢管。

2. 贴边岔管

贴边岔管是在分岔坡口边缘焊有补强板加强的岔管,如图 3-39 所示。

在非对称布置岔管中,从主管分出的支管直径相对较小,在主、支管相贯线两侧用补强板焊贴加固,岔管的不平衡力由管壁和补强板共同承担。补强板可以贴在外壁和内壁,也可以内外壁都贴。贴边岔管为组合薄壳结构,应力情况较复杂,但构造简单、施工方便,一般适用于支、主管直径之比不大于 0.7 的中、低水头钢管。补强板厚度一般与管壁等厚,同时岔管段的管壁厚度应比直线段管壁厚度增加 25%～50%。

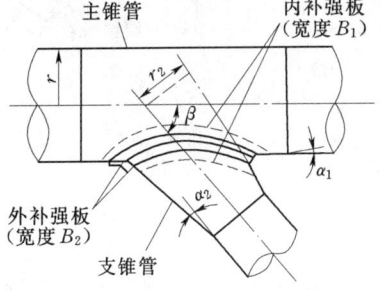

图 3-39 贴边岔管

3. 球形岔管

球形岔管是在分岔处为球壳，主管和支管与球壳面交接处用补强环加强的岔管，如图 3-40 所示。

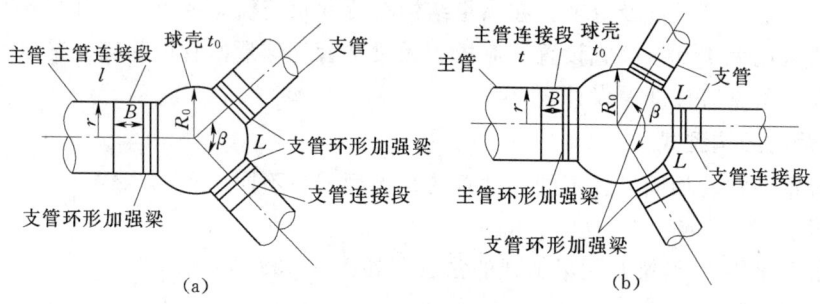

图 3-40 球形岔管
(a) 对称 Y 形；(b) 三分岔形

球形岔管由球壳、主管与支管、补强环和内部导流板组成。导流板用来改善水流条件，上设平压孔，不承受内水压力。球形岔管的优点是布置灵活，支管可为任意方向，球壳受力均匀，其应力仅为同直径管壁环向应力的一半。缺点是制造工艺复杂，造价高，水头损失较大。这类岔管适用于高水头电站。

4. 月牙肋岔管

月牙肋岔管是在分岔处用插入管内的月牙形肋板加强的岔管，如图 3-41 所示。

月牙肋岔管是在三梁岔管基础上发展起来的，其构造特点是用一个完全嵌入管体的月牙肋板代替三梁岔管的 U 形梁。月牙肋岔管使管壁被切割处各点的不平衡力之合力作用在月牙肋的形心上，从而可按轴向受拉构件确定其轮廓尺寸，充分利用材料强度，减小加固构件的尺寸，节约钢材。目前在我国已基本取代了三梁岔管。这类岔管适用于大中型水电站的地下埋管。

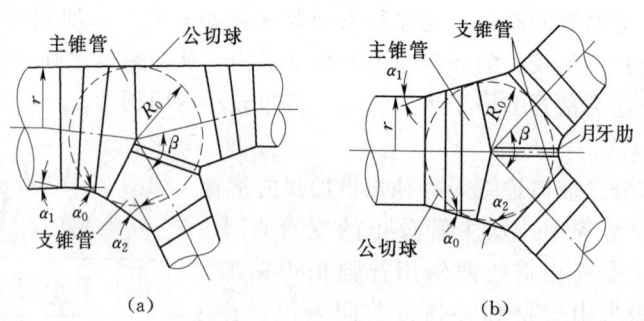

图 3-41 月牙肋岔管
(a) 非对称 Y 形；(b) 对称 Y 形

5. 无梁岔管

无梁岔管是在分岔处用多节锥管加强的岔管，如图 3-42 所示。无梁岔管是在球形岔管基础上发展起来的新型岔管，它用锥管作为球壳与主、支管的连接段，替代了球形岔管中的补强环，完全取消了加强构件。岔管中锥管一端与主、支管连接，另一端与球壳片近似沿切线方向衔接，构成一个外形平顺、无明显的不连续结合线的岔管，不仅克服了补强环与管壳刚度不协调的缺点，而且可充分发挥了壳体结构的承载能力，结构合理，外形尺寸小，运输、安装均较方便。缺点是体型较复杂，成型工艺难度大，在球壳顶部和底部易产生涡流，分岔处水流较紊乱，为此需在岔管内部设置导流板。无梁岔管具有发挥与围岩共同受力的优点，适用于大中型电站的地下埋管。但是，随着钢岔管 HD 值的不断加大，钢材用到 800MPa 级高强钢，而无梁岔的球片只能用模具压制成型，限制了其发展。因此，目前国内无论是明岔管还是埋藏式（与围岩共同受力）岔管大部分采用月牙肋岔管。

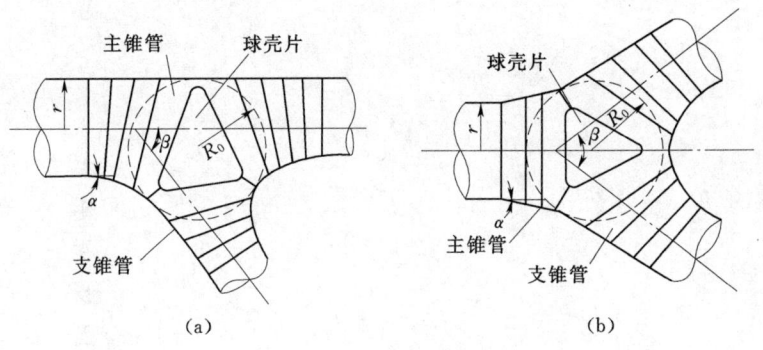

图 3-42 无梁岔管
(a) 非对称 Y 形；(b) 对称 Y 形

小 结

本章主要介绍了压力管道的功用及类型、压力管道的线路选择和布置方式、明钢管的构造及敷设方式、压力管道的尺寸拟定、明钢管的应力计算和稳定分析、钢岔管的结构型式及适用条件等。在学习过程中应着重掌握以下几点：
(1) 压力管道的功用及工作特点。
(2) 压力管道的线路选择、构造要求、敷设方式和支承结构。
(3) 明钢管管身设计的主要项目、结构强度和抗外压稳定计算方法。
(4) 钢岔管的工作特点、布置形式和结构类型。

习题及思考题

1. 如何选择压力管道的线路？
2. 压力管道的供水方式有几种？各有什么优缺点？其适用条件是什么？
3. 加劲环、伸缩节、镇墩、支墩的作用是什么？
4. 支墩有哪几种类型？各有何特点？适用什么情况？
5. 压力管道的尺寸如何拟定？

6. 作用在明钢管上的荷载有哪几类?各产生什么应力?计算应力时应选取哪几个断面?

7. 简述明钢管的抗外压稳定的概念。失稳的原因及防止措施是什么?

8. 钢岔管的工作特点?常见的岔管有哪几种类型?各适用于什么条件?

第4章 水电站水锤及调节保证计算

4.1 水锤及其传播速度

4.1.1 水电站的不稳定工况

水电站机组在稳定运行情况下,机组的出力与电力系统负荷保持平衡,称为稳定工况。此时,机组转速不变,水电站有压引水系统(压力引水隧洞、压力管道、蜗壳及尾水管)中的水流处于恒定流状态。

水电站在实际运行过程中,由于某些原因造成机组或电站突然丢弃负荷,破坏了机组出力与电力系统负荷的平衡,迫使水电站自动调速器迅速改变水轮机的引用流量,引起机组转速发生变化,有压引水系统中产生非恒定流现象,称为水电站的不稳定工况。此时,由于负荷的变化必将引起导水叶开度、水轮机流量、水电站水头和机组转速的变化。

引起不稳定工况的原因很多,可归纳为两类:

(1) 正常运行情况下的负荷变化。在水电站正常运行情况下,由于大型用电设备的启动或停机以及电站在电力系统中担任峰荷或调频任务时,机组出力发生较大的变化,要求水电站突然增加或丢弃较大负荷,因而产生水电站的不稳定工况。

(2) 水电站事故引起的负荷变化。水电站运行中可能发生的突然事故有:高压输电线路故障、母线短路、机组主要设备发生故障(如水轮发电机组轴承过热、调速系统故障等)及水电站主要建筑物突然失事等。这些突然事故都将引起水电站的负荷发生突然的较大的变化,从而产生水电站的不稳定工况。

4.1.2 水锤及其传播过程

在上述水电站不稳定工况中,由于自动调速器迅速启闭导水叶(或阀门),在很短的时间内,压力管道中的流速将突然增大或减小,管中内水压力也将急剧降低或升高,水轮机尾水管中的压力也将发生相反的变化。在水流的惯性作用和水体与管壁弹性的影响下,这种降低或升高的压力将以压力波的形式和一定的波速在压力管道中往复传播,形成压力交替升降的波动现象,并伴有锤击的声音和振动,这种水力现象称为水锤,其压力波称为水锤波。

由此可见,引起水锤的外因是压力管道中流速(流量)的突然改变,内因是压力管道中水流的惯性和水体与管壁弹性的相互作用。由于水锤压力的数值很大,在这种压力的作用下,应考虑水体的压缩性和膨胀性。

为了正确理解和解释水锤及其性质,现以简单压力管道(即材料、管壁厚度、直径均沿管长不变)末端阀门瞬时全部关闭(关闭时间 $T_s=0$)为例,来说明水电站突然丢弃全部负荷时压力管道中水锤的发生和传播过程。图 4-1 所示为一简单压力管道,管道长度

为 L，管道末端为阀门 A（或导水叶）端，管道进口与水库相连处为 D 端。当水电站处于稳定工况时，管中水流为恒定流，其平均流速为 V_0，电站静水头为 H_g，管内压力为 P_0。若不计管道摩阻损失，则当阀门瞬时全部关闭后，水锤波在压力管道中的传播可分为四种状态。

（1）第一状态。在阀门关闭前，水流以流速 V_0 向阀门方向流动。当阀门瞬时全部关闭（$t=0$）时，紧靠阀门处微小管段内的水体流速由 V_0 变为零，水体被压缩，密度增大，管中的内水压力由 H_g 增大至 $H_g+\Delta H$，在 ΔH 的作用下使管壁产生膨胀。由于微小管段以上的水体未受到阀门关闭的影响，仍以流速 V_0 流向下游，使靠近微小管段上游的另一水体又受到压缩，密度增大，压力升高，管壁膨胀。如此传递下去，形成一种流速减小、压力增加并以一定波速从阀门 A 处向上游传播的现象，这种现象称为水锤波的传播，其波速为 a。由于水锤波所到之处水头升高 ΔH，而波的传播方向与管中恒定流的流动方向相反，故称为升压逆行波。经过 $t=\dfrac{L}{a}$ 时间，水锤升压波到达水库端 D 时，全管水流流速为零，压力上升至 $H_g+\Delta H$。

（2）第二状态。当 $t=\dfrac{L}{a}$ 时，水锤压力波传至

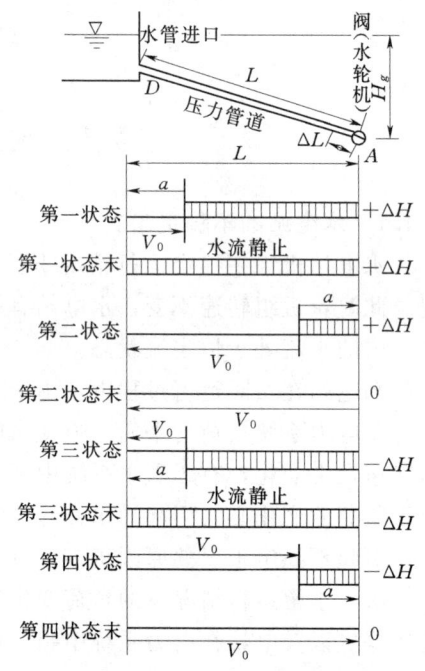

图 4-1 水锤波传播过程

水库端 D 处，由于 D 点右端管道内的压力为 $H_g+\Delta H$，而左端水库的压力为 H_g，因此"边界"处的水体不能保持平衡。此时，紧靠水库处微小管段内的水体在 ΔH 压差的作用下首先由静止状态以反向流速 V_0 流向水库，压力由 $H_g+\Delta H$ 降为原来的 H_g，水体的密度和管径均恢复原状。随后，自水库端 D 至压力管道末端阀门端 A，一段段微小水体的压力、密度和管径也相继恢复原状，并形成一个以降压为特征的水锤波由 D 向 A 传播，称为降压顺行波，此波是升压逆行波在水库端的反射波。由于水体和管壁的弹性不变，故反射波的波速不变，水锤压力仍为 ΔH，但符号相反，即由升压波反射成为降压波，其绝对值相等，故水库端 D 处水锤波的反射规律为"异号等值"。经过 $t=\dfrac{2L}{a}$ 时间，降压波到达阀门端 A 处，此时全管内水压力恢复为 H_g，水体密度和管径均恢复原状，但压力管道内水流以反向流速 V_0 流向水库。

（3）第三状态。当 $t=\dfrac{2L}{a}$ 时，降压顺行波到达阀门 A 端，由于阀门已经完全关闭，水流反向流动的结果，使 A 端水流脱离阀门及管壁而形成真空，管径收缩，水体密度减小，压力降低 ΔH，水流流速由 V_0 变为零。这种现象以降压波的形式从阀门端 A 按波速 a 向上游传播，称为降压逆行波，此波是水库反射回来的顺行降压波在阀门处的再一次反射。当阀门全关闭时，水锤波在阀门端 A 处的反射规律为"同号等值"。经过 $t=\dfrac{3L}{a}$ 时间，降

4.1 水锤及其传播速度

压逆行波到达水库端 D，全管水流的流速为零，内水压力由 H_g 降至 $H_g - \Delta H$。

（4）第四状态。在 $t = \dfrac{3L}{a}$ 时，降压逆行波到达水库端 D，由于管道内压力比水库低 ΔH，则 D 点压力不平衡，因此紧靠进口的库内水体在不平衡力的作用下以流速 V_0 向阀门端 A 方向流动，使紧靠进口处管中微小水体受到压缩，压力升高 ΔH，恢复到 H_g，密度增大，管径扩张，恢复到初始状态，接着自水库 D 端至下游阀门 A 端的逐段水体相继以升压波的形式按波速 a 向下游传播，称为升压顺行波。经过 $t = \dfrac{4L}{a}$ 时间，此升压顺行波到达阀门 A 端，此时全管水流的流速、压力、密度和管径均恢复到阀门关闭前的起始状态。若不计管壁的摩阻作用，则水锤波的传播将重复上述四个传播过程。实际上管壁的摩阻作用总是存在的，故水锤现象会逐渐衰减，并最终消失。

阀门突然开启时，同样会在压力管道内产生上述水锤波的传播现象，主要差别是在第一状态开始时，阀门处微小管段内的水体由于首先补充水轮机流量不足而造成压力降低 ΔH，水锤波以降压逆行波的形式向水库端传播，而水库的第一次反射波则为升压顺行波，此后阀门的反射规律和水锤波的传播现象，均与阀门瞬时全部关闭的情况相同。

如上所述，水锤波从 $t=0$ 至 $t=\dfrac{4L}{a}$ 完成四个传播过程后压力管道内的水流恢复到初始状态，故将 $T = \dfrac{4L}{a}$ 称为水锤波的"周期"。水锤波在管道中传播一个来回所需的时间为 $t_r = \dfrac{2L}{a}$，称 t_r 为水锤波的"相"，两个相为一个周期。

实际上，阀门关闭不可能为瞬时，总是存在一个时间过程。阀门每关闭（或开启）一个微小的开度，阀门处就产生一个水锤波向上游传播，伴随产生水锤压力升高（或降低）ΔH。在阀门连续关闭（或开启）的过程中，水锤波连续不断地产生，水锤压力不断升高（或降低）；同时，水锤波传播到达水库端 D 和阀门端 A 时均会发生反射。因此，实际压力管道中水锤波的传播将是许多水锤波往复交错的传播过程，水锤压力的升高（或降低）值也是升压波与降压波的叠加结果，情况非常复杂。

4.1.3 水锤波的传播速度

在水锤传播过程的分析和水锤计算中，水锤波波速是一个重要的参数。它的大小与管壁材料、厚度、管径、管道的支承方式以及水体的弹性模量等有关。根据水流连续方程和动力方程，并考虑水体压缩性和管壁的弹性，可导出水锤波的传播速度为：

$$a = \dfrac{\sqrt{E_w \rho_w}}{\sqrt{1 + \dfrac{E_w D_0}{Et}}} \tag{4-1}$$

式中 E_w——水的体积弹性模量，一般为 $2.06 \times 10^3 \text{MPa}$；

ρ_w——水体的密度，随温升而减小，通常取 $\rho_w = 1000 \text{kg/m}^3$；

D_0——管道内径，m；

E——管道材料的弹性模量（钢衬：$E_s = 2.06 \times 10^5 \text{MPa}$；铸铁：$E = 0.98 \times 10^5 \text{MPa}$；混凝土：$E_c = 2.06 \times 10^4 \text{MPa}$）；

t——管壁厚度，mm；

$\sqrt{E_w\rho_w}$——声波在水中的传播速度，随温度和压力的升高而加大，一般取 1435m/s。

应该指出，由于有些原始数据的精度较低，故除均质薄壁管外，各组合管的水锤波速一般只能用式（4-1）近似地确定，这对大多数电站工程是能满足要求的。值得注意的是，对于最大水锤压力出现在第一相末的高水头水电站，水锤波波速对最大水锤压力影响较大，应尽可能选择符合实际情况而又略为偏小的水锤波波速以策安全。在缺乏资料的情况下，露天钢管的水锤波速可近似地取为 1000m/s；埋藏式钢管可近似地取为 1200m/s；钢筋混凝土管可取 900～1200m/s。

4.1.4 研究水锤的目的

水锤现象对水电站有压引水系统和机组的运行均有不利影响。若水锤压力升高值过高，可能导致压力管道爆裂；若尾水管中的水锤压力降低值过大，可能使机组发生严重的空蚀和振动。水锤压力的上下波动，将影响机组的稳定运行；同时，水锤现象还可能引起明钢管的振动破坏。为保证工程运行的安全必须研究水锤现象，以便采取工程措施，防止水锤带来的危害。

研究目的有以下几个方面：

（1）确定水电站有压引水系统的最大内水压力，作为设计或校核压力管道、蜗壳和水轮机强度的依据。

（2）确定水电站有压引水系统的最小内水压力，作为压力管道线路布置及校核尾水管内真空度的依据。图 4-2 所示为压力管道不合理布置，压力管道在运行中已产生真空，应调整管线的布置。

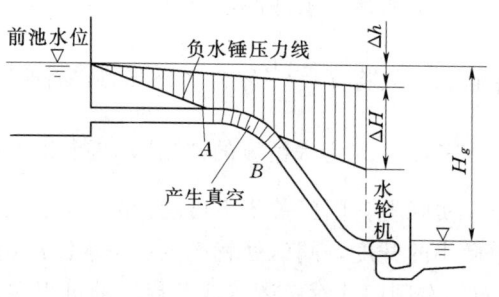

图 4-2 不合理的管线布置

（3）研究水锤与机组稳定运行的关系。水锤压力的最大升高值和最大降低值是机组调节保证的依据。

（4）研究降低水锤压力的措施。

4.2 水锤基本方程和边界条件

4.2.1 水锤的基本方程

由《水力学》知，任何水流运动必遵循两个基本规律，即水流运动的连续性定律和牛顿运动定律。根据这两条定律，可得出忽略水流摩阻后的水锤基本方程为

$$\frac{\partial V}{\partial t}=g\frac{\partial H}{\partial x} \qquad (4-2)$$

$$\frac{\partial H}{\partial t}=\frac{a^2}{g}\frac{\partial V}{\partial x} \qquad (4-3)$$

式中 V——管道中的流速，向下游为正，m/s；

H——压力管道内水体的压力水头，m；

4.2 水锤基本方程和边界条件

x——以压力管道末端阀门为原点，水锤波离开原点的距离，向上游为正，m；

t——时间，s；

a——水锤波的波速，m/s；

g——重力加速度，m/s²。

式（4-2）和式（4-3）为一组双曲线型偏微分方程，其通解为：

$$\Delta H = H - H_g = F\left(t - \frac{x}{a}\right) + f\left(t + \frac{x}{a}\right) \tag{4-4}$$

$$\Delta V = V - V_0 = -\frac{g}{a}\left[F\left(t - \frac{x}{a}\right) - f\left(t + \frac{x}{a}\right)\right] \tag{4-5}$$

式中　　H_g——初始静水头，m；

V_0——压力管道中水流的初始流速，m/s；

$F\left(t - \dfrac{x}{a}\right)$——以波速 a 沿 x 轴正方向，向上游传播的水锤波波函数，称为逆行波，其量纲与水头 H 量纲相同；

$f\left(t + \dfrac{x}{a}\right)$——以波速 a 沿 x 轴反方向，向下游传播的水锤波波函数，称为顺行波，其量纲与水头 H 量纲相同。

式（4-4）及式（4-5）表明了压力管道中任一时刻任一断面的水锤压力和流速变化情况取决于波函数 F 和 f。该两式称为水锤的基本方程，表明了水锤运动的基本规律。

4.2.2 水锤的连锁方程

根据水锤的基本方程可知，任何断面任何时刻的水锤压力值等于两个方向相反的压力波之和，而流速值等于两个压力波之差再乘以 $-\dfrac{g}{a}$。因此，根据已知的初始条件与边界条件，则可求得水锤过程的全部解。

设在压力管道中有 A、D 两点，D 点在 A 点上游，且向上游为 x 正方向，如图 4-3 所示。若已知 A 点在 t 时刻的压力为 H_t^A，流速为 V_t^A，则由式（4-4）和式（4-5）消去顺行波 f 后，可得：

$$H_t^A - H_g - \frac{a}{g}(V_t^A - V_0) = 2F\left(t - \frac{x}{a}\right)$$

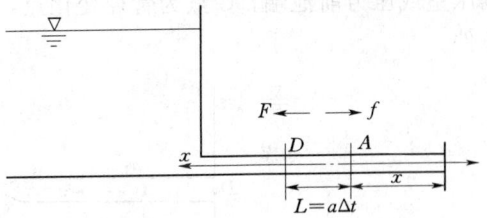

图 4-3　水锤计算示意图

同理可写出经过 $\Delta t = \dfrac{L}{a}$ 时刻后 D 点的压力和流速的关系：

$$H_{t+\Delta t}^D - H_g - \frac{a}{g}(V_{t+\Delta t}^D - V_0) = 2F\left[(t + \Delta t) - \left(\frac{x + L}{a}\right)\right]$$

由于 $F\left[(t + \Delta t) - \left(\dfrac{x+L}{a}\right)\right] = F\left(t - \dfrac{x}{a}\right)$，由上述两式得：

$$H_t^A - H_{t+\Delta t}^D = \frac{a}{g}(V_t^A - V_{t+\Delta t}^D) \tag{4-6}$$

同理：

$$H_t^D - H_{t+\Delta t}^A = -\frac{a}{g}(V_t^D - V_{t+\Delta t}^A) \tag{4-7}$$

式（4-6）和式（4-7）称为水锤的连锁方程。连锁方程给出了水锤波在一段时间内通过两个断面的压力和流速的关系，但前提应满足管道的材料、管壁厚度、直径沿管长不变。为了计算方便，常用水头和流速的相对值表示，则水锤连锁方程为：

$$\xi_t^A - \xi_{t+\Delta t}^D = 2\rho(v_t^A - v_{t+\Delta t}^D) \tag{4-8}$$

$$\xi_t^D - \xi_{t+\Delta t}^A = -2\rho(v_t^D - v_{t+\Delta t}^A) \tag{4-9}$$

其中

$$\rho = \frac{aV_0}{2gH_g}$$

$$\xi = \frac{\Delta H}{H_g} = \frac{H - H_g}{H_g}$$

$$v = \frac{V}{V_0}$$

式中　ρ——管道的特性系数；
　　　ξ——水锤压力相对升高值；
　　　v——压力管道中相对流速；
　　　H_g——水电站静水头，m。

4.2.3　水锤的边界条件及基本假定

应用水锤连锁方程计算水电站压力管道中的水锤时，首先要确定其初始条件和边界条件。

1. 初始条件

当管道中水流由恒定流变为非恒定流时，把恒定流的终了时刻看作为非恒定流的开始时刻，即当 $t=0$ 时，管道中任何断面的流速 $V=V_0$，如不计水头损失，水头 $H=H_g$。

2. 边界条件

如图 4-4 所示，水电站压力引水系统中，A 为阀门端，A' 为封闭端，D 点为水库或调压室或压力前池端，C 点为管径变化点，B 点为分岔点。下面介绍这五种边界点的边界条件。

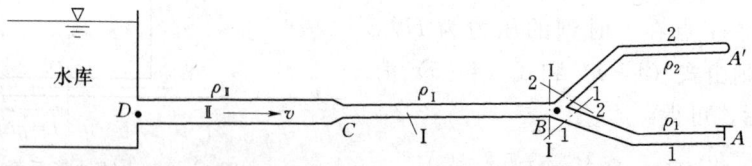

图 4-4　水电站压力引水系统的边界点

(1) 阀门端 A。阀门端是水锤首先发生的地方，压力变化最为剧烈，该处的水流状态决定着水锤波的传播情况。A 点的边界条件比较复杂，它取决于流量调节机构的出流规律。

对于冲击式水轮机，喷嘴可视为孔口，设喷嘴全开时的过水断面积为 ω_{max}，水头为 H_g，流量系数为 μ_m，压力管道的过水断面积为 ω_0，流速为 V_0。根据《水力学》中孔口出流的公式，喷嘴的出流量为：

$$Q_{max} = \mu_m \omega_{max} \sqrt{2gH_g} = \omega_0 V_0 \tag{4-10}$$

4.2 水锤基本方程和边界条件

当孔口在时刻 t 突然关闭至 ω_t 时,由于发生水锤,其压力水头变为 H_t^A,压力管道中的流速变为 v_t^A,流量系数为 μ_t,则此时喷嘴孔口的出流量为:

$$Q_t^A = \mu_t \omega_t \sqrt{2gH_t^A} = \omega_0 v_t^A \tag{4-11}$$

假定喷嘴在不同开度时的流量系数保持不变,即 $\mu_m = \mu_t$,则以上两式相除化简后得:

$$q_t^A = v_t^A = \tau_t \sqrt{1 + \xi_t^A} \tag{4-12}$$

其中

$$q_t^A = \frac{Q_t^A}{Q_0}$$

$$v_t^A = \frac{V_t^A}{V_0}$$

$$\tau_t = \frac{\omega_t}{\omega_{\max}}$$

$$\xi_t^A = \frac{H_t^A - H_g}{H_g}$$

式中 q_t^A——压力管道中的相对流量;

v_t^A——压力管道中的相对流速;

τ_t——喷嘴孔口的相对开度;

ξ_t^A——水锤压力的相对升高值。

式(4-12)为假定压力管道末端 A 为孔口出流时的边界条件,它适用于装有冲击式水轮机的压力管道。当水电站装设反击式水轮机时,其出流规律与水头、导叶开度和转速有关,因此增加了问题的复杂性。为简化计算,常按式(4-12)近似作为边界条件,然后再加以修正。

(2) 封闭端 A'。封闭端在任何时刻 t 的流量和流速均为零,故其边界条件为 $Q_t^{A'} = 0$,$V_t^{A'} = 0$。

(3) 压力管道进口端 D。

1) 若 D 点上游侧为水库或压力前池,由于它们面积相对于压力管道来说很大,可认为在管道中发生水锤时,水库水位或压力前池水位基本不变,因而在任何时刻 D 点的边界条件为 $H_t^D = $ 常数,即 $\xi_t^D = 0$。

2) 若压力管道进口端 D 的上游侧为调压室,其边界条件因调压室的类型不同而有所不同,对简单圆筒式调压室其边界条件与 D 点上游侧有压力前池的情况相同,即 $\xi_t^D = 0$。

(4) 管径变化点 C。

若不考虑点 C 的摩阻损失,并根据水流连续性条件,则 C 点的边界条件为 $H^{CⅠ} = H^{CⅡ}$,$Q^{CⅠ} = Q^{CⅡ}$。

(5) 分岔点 B。

若不考虑点 B 处水流惯性和弹性的能量损失,则分岔点处各管端的压力水头应相同,流量应连续。这样,B 点的边界条件为 $H^{BⅠ} = H^{B2} = H^{BⅠ}$,$Q^{BⅠ} = Q^{B1} + Q^{B2}$。

3. 基本假定

(1) 水轮机导叶(或喷嘴)的出流条件符合式(4-12)。这一假定对冲击式水轮机是适合的,对反击式水轮机是近似的。

第 4 章 水电站水锤及调节保证计算

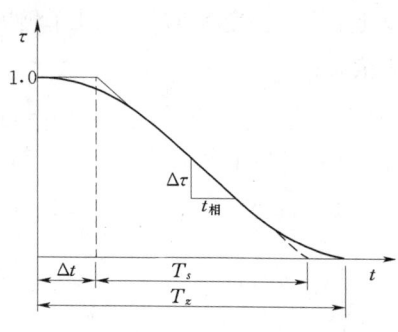

图 4-5 水轮机导叶（或喷嘴）开度与时间的关系

（2）在 T_s 时段内导叶（或喷嘴）的开度变化与启闭时间成直线关系。实际上水轮机导叶（或喷嘴）的启闭规律常如图 4-5 中所示，导叶从全开至全关的整个历时为 T_z，导叶的关闭速度开始时较慢，这是由于调节机构的惯性所致；终了时也较慢，是由于调节机构的缓冲作用所致。对水锤计算影响较大的是图中 T_s 时段，T_s 称为有效调节时间。在缺乏资料时，可近似取 $T_s=(0.6\sim0.95)T_z$。

导叶（或喷嘴）的相对起始开度 τ_0 应按设计条件确定。一般情况下，关闭时常取全开为设计条件，即 $\tau_0=1$，如图 4-6（a）所示；开启时根据机组增加负荷前的导叶（或喷嘴）开度确定 τ_0，如图 4-6（b）所示。在 T_s 时段内，任一时刻 t 的开度 τ_t 与起始开度 τ_0 之间有如下关系：

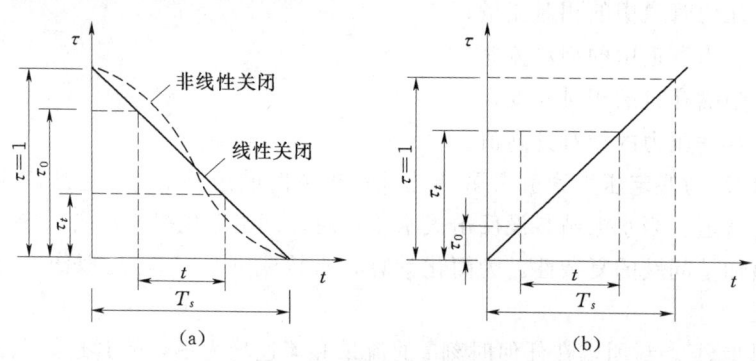

图 4-6 任一时刻导叶（或喷嘴）开度 τ_t

关闭时：
$$\tau_t=\tau_0-\frac{t}{T_s}$$

开启时：
$$\tau_t=\tau_0+\frac{t}{T_s}$$

实际上，即使在 T_s 时段内导叶（或喷嘴）的启闭规律也是非线性的（如图 4-6 中虚线所示），故这一假定与实际情况略有出入。因此，上述两个假定，可使水锤计算大为简化。

4.3 简单管道水锤计算的解析法

解析法的要点是采用数学解析的方法，引入一些符合实际的假定，直接建立最大水锤压力的计算公式。这种方法简单易行，物理概念清楚，可直接得出结果。

水锤有两种类型，即直接水锤和间接水锤。

4.3.1 直接水锤的计算

当水轮机阀门（或导叶）开度的调节时间 $T_s \leqslant 2L/a$ 时，由水库端 D 反射回来的第一个降压波尚未到达压力管道末端阀门或刚到达时，阀门已经关闭完毕，阀门处的水锤压力

4.3 简单管道水锤计算的解析法

只受开度变化直接引起的水锤波的影响,这种水锤称为直接水锤。

由于压力管道末端未受水库端反射回来的水锤波的影响,因此基本方程式(4-4)和式(4-5)中的水锤波函数 $f\left(t+\dfrac{x}{a}\right)=0$,然后从二式中消去 $F=\left(t-\dfrac{x}{a}\right)$ 得直接水锤的计算公式:

$$\Delta H = H - H_g = -\frac{a}{g}(V - V_0) \qquad (4-13)$$

式(4-13)只适用于 $T_s \leqslant 2L/a$ 的情况,并可得出如下结论:

(1) 当阀门关闭时,管内流速减小,$V-V_0<0$,ΔH 为正,产生正水锤;反之,当阀门开启时,$V-V_0>0$,ΔH 为负,产生负水锤。

(2) 直接水锤压力值的大小只与流速变化 $(V-V_0)$ 的绝对值和管道的水锤波速 a 有关,而与开度变化的速度、变化规律和管道长度无关。

(3) 阀门端的水锤压力值最大,而管道中其他断面的水锤压力值,则与 T_s 的大小有关。如图 4-7 所示,当 $T_s=0$ 时,经过 L/a 时段后,直接水锤将布满全管长;当 $L/a < T_s < 2L/a$ 时,在开度调节终了时刻,由水库或压力前池或调压室反射回来的顺行波将到达距 D 点 $aT_s/2$ 的 C 点,并与管道末端 A 处传来的逆行波相遇,在这种情况下,管道 DC 段将发生间接水锤,而 CA 段则为直接水锤;当 $T_s=2L/a$ 时,只在阀门 A 处发生直接水锤,水锤压力沿管线的分布如图 4-7 中虚线所示。

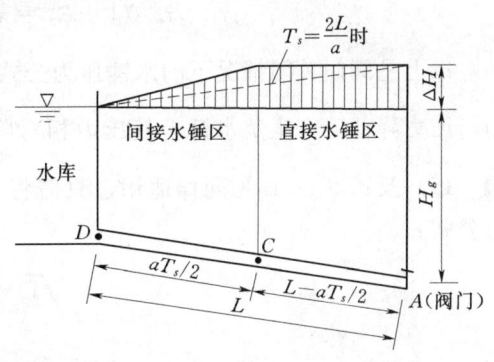

图 4-7 当 $T_s \leqslant 2L/a$ 时水锤压力沿管线的分布

直接水锤的压力往往很大,对水电站造成很大危害,因此应当避免发生直接水锤。例如,当压力管道中的起始流速 $V_0=4.0\text{m/s}$,水锤波速 $a=1000\text{m/s}$,突然快速关闭阀门,终了流速 $V=0$ 时,压力升高值为:$\Delta H = -\dfrac{a}{g}(V-V_0) = -\dfrac{1000}{9.81}(0-4) = 407.7\text{m}$。

4.3.2 间接水锤的计算

当水轮机阀门(或导叶)开度的调节时间 $T_s > 2L/a$ 时,由水库端 D 反射回来的第一个降压波在阀门尚未完全关闭时已到达压力管道末端阀门处,该处水锤压力是由水锤波 F 和 f 叠加的结果,这种水锤称为间接水锤。由于降压波对阀门处产生的升压波起抵消作用,因此间接水锤压力值小于直接水锤压力值。

间接水锤是水电站压力引水系统中经常发生的水锤现象。由水锤波的传播过程可知,各相的最大水锤压力值发生在管道末端阀门 A 处,并发生于各相之末。因此只要求出阀门 A 处各相末的水锤压力值,则其中最大者即为间接水锤压力的最大值。计算间接水锤压力的最大值对于工程设计有重要用途。

1. 阀门处各相末水锤压力的计算公式

根据水锤连锁方式(4-8)、式(4-9)和管道边界条件及计算假定,可推导出阀门处各相末的水锤压力计算公式。

（1）第一相末的水锤压力：

$$\tau_1 \sqrt{1+\xi_1^A} = \tau_0 - \frac{\xi_1^A}{2\rho} \qquad (4-14)$$

式中 τ_1 ——第一相末阀门的相对开度，下标"1"表示第一相末，以下同理；

ξ_1^A ——第一相末阀门处的水锤压力相对升高值；

其他符号意义同前。

（2）第二相末的水锤压力：

$$\tau_2 \sqrt{1+\xi_2^A} = \tau_0 - \frac{\xi_1^A}{2\rho} - \frac{\xi_2^A}{2\rho} \qquad (4-15)$$

（3）第 n 相末的水锤压力：

用第 n 相末代表任意 n 相末，则第 n 相末水锤压力的一般公式为：

$$\tau_n \sqrt{1+\xi_n^A} = \tau_0 - \frac{1}{\rho}\sum_{i=1}^{n-1}\xi_i^A - \frac{\xi_n^A}{2\rho} \qquad (4-16)$$

以上是阀门关闭情况下的水锤压力公式。当阀门（或导叶）开启时，管道中的流速增加，压力降低，产生负水锤，其压力相对降低值用 η 表示，$\eta = -\frac{\Delta H}{H_g}$，式（4-14）、式（4-15）及式（4-16）同样适用，只需将 $\xi_i^A = -\eta$ 代入即可得阀门开启时各相末水锤压力公式：

$$\tau_1 \sqrt{1-\eta_1^A} = \tau_0 + \frac{\eta_1^A}{2\rho} \qquad (4-17)$$

$$\tau_2 \sqrt{1-\eta_2^A} = \tau_0 + \frac{\eta_1^A}{2\rho} + \frac{\eta_2^A}{2\rho} \qquad (4-18)$$

$$\tau_n \sqrt{1-\eta_n^A} = \tau_0 + \frac{1}{\rho}\sum_{i=1}^{n-1}\eta_i^A + \frac{\eta_n^A}{2\rho} \qquad (4-19)$$

2. 水锤计算的简化公式

利用以上式组可求出任意相末的水锤压力值，将各相末的水锤压力值加以比较，即可求得阀门 A 处的最大水锤值，但计算工作量大，应用不够方便，常设法予以简化。

根据对水锤现象的研究，当阀门（或导叶）开度按直线规律变化时，简单管的间接水锤可归纳为两种类型。

（1）第一相水锤。第一相水锤是指最大水锤压力值出现在第一相末，即 $\xi_{max}^A = \xi_1^A$，如图 4-8（a）所示。

在实际工程设计中，一般要求 $\xi_1^A < 0.5$，故可近似采用 $\sqrt{1+\xi_1^A} \approx 1+\frac{\xi_1^A}{2}$，代入式（4-14）得

$$\tau_1\left(1+\frac{\xi_1^A}{2}\right) = \tau_0 - \frac{\xi_1^A}{2\rho}$$

令 $\sigma = \rho\frac{2L}{aT_s} = \frac{LV_0}{gH_gT_s}$，$\sigma$ 为另一管道特性系数；当关闭阀门时，$\tau_1 = \tau_0 - \frac{t_s}{T_s}$。将以上数值代入上式可解得第一相末水锤压力值为：

4.3 简单管道水锤计算的解析法

关闭阀门时
$$\xi_1^A = \frac{2\sigma}{1+\rho\tau_0-\sigma} \quad (4-20)$$

开启阀门时
$$\eta_1^A = \frac{2\sigma}{1+\rho\tau_0+\sigma} \quad (4-21)$$

研究表明，发生第一相水锤的条件是 $\rho\tau_0<1$。当丢弃负荷时，$\tau_0=1$，则有 $\rho=\dfrac{aV_0}{2gH_g}<1$；若 $a=1000\text{m/s}$，$V_0=5\text{m/s}$，则 $H_0>250\text{m}$。在丢弃负荷的情况下，只有高水头电站才有可能出现第一相水锤。故第一相水锤是高水头电站水锤的特征。

(2) 第末相水锤。第末相水锤是指最大水锤压力值出现在第 n 相末，其特点是最大水锤压力值接近于极限值 ξ_m^A，即 $\xi_m^A > \xi_1^A$，如图 4-8 (b) 所示，也称为极限水锤。

根据式 (4-16) 写出第 n 相的水锤压力计算公式，当相数足够多时，认为 $\xi_n^A = \xi_{n+1}^A = \xi_m^A$，经过适当数学处理后推得极限水锤计算公式：

$$\xi_m^A = \frac{\sigma}{2}(\sqrt{\sigma^2+4}+\sigma) \quad (4-22)$$

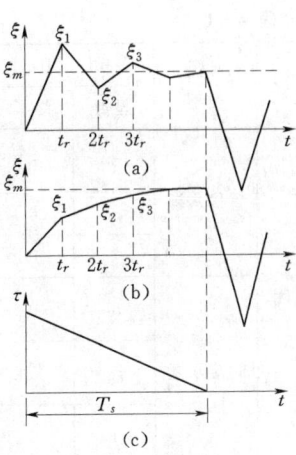

图 4-8 开度为直线关闭时的水锤类型

根据直线关闭规律及 $\xi_m^A \leqslant 0.5$ 的情况，同理可得极限水锤的简化公式：

$$\xi_m^A = \frac{2\sigma}{2-\sigma} \quad (4-23)$$

极限水锤是低水头电站的特征。

3. 间接水锤类型的判别

对于阀门开度按直线规律变化的情况，只要能判别水锤的类型（直接水锤、第一相水锤、末相水锤），即可利用以上各有关公式求得最大水锤压力。水锤的类型可以根据 $\rho\tau_0$ 和 σ 的数值从图 4-9 查出。图 4-9 中有 6 区域，根据 $\rho\tau_0$ 和 σ 两坐标交点所在的区域即可判别水锤的类型。

为了查找使用方便，现将简单管在各种不同工况下的水锤计算公式汇总于表 4-1 中。表 4-1 中的简化公式只适用于简单管、不计管道内水力摩阻损失、压力管道末端为孔口出流及阀门启闭按直线规律变化。当用于反击式水轮机时误差较大，水锤压力宜乘以一个大于 1.0 的修正系数，当无试验数据时，对混流式水轮机可取 1.2，轴流式水轮机可取 1.4。用简化公式求出的水锤压力值 ξ 应小于 0.5，否则应用一般公式。

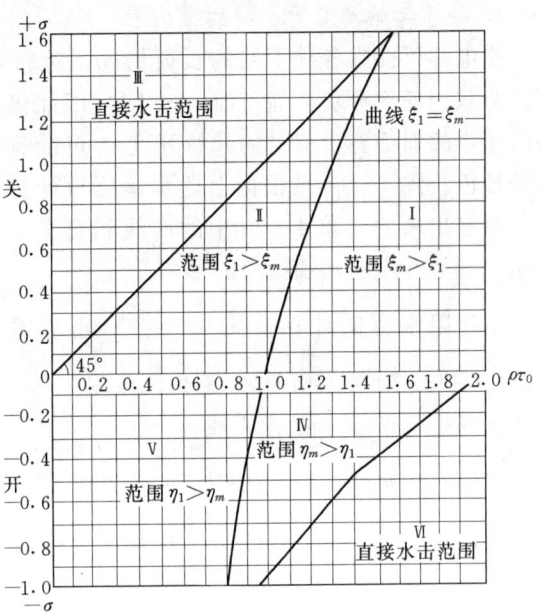

图 4-9 水锤类型判别图

表 4-1　　　　　　　　　　水锤压力计算公式汇总

工况	水锤类型	开度起始	开度终了	计算公式	近似公式
关闭	直接水锤	τ_0	τ_t	$\tau_t\sqrt{1+\xi}=\tau_0-\dfrac{\xi}{2\rho}$	$\xi=\dfrac{2\rho(\tau_0-\tau_t)}{1+\rho\tau_t}$
		τ_0	0	$\xi=2\rho\tau_0$	$\xi=2\rho\tau_0$
		1	0	$\xi=2\rho$	$\xi=2\rho$
	间接水锤	τ_0	0	$\xi_m=\dfrac{\sigma}{2}(\sqrt{\sigma^2+4}+\sigma)$	$\xi_m=\dfrac{2\sigma}{2-\sigma}$
		τ_0	0	$\tau_1\sqrt{1+\xi_1}=\tau_0-\dfrac{\xi_1}{2\rho}$	$\xi_1=\dfrac{2\sigma}{1+\rho\tau_0-\sigma}$
		1	0	$\tau_1\sqrt{1+\xi_1}=1-\dfrac{\xi_1}{2\rho}$	$\xi_1=\dfrac{2\sigma}{1+\rho-\sigma}$
开启	直接水锤	τ_0	τ_t	$\tau_t\sqrt{1-\eta}=\tau_0+\dfrac{\eta}{2\rho}$	$\eta=\dfrac{2\rho(\tau_t-\tau_0)}{1+\rho\tau_t}$
		τ_0	1	$\sqrt{1-\eta}=\tau_0+\dfrac{\eta}{2\rho}$	$\eta=\dfrac{2\rho(1-\tau_0)}{1+\rho}$
		0	1	$\sqrt{1-\eta}=\dfrac{\eta}{2\rho}$	$\eta=\dfrac{2\rho}{1+\rho}$
	间接水锤	τ_0	1	$\eta_m=\dfrac{\sigma}{2}(\sqrt{\sigma^2+4}-\sigma)$	$\eta_m=\dfrac{2\sigma}{2+\sigma}$
		τ_0	1	$\tau_1\sqrt{1-\eta_1}=\tau_0+\dfrac{\eta_1}{2\rho}$	$\eta_1=\dfrac{2\sigma}{1+\rho\tau_0+\sigma}$
		0	1	$\tau_1\sqrt{1-\eta_1}=\dfrac{\eta_1}{2\rho}$	$\eta_1=\dfrac{2\sigma}{1+\sigma}$

4.3.3 导叶开度变化对水锤的影响

1. 导叶起始开度对水锤的影响

水电站可能在各种不同的负荷情况下运行,当机组满负荷运行时,起始开度 $\tau_0=1$;当机组只担任部分负荷运行时,$\tau_0<1$。因此机组由于事故而丢弃负荷时的起始开度 τ_0 可能有各种数值。图 4-10 是根据上述水锤压力计算公式绘制出来的。图 4-10 中的曲线和交叉点说明了起始开度对水锤压力的影响。

由极限水锤的计算公式 $\xi_m^A=\dfrac{2\sigma}{2-\sigma}$ 可以看出,ξ_m^A 只与 σ 有关,而与 τ_0 无关,在图 4-10 中是一条平行于 τ_0 轴的水平线。

对第一相水锤,$\xi_1=\dfrac{2\sigma}{1+\rho\tau_0-\sigma}$,随着 τ_0 的减小而增大,所以在图 4-10 中表示为一条曲线。

对直接水锤,$\xi_D=2\rho\tau_0$,为一条通过坐标轴原点的直线,其斜率为 2ρ。

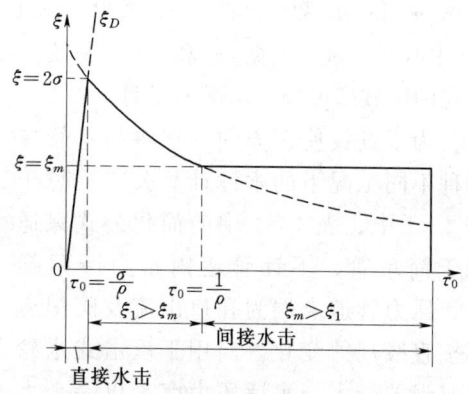

图 4-10　起始开度对水锤压力的影响

4.3 简单管道水锤计算的解析法

令 $\xi_D = \xi_1$，可得出直接水锤和第一相水锤曲线的交点 $\tau_0 = \dfrac{\sigma}{\rho}$。令 $\xi_m = \xi_1$，可得出第末相水锤和第一相水锤曲线的交点 $\tau_0 = \dfrac{1}{\rho}$。

由此，可得出以下结论：

(1) 当起始开度 $\tau_0 > \dfrac{1}{\rho}$，即 $\rho\tau_0 > 1$ 时，$\xi_m > \xi_1$，最大水锤压力发生在阀门关闭的终了时刻，即极限水锤。

(2) 当起始开度 $\dfrac{\sigma}{\rho} < \tau_0 < \dfrac{1}{\rho}$ 时，$\xi_1 > \xi_m$，即最大水锤压力发生在第一相末。

(3) 当起始开度 $\tau_0 < \dfrac{\sigma}{\rho}$，发生直接水锤，但非最大的水锤压力值。

(4) 当阀门起始开度为临界开度 $\tau_0 = \dfrac{\sigma}{\rho}$ 时，发生最大的直接水锤，其值为 $\xi_{max} = 2\sigma$。

2. 导叶开度变化规律对水锤压力的影响

上述关于第一相水锤或极限水锤等的概念及计算公式是在假定导叶（阀门）开度按直线规律变化的条件下推得的，而在水电站实际运行中，导叶的关闭规律往往是非线性的。图 4-11 中绘出了三种不同的关闭规律及与之相应的三种水锤压力变化过程线，这三种关闭规律都具有相同的关闭时间。由图 4-11 可见，开度变化规律不同，水锤压力的变化过程也不同。

图 4-11 中，曲线 Ⅱ 表示开始阶段关闭速度较快，因此水锤压力迅速上升到最大值，而后关闭速度减慢，水锤压力逐渐减小；曲线 Ⅲ 的规律与曲线 Ⅱ 相反，关闭速度先慢后快，而水锤压力是先小后大。水锤压力的上升速度随导叶的关闭速度的加快而加快，最大压力出现关闭速度较快的那一时段末尾。从图 4-11 中可以看出，导叶开度按直线规律变化的关闭规律 Ⅰ 较为合理，其 $\xi_{max} = 0.16$；最为不利的是规律 Ⅲ，其 $\xi_{max} = 0.47$；规律 Ⅱ 的 $\xi_{max} = 0.35$。

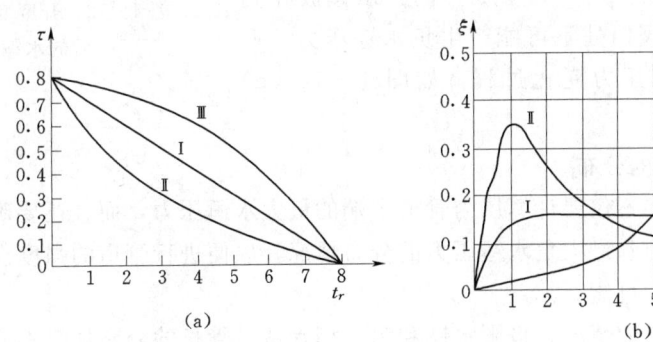

图 4-11　导叶关闭规律对水锤压力的影响

导叶关闭规律取决于水电站调速系统的特性，合理的关闭规律是在一定的关闭时间情况下，在调速器的可调范围内，获得尽可能小的水锤压力。采用合理的关闭规律，可有效地降低水锤压力，不需额外增加投资，是一种经济而有效的措施。在高水头水电站中常发生第一相水锤，应采取先慢后快的非直线关闭规律，以降低第一相水锤值；在低水头水电站中常发生极限水锤,应采取先快后慢的非直线关闭规律,以降低末相水锤值。

3. 导叶开度变化终了后的反水锤

研究表明,阀门(导叶)开度变化终了后,水锤波的传播过程并不立即消失。例如阀门关闭终了后的正水锤可能经阀门反射而成为负水锤,这一负水锤称为反水锤,其绝对值可能比阀门突然开启时所产生的负水锤的绝对值还大,因此反水锤可能成为计算最大负水锤的控制值。

阀门开度变化终了后的水锤现象取决于阀门开度变化终了时的阀门反射特性。一般地说,当入射波到达管道特性变化处后,一部分或全部将以反射波的形式折回。反射波与入射波的比值称为反射系数,以 r 表示。

开度变化终了后的阀门反射特性,按式(4-24)判别:

$$r=\frac{1-\rho\tau_t}{1+\rho\tau_t} \quad (4-24)$$

式中 τ_t——阀门启闭终了时的开度。

(1) 当 $r=1$,即 $\tau_t=0$ 时:说明阀门处发生同号等值反射,也即阀门关闭终了时产生的正水锤经水库端反射为等值的负水锤,这一负水锤以入射波的形式传至阀门处,又经阀门反射成为等值的负水锤。因此,若第 n 相末阀门处的水锤压力相对值为 ξ,则第 $n+1$ 相的反水锤压力相对值为 $-\xi$,如图 4-12 (a) 所示。

(2) 当 $r=0$,即 $\rho\tau_t=1$,$\tau_t>0$ 时:水锤波传至阀门处时自行消失,不产生反射,如图 4-12 (b) 所示。

(3) 当 $0<r<1$,即 $\rho\tau_t<1$,$\tau_t>0$ 时:水锤波在阀门处为同号减值反射,形成一个逐渐衰减的振荡过程,如图 4-12 (c) 所示。

(4) 当 $-1<r<0$,即 $\rho\tau_t>1$,$\tau_t>0$ 时:水锤波在阀门产生异号减值反射,阀门处不可能产生负水锤压力,形式一个逐渐降低的水锤压力变化过程,如图 4-12 (d) 所示。

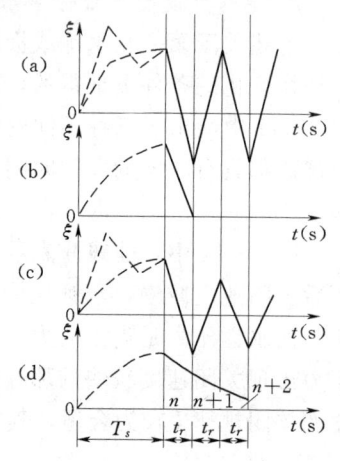

图 4-12 开度变化终了后的水锤

4.3.4 水锤压力沿管线的分布

在压力管道设计时,不仅要计算压力管道末端的最大水锤压力,而且还要确定管道沿线各点的最大正水锤压力和最大负水锤压力的分布情况,以便进行管道的强度设计及检验管道内是否有发生真空的可能。

开度按直线规律变化的情况,极限水锤和第一相水锤沿管长的分布规律不同,下面分别予以讨论。

1. 极限水锤压力的分布规律

研究证明,极限水锤无论是正、负水锤,管道沿线的最大水锤压力均按直线规律分布,如图 4-13 中实线所示。如果压力管道末端 A 点的最大水锤压力为 ξ_m^A 或 η_m^A,则管中任意点 C 的最大水锤压力可按比例求得:

4.3 简单管道水锤计算的解析法

$$\xi_{\max}^C = \frac{l}{L}\xi_{\max}^A \qquad (4-25)$$

和

$$\eta_{\max}^C = \frac{l}{L}\eta_{\max}^A \qquad (4-26)$$

2. 第一相水锤压力的分布规律

研究证明，第一相水锤压力沿管线不依直线规律分布，其中正水锤压力分布曲线是向上凸的，负水锤压力分布曲线是往下凹的，如图 4-13 中虚线所示。

阀门关闭时，任意点 C 的最大水锤升压值发生在阀门 A 端的最大水锤升压传到 C 点时，即比 A 点出现最大水锤升压滞后 $(L-l)/a$，其值为：

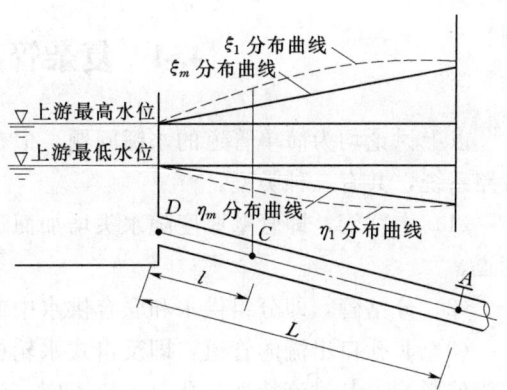

图 4-13 间接水锤压力沿管线的分布

$$\xi_{\max}^C = \xi_{\frac{2L}{a}}^A - \xi_{\frac{2L}{a}-\frac{2l}{a}}^A \qquad (4-27)$$

式中 $\xi_{\frac{2L}{a}}^A$——管长为 L 的压力管道（AD 段）阀门 A 端产生的第一相水锤压力，即 $\xi_{\frac{2L}{a}}^A = \xi_1^A$；

$\xi_{\frac{2L}{a}-\frac{2l}{a}}^A$——管长为 $(L-l)$ 的压力管道（AC 段）阀门 A 端产生的第一相水锤压力，即相当于水库移至 C 点时阀门 A 端的第一相水锤压力，仍用表 4-1 中的公式计算，只需用 $\tau_{\frac{2L}{a}-\frac{2l}{a}}$ 代替式中的 τ_1 即可。

由此，式（4-26）的近似表达式为：

$$\xi_{\max}^C = \frac{2\sigma}{1+\rho\tau_0-\sigma} - \frac{2\sigma_{AC}}{1+\rho\tau_0-\sigma_{AC}} \qquad (4-28)$$

其中

$$\sigma = \frac{LV_0}{gH_gT_s}; \quad \sigma_{AC} = \frac{(L-l)V_0}{gH_gT_s} = \frac{l_{AC}V_0}{gH_gT_s}$$

阀门开启时，任意点 C 的最大水锤降压值为：

$$\eta_{\max}^C = \eta_{\frac{2l}{a}}^A \qquad (4-29)$$

式中 $\eta_{\frac{2l}{a}}^A$——假设管长为 l 的压力管道 DC（阀门移至 C 点），在阀门端产生的第一相水锤值，仍用表 4-1 中的公式计算，只需用 $\tau_{\frac{2l}{a}}$ 代替式中的 τ_1 即可。

因此，式（4-28）可近似表达式为：

$$\eta_{\max}^C = \frac{2\sigma_{CD}}{1+\rho\tau_0-\sigma_{CD}} \qquad (4-30)$$

其中

$$\sigma_{CD} = \frac{l_{CD}V_0}{gH_gT_s}$$

绘制水锤压力沿管线分布图时，应根据管线的布置情况，选择几个代表性的断面，求出各断面的最大正、负水锤压力。当丢弃负荷时，不计管道的水头损失，在上游最高静水位上绘制水锤压力分布图；当增加负荷时，必须计算阀门开启终了时管道的水头损失与流速水头，在上游最低水位下考虑水头损失、流速水头及负水锤压力后绘制水锤压力分布图，如图 4-13 所示。

4.4 复杂管道的水锤计算

以上讨论均为简单管道的水锤问题,但在实际工程中,简单管不多见,常见的是复杂管路系统,共有三种类型。

(1) 串联管,即管壁厚度随水头增加而逐渐加厚、管道直径随水头增加而逐渐减小的管道。

(2) 分岔管,即分组供水和联合供水中的岔管。

(3) 非孔口出流的管道,即反击式水轮机的管道系统,这类管道系统应考虑蜗壳和尾水管的影响,其过流特性与孔口出流不同,流量不仅与作用水头有关,而且与水轮机的机型和转速有关。

4.4.1 串联管水锤的简化计算

由于串联管各管段的 V_0 和 a 不同,因此表示管道特性的系数 ρ 和 σ 各异。在实际应用中常把串联管转化为"等价"的简单管来计算。所谓"等价"是指将串联管转化为简单管后满足管长、相长和管中水体动能与原串联管相同,这种简化计算方法称为"等价管道法"。

设有一根特性变化的串联管,全长为 L,各段的长度、流速和水锤波波速分别为 L_1、V_1、a_1;L_2、V_2、a_2;…;L_n、V_n、a_n,如图 4-14 所示。现用一根等价的简单管代替串联管,以管长 L_m、加权平均流速 V_m 和加权平均波速 a_m 表示,要求满足下列三个条件。

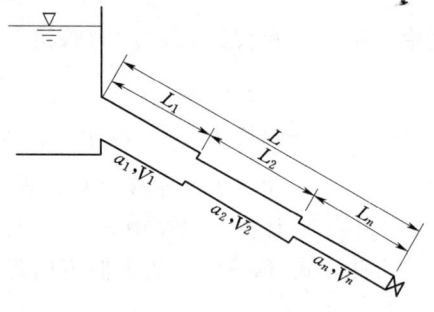

图 4-14 串联管示意图

(1) 等价管的总长与原串联管相同,即:

$$L_m = L_1 + L_2 + \cdots + L_n = \sum_{i=1}^{n} L_i \tag{4-31}$$

(2) 等价管的相长与原串联管相同,即:

$$\frac{L_m}{a_m} = \frac{L_1}{a_1} + \frac{L_2}{a_2} + \cdots + \frac{L_n}{a_n} = \sum_{i=1}^{n} \frac{L_i}{a_i}$$

于是

$$a_m = \frac{L_m}{\sum_{i=1}^{n} \frac{L_i}{a_i}} \tag{4-32}$$

(3) 等价管中水体动能与原串联管相同,即:

$$L_m V_m = L_1 V_1 + L_2 V_2 + \cdots + L_n V_n = \sum_{i=1}^{n} L_i V_i$$

于是

$$V_m = \frac{\sum_{i=1}^{n} L_i V_i}{L_m} \tag{4-33}$$

据此,可得等价管道的平均特性系数:

4.4 复杂管道的水锤计算

$$\rho_m = \frac{a_m V_m}{2g H_g} \tag{4-34}$$

$$\sigma_m = \frac{L_m V_m}{g H_g T_s} \tag{4-35}$$

$$t_r = \frac{2L_m}{a_m} \tag{4-36}$$

求出管道的平均特性系数后,可按简单管的间接水锤计算公式求解复杂管道的水锤压力值。

由于这种简化计算方法忽略了管道内边界点水锤波的局部反射,水锤压力值仅仅视作由管中水体动能转化而得,因此用来计算阀门按直线规律关闭时的末相水锤较为合适,其误差不超过 1%~2%;对于第一相水锤或非直线规律关闭的情况,误差较大。

4.4.2 分岔管水锤的简化计算

如图 4-15 所示,分岔管的结构较复杂,有时有几根支管,对称或不对称地与主管衔接,各支管的长度往往又不相同,且管径和管壁厚度沿管轴线变化,因此水锤压力计算比串联管更为复杂。根据水锤连锁方程可精确求解分岔管的水锤,但相当繁琐。在中、小型工程实际中常用下述简化方法计算。

(1) 合肢法。其要点是:设想将所有机组合并成一台大机组,并将该大机组装设在最长一根支管的末端,引用流量为各台机组流量之和,最长支管的断面面积亦用各支管断面面积之和代替,主管的断面面积不变,此时分岔管变成一根串联管,再按"等价管道法"进行水锤计算。

(2) 截肢法。其要点是:截去非计算点所在的支管,剩余的管道变成串联管,再按"等价管道法"进行水锤计算。

复杂管水锤的简化计算通常适用于主管较长而支管较短的情况,其计算精度能满足工程要求。

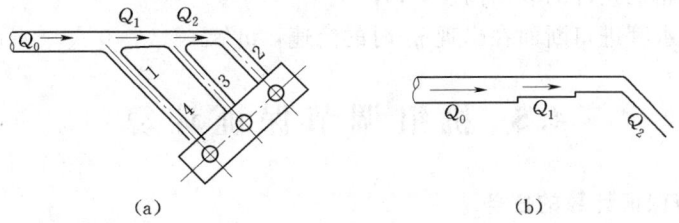

图 4-15 分岔管截肢法示意图

4.4.3 反击式水轮机管道系统的水锤压力计算

反击式水轮机在导叶开度变化时,蜗壳和尾水管内将发生水锤,且水锤现象极为复杂,水锤压力只能近似计算。

对高水头、长压力管道的水电站,蜗壳和尾水管长度占有压水道的比例较小,对总水锤压力升高影响甚微,可忽略不计。

对低水头、短压力管道的水电站,蜗壳和尾水管长度占有压水道的比例较大,对总水锤压力升高影响显著,水锤计算中必须考虑。通常,近似假设将机组移至尾水管末端,把压力管道、蜗壳和尾水管组成串联管，用"等价管道法"求出简单管末端总水锤压力 ξ 或 η，然后按各管段动能 L_iV_i 占总动能 ΣL_iV_i 的比例分配 ξ 或 η，方法如下：

设压力管道、蜗壳和尾水管的长度分别为 L_p、L_s、L_d，平均流速分别为 V_p、V_s、V_d，平均水锤波速分别为 a_p、a_s、a_d。等价管道的长度为 L_m、平均流速为 V_m、平均波速为 a_m，则：

$$L_m = L_p + L_s + L_d \tag{4-37}$$

$$V_m = \frac{L_pV_p + L_sV_s + L_dV_d}{L_p + L_s + L_d} \tag{4-38}$$

$$a_m = \frac{L_p + L_s + L_d}{\dfrac{L_p}{a_p} + \dfrac{L_s}{a_s} + \dfrac{L_d}{a_d}} \tag{4-39}$$

等价管道的特性系数：

$$\rho_m = \frac{a_mV_m}{2gH_g}; \quad \sigma_m = \frac{(L_p + L_s + L_d)V_m}{gH_gT_s}$$

根据压力管道、蜗壳和尾水管中水体动能所占比例将 ξ 或 η 进行分配。

压力管道末端：

$$\xi_p = \frac{L_pV_p}{L_mV_m}\xi; \quad \eta_p = \frac{L_pV_p}{L_mV_m}\eta \tag{4-40}$$

蜗壳末端：

$$\xi_s = \frac{L_pV_p + L_sV_s}{L_mV_m}\xi; \quad \eta_s = \frac{L_pV_p + L_sV_s}{L_mV_m}\eta \tag{4-41}$$

尾水管进口：

$$\eta_d = \frac{L_dV_d}{L_mV_m}\eta; \quad \xi_d = \frac{L_dV_d}{L_mV_m}\xi \tag{4-42}$$

求出尾水管的负水锤后，应校核尾水管进口处的真空度 H_a，以防止尾水管中压力低于汽化压力，引起抬机现象。

$$H_a = H_s + \eta_dH_g + \frac{V_d^2}{2g} < 8 \sim 9\text{m} \tag{4-43}$$

式中　H_s——水轮机允许的吸出高度，m；
　　　V_d——尾水管进口断面在出现 η_d 时的流速，m/s。

4.5　机组调节保证计算

4.5.1　机组调节保证计算的任务

水电站在正常运行中，机组出力与承担的负荷处于平衡状态，机组以额定转速运行。当水电站外界负荷突然变化时，机组自动调速系统迅速动作进行调节。在调节过程中，一方面水电站有压引水系统中将产生水锤现象；另一方面机组出力与外界变化后的负荷不可能立即平衡而使机组转速发生变化。当丢弃负荷时，机组的多余能量将转化为机组转动部分的动能，致使机组转速迅速升高；当增加负荷时，机组的不足能量将由机组转动部分的动能补偿，致使机组转速迅速下降。

在机组调节过程中，转速变化通常用相对值表示，称为转速变化率 β，又称为暂态不均衡率。若以 n_r、$n_{\max}$、$n_{\min}$ 分别表示机组的额定转速，丢弃负荷时的最高转速和增加负荷时的最低转速，则丢弃负荷时，$\beta = (n_{\max} - n_r)/n_r$，增加负荷时，$\beta = (n_r - n_{\min})/n_r$。

在机组转速变化及有压引水系统压力波动过程中,机组调节时间 T_s 愈长,水锤压力值愈小,转速变化率愈大;T_s 愈短,水锤压力值愈大,转速变化率愈小。当机组转速变化偏离额定转速过大时,不但供电质量得不到保证,破坏电力系统运行的稳定性,而且还可能危及机组的安全;当水锤压力升高或降低过大时,不但使水电站压力引水系统的投资增加,而且还可能导致压力引水系统的破坏。

所谓调节保证是指根据电站引水系统和机组的有关参数,水轮机在发生过渡过程时,对机组压力上升和机组转速上升所作出的保证。

机组调节保证计算的任务是为保证电站运行的经济与安全,选择合适的机组调节时间 T_s 及合理的变化规律,使水锤压力值 ξ_{max}(或 η_{min})与机组转速变化率 β 值均控制在允许的范围内。具体任务包括:

(1)根据工程特性,合理选择机组调节时间 T_s 及变化规律,进行水锤计算,检验水锤压力是否在允许的范围内。

(2)根据选定的机组调节时间 T_s 和机组转动惯量 ΣGD^2,计算转速变化率,检验转速变化率是否在允许的范围内。

(3)根据水锤压力和转速变化率的计算,检验有压引水系统是否设置调压室或采取其他调节保证措施。

4.5.2 调节保证计算标准

所谓调节保证计算标准,是指水锤压力值 $\xi(\eta)$ 和机组转速变化率 β 在技术经济上合理的允许值。这一允许值取决于一定时期、一定技术水平和经济条件,应用时应结合具体情况加以确定。

1. 水锤压力的计算标准

(1)水锤压力相对升高允许值 $[\xi]$。

当电站静水头 $H_g<40\text{m}$ 时,$[\xi]=0.50\sim0.70$。

当电站静水头 $H_g=40\sim100\text{m}$ 时,$[\xi]=0.30\sim0.50$。

当电站静水头 $H_g>100\text{m}$ 时,$[\xi]=0.15\sim0.30$。

当电站设置调压阀或折向板时,$[\xi]\leqslant0.2$。

(2)水锤压力相对降低允许值。

在有压引水系统的任何位置均不允许产生负压,且应有 $2\sim3\text{mH}_2\text{O}$ 余压,以保证管道,尤其是压力钢管的稳定并防止水柱分离。

尾水管进口的允许最大真空度为 $8\text{mH}_2\text{O}$。

2. 转速变化率的计算标准

限制机组转速变化的目的是保证机组正常运行和供电质量。在丢弃全负荷的情况下,主要是防止机组强度破坏、振动和由于过速引起过电压而造成发电机电气绝缘的损坏。对于 β 允许值的规定主要与机组的机械强度、发电机的过电压、转速过高对电力系统及用电设备的影响和损坏等因素有关,并有日渐提高 β 允许值的趋势。

目前,对丢弃全负荷时机组转速上升的允许值争论较多,考虑到我国机组的设计、制造、运行等实际情况,其允许值 $[\beta]$ 可按以下情况确定。

(1)当机组容量占电力系统总容量的比重较大,且担负调频任务时,$[\beta]<0.45$。

(2) 当机组容量占电力系统总容量的比重不大或担负基荷时，$[\beta]<0.55$。

(3) 对水斗式水轮机，$[\beta]<0.30$。

当实际情况大于上述最大允许值时，应有所论证。

此外，当单台机组负荷变化时，转速变化率的允许值也可参考以下数值：

丢弃 100% 负荷时，$[\beta]=0.50$。

丢弃 75% 负荷时，$[\beta]=0.65\beta_{max}$。

丢弃 50% 负荷时，$[\beta]=0.45\beta_{max}$。

丢弃 25% 负荷时，$[\beta]=0.25\beta_{max}$。

增加 100% 负荷时，$[\beta]=0.60$。

4.5.3 机组转速变化率计算的近似公式

当机组负荷改变后，在机组调节时间 T_s 内水轮机多余（或不足）的功率，全部转化为机组旋转体动能的增加（或减少）。根据功能转化原理，可得到机组转速变化率公式。

1. "列宁格勒❶金属工厂"公式

丢弃全负荷时：

$$\beta=\sqrt{1+\frac{365PT_{s1}f}{n_r^2\sum GD^2}}-1 \qquad (4-44)$$

增加全负荷时：

$$\beta=1-\sqrt{1-\frac{365PT_{s2}f}{n_r^2\sum GD^2}} \qquad (4-45)$$

式中 T_{s1}——导叶由全开关至空转开度的时间，s，对于混流式和冲击式水轮机，T_{s1} 和 T_{s2} 均采用 $0.85\sim0.9T_s$；对于轴流式水轮机 T_{s1} 和 T_{s2} 均采用 $0.55\sim0.7T_s$；

T_{s2}——导叶由空转开度开至全开的时间，s；

f——水锤影响的修正系数，可按式 $f=1+1.2\sigma$ 计算；当 $\sigma<0.5$ 及 $\beta<0.5$ 时，f 值可由图 4-16 中查得；

P——水轮机的功率，kW；

$\sum GD^2$——机组转动惯量，$kN\cdot m^2$，由制造厂提供；

n_r——机组额定转速，r/min。

2. "长江流域规划办公室"公式

针对列宁格勒金属工厂公式未考虑电站突然丢弃负荷后，由于调速系统惯性的影响，导叶经过一小段迟滞时间 T_c 以后才开始关闭动作的缺点，我国长江流域规划办公室（简称"长办"）提出了修正公式。

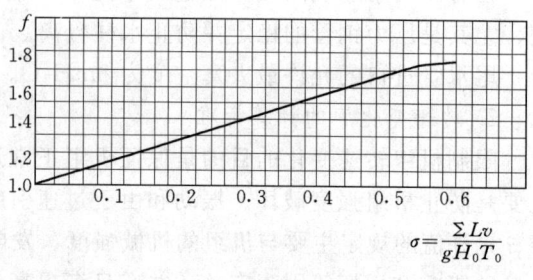

图 4-16 水锤修正系数 f

---

❶ 列宁格勒为前苏联一城市名。现属俄罗斯，其名称恢复为圣彼得堡。

4.5 机组调节保证计算

$$\beta = \sqrt{1 + \frac{365P}{n_r^2 \sum GD^2}(2T_c + T_n f_h)} - 1 \quad (4-46)$$

$$T_c = T_A + 0.5\delta_e T_a \quad (4-47)$$

$$T_a = \frac{n_r^2 \sum GD^2}{365P} \quad (4-48)$$

式中　T_c——调速系统迟滞时间，s；

T_n——升速时间，s；$T_n = (0.9 \sim 0.00063 n_s) T_s$，$n_s$ 为水轮机比转速；

T_A——导叶不动时间：电调调速器取 0.1s，机调调速器取 0.2s；

δ_e——调速器残留不均衡度，一般为 $0.02 \sim 0.06$；

T_a——机组时间常数，s；

f_h——水锤影响系数，根据管道特性系数 σ，从图 4-17 中查出。

4.5.4 调节保证的计算条件

1. 水锤压力的计算条件

（1）压力管道中的最大内水压力一般由以下两种工况控制。

1）上游最高水位时电站丢弃负荷。此时电站的引用流量和水锤压力均不是最大值，但由于管道中的静水压力较高，两者叠加的结果可能最大。

2）设计水头下电站丢弃负荷。虽然管道中的静水压力较小，但电站的引用流量变化最大，水锤压力很大，两者的叠加结果可能最大，此时机组转速变化率一般为最大。

当压力管道为单元供水时，一般按丢弃全部负荷考虑；当压力管道为联合供水时，若与管道连接的所有机组由一个回路出线，则应按这些机组同时丢弃全部负荷考虑；若这些机组由两个或两个以上回路出线，则应根据具体情况分析而定。

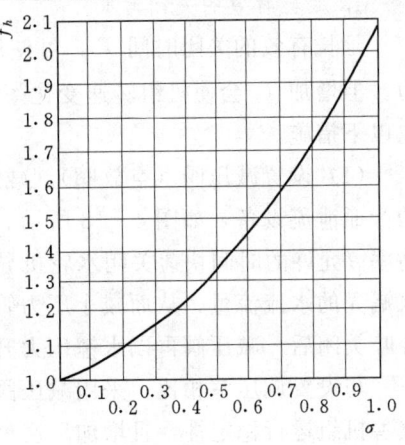

图 4-17　水锤影响系数 f_h

（2）压力管道中的最小内水压力一般由以下两种工况控制：

1）上游最低水位时电站丢弃负荷。导叶关闭终了后的正水锤经水库和导叶反射形成的负水锤。

2）上游最低水位时，全部机组除一台外都处于满发状态下，最后一台机组投入运行。

2. 转速上升率的计算条件

转速最大上升率的计算条件通常为设计水头下水电站丢弃全部负荷。

4.5.5 减小水锤压力的措施

减小水锤压力可降低压力管道的内水压力，降低引水建筑物的造价，改善机组的运行条件。其具体措施如下。

1. 缩短压力管道的长度

缩短压力管道的长度，可减小水锤波的传播时间，增加调节过程中的相数，使从进水口反射回来的水锤波削减阀门端水锤压力的作用加强，从而减小水锤压力。从管道特性系

数 $\sigma=LV_0/gH_gT_s$ 中可以看出，减小 L 可以减小 σ 值，而 σ 值减小可使 ξ 减小。因此，在较长的有压引水式水电站枢纽布置中，常设置调压室以缩短压力管道，是减小水锤压力的一种有效途径。

2. 减小压力管道中的流速

减小流速可减小压力管道的特性系数 ρ 和 σ，从而减小了水锤压力值。但是，水电站在运行中设计流量一定，减小流速，需扩大管道断面，增加管径。压力管道直径一般由动能经济分析确定的，增加管径须增加投资。因此，以减小流速降低水锤压力往往是不经济的，但在一定条件下，如果适当增加管径后便可不设调压室，则还是比较合理的。

3. 选择合理的调节规律

图 4-11 示出不同开度变化规律对水锤的影响。由图 4-11 可见，采用合理的调节规律能有效地降低水锤压力值。工程上，常采用分段关闭规律以有效减小水锤压力：在中低水头电站中，一般出现末相水锤，应采用先快后慢的关闭规律；在高水头电站中，通常出现第一相水锤，宜采用先慢后快的关闭规律。调节规律决定于机组调速系统的特性。

4. 延长有效的关闭时间

延长有效的关闭时间 T_s，可使压力管道内水体动量的变化率减小，从而降低水锤压力。但增加 T_s 会使机组转速变化率 β 值增加，甚至超过允许值。要解决这一矛盾，可采取以下措施。

（1）设置减压阀（空放阀）。减压阀又称空放阀，是一种装设在反击式水轮机蜗壳上的旁通泄流设备，如图 4-18 所示。当机组丢弃负荷时，调速器自动按照满足机组转速升高率 β 允许的时间快速关闭水轮机导叶，同时，自动打开减压阀，泄放部分流量，减小进入蜗壳的水流流量，从而减小压力管道中流速的变化梯度，降低压力管道的水锤压力，待导叶关闭后，减压阀再以水锤压力升高所允许的速度缓慢关闭，满足调节保证的要求。

与设置调压室相比，采用减压阀的造价低，但在机组突然增加负荷时不起作用，不能改善机组运行稳定性，且增加厂房尺寸和造价。另外，机组负荷变化较小（机组额定功率的 15% 以下）时，减压阀不动作，水轮机导叶只能慢速关闭，恶化了机组运行的稳定性。在水头较高、机组台数不多的水电站，若设置减压阀有可能省掉调压室时是经济合理的。

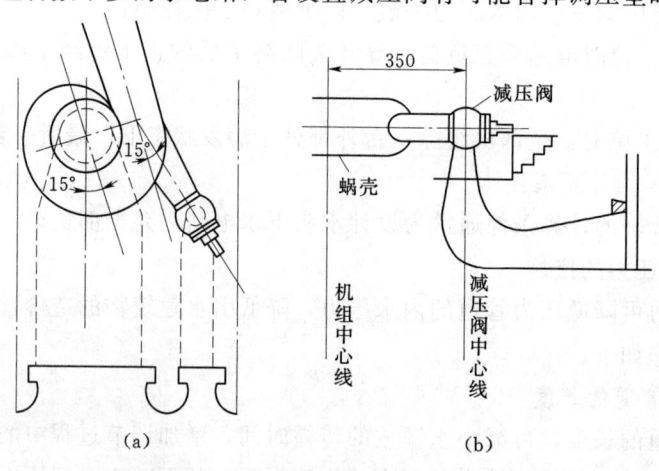

图 4-18 减压阀装置示意图（单位：cm）

4.5 机组调节保证计算

(2) 设置水阻器。水阻器是一种利用水阻抗消耗能量的设备，它与发电机母线相联，用调速器操作，与水轮机导叶关闭协联动作。当机组突然丢弃负荷时，调速器自动将外界负荷切换到水阻器上，将机组原来输入系统的功率消耗于水阻抗中，也即用水阻抗代替机组原承担的负荷，调速器就可在一个较长的时间内慢速关闭导叶，避免水锤压力过高，并满足机组转速升高率的要求。水阻器造价低，设备简单，制造方便，但运行可靠性较差，而且当电站突然增加负荷和发电机母线短路事故时不能起作用，仅适用于小型水电站中。

(3) 设置折向器（偏流器）。折向器是一种设置在冲击式水轮机喷嘴出口下方的偏流设备。机组丢弃负荷时，调速器使折向器以较快速度在 1～2s 内动作，将射流折偏，离开转轮，防止机组转速变化过大。然后，针阀以较慢速度关闭，从而减小水锤压力。折向器构造简单，造价低，且无需增加厂房的尺寸，但折向器在机组增加负荷时不起作用。

【例 4-1】 调节保证计算例题。某水电站，安装 3 台单机容量为 1000kW 的混流式水轮发电机组，引水系统的布置及尺寸如图 4-19 所示。电站的设计水位为 367.00m，下游水位为 322.00m，电站设计水头为 35.4m，最大静水头为 45m，最小静水头为 26m，水轮机型号为 HL220-WJ-71，发电机型号为 TSW$_1$43/50-10，水轮机单机额定功率 $P=1064$kW，发电机额定功率为 1000kW，额定转速为 600r/min，机组 GD^2 $=4.2$kN·m^2，空载开度 $\tau_{xx}=0.1$，单机引用流量为 3.55m^3/s，水头损失假设为 2m 且沿管线按直线分布。混凝土弹性模量为 2.1 $\times 10^4$MPa，水的弹性模量为 2.1$\times 10^3$MPa，钢管的弹性模量为 2.1$\times 10^5$MPa，水轮机的吸出高度 $H_s=1.47$m。要求：

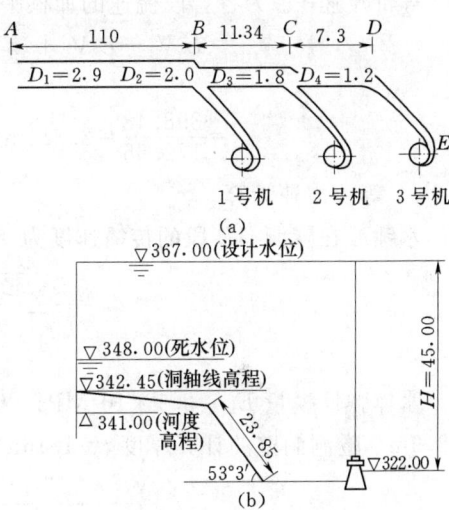

图 4-19 某水电站引水系统布置示意图（单位：m）

(1) 3 号机组丢弃全负荷，导叶关闭时间 $T_s=4$s，并近似认为导叶开度 τ 随时间呈直线变化，要求对 3 号机组进行调节保证计算。

(2) 当 3 号机组的负荷由 $0.7P_{max}$ 增至 P_{max} 时，$\tau_0=0.7$，$\tau_t=1$，即导叶突然开启，试进行水锤压力相对降低值的计算。

(3) 绘制水锤压力沿管线的分布图。

解： 依题意，采用截肢法进行分岔管水锤的简化计算。

1. 水锤压力计算

(1) 3 号机组丢弃全负荷时水锤压强的计算。

1) 计算 ΣLV 值及等价流速 V_m，成果见表 4-2。

表 4-2 $\sum L_i V_i$ 计 算 表

名 称	长度 L_i (m)	直径 D_i (m)	厚度 t_i (m)	流量 Q_i (m³/s)	面积 A_i (m²)	流速 (m/s)	$L_i V_i$ (m²/s)
隧洞段 AB	110.00	2.9	1.16	11.00	6.61	1.66	182.60
隧洞出口至 1 号岔管 BC	23.85	2.0	0.01	10.75	3.14	3.42	81.57
1 号岔管至 2 号岔管 CD	7.30	1.8	0.01	7.17	2.54	2.82	20.59
2 号岔管至 3 号岔管 DE	17.11	1.2	0.01	3.58	1.13	3.17	54.24
蝶阀后至进水蜗壳	2.50	1.0	0.01	3.58	0.785	4.56	11.40
蜗壳	6.67	1.0	0.01	3.58	0.785	4.56	30.42
尾水管	5.12	1.15	0.01	3.58	1.04	3.45	17.66
总计	172.55						398.48

等价流速 V_m 为各管段流速的加权平均，即：

$$V_m = \frac{L_1 V_1 + L_2 V_2 + L_3 V_3 + L_4 V_4 + L_5 V_5 + L_6 V_6 + L_7 V_7}{\sum L}$$

$$= \frac{398.48}{172.55} = 2.31 \text{(m/s)}$$

2) 等价波速计算。

水锤波在隧洞 AB 段的传播速度为：

$$a_1 = \frac{\sqrt{E_w \rho_w}}{\sqrt{1 + \frac{E_w D_0}{E_c t}}} = \frac{1435}{\sqrt{1 + \frac{E_w D_0}{E_c t}}}$$

水体弹性模量 $E_w = 2.1 \times 10^3$ MPa，混凝土弹性模量 $E_c = 2.1 \times 10^4$ MPa，隧洞直径 $D_0 = 2.9$ m，隧洞洞壁的计算厚度 $t = 1.16$ m，则：

$$a_1 = \frac{1435}{\sqrt{1 + \frac{2.1 \times 10^3}{2.1 \times 10^4} \times \frac{2.9}{1.16}}} = 1283 \text{ (m/s)}$$

水锤波在钢管 BC 段的传播速度为：

$$a_2 = \frac{1435}{\sqrt{1 + \frac{E_w D_0}{E t}}} = \frac{1435}{\sqrt{1 + \frac{2.1 \times 10^3}{2.1 \times 10^5} \times \frac{2.0}{0.01}}} = 828 \text{(m/s)}$$

水锤波在 CD 段的传播速度为：

$$a_3 = \frac{1435}{\sqrt{1 + \frac{2.1 \times 10^3}{2.1 \times 10^5} \times \frac{1.8}{0.01}}} = 858 \text{(m/s)}$$

水锤波在 DE 段的传播速度为：

$$a_4 = \frac{1435}{\sqrt{1 + \frac{2.1 \times 10^3}{2.1 \times 10^5} \times \frac{1.2}{0.01}}} = 968 \text{ (m/s)}$$

水锤波在蝶阀至蜗壳段的传播速度为：

4.5 机组调节保证计算

$$a_5 = \frac{1435}{\sqrt{1+\frac{2.1\times 10^3}{2.1\times 10^5}\times \frac{1.0}{0.01}}} = 1014 \text{(m/s)}$$

水锤波在蜗壳段的传播速度为：
$$a_6 = 1014 \text{(m/s)}$$

水锤波在尾水管的传播速度为：
$$a_7 = \frac{1435}{\sqrt{1+\frac{2.1\times 10^3}{2.1\times 10^5}\times \frac{1.15}{0.01}}} = 979 \text{(m/s)}$$

于是，等价波速为：
$$a_m = \frac{L}{\frac{110}{1238}+\frac{23.85}{828}+\frac{7.3}{858}+\frac{17.11}{968}+\frac{2.5}{1014}+\frac{6.67}{1014}+\frac{5.12}{979}}$$
$$= \frac{172.55}{0.086+0.0288+0.0085+0.0176+0.0025+0.0066+0.0052}$$
$$= 1113 \text{(m/s)}$$

3）水锤类型判别。

导叶有效关闭时间为：
$$T_{s1} = kT_s = 0.9 \times 4 = 3.6 \text{(s)}$$

而
$$t_r = \frac{2L}{a_m} = \frac{2\times 172.55}{1113} = 0.31 \text{(s)} < 3.6 \text{(s)}$$

故发生间接水锤。

4）计算水管特性系数。

最大静水头下：
$$\sigma_m = \frac{\sum LV_m}{gH_gT_{s1}} = \frac{172.55\times 2.31}{9.81\times 45\times 3.6} = 0.25$$
$$\rho_m = \frac{a_mV_m}{2gH_g} = \frac{1113\times 2.31}{2\times 9.81\times 45} = 2.91$$

最小静水头下：
$$\sigma_m = \frac{\sum LV_m}{gH_gT_{s1}} = \frac{172.55\times 2.31}{9.81\times 26\times 3.6} = 0.434$$
$$\rho_m = \frac{a_mV_m}{2gH_g} = \frac{1113\times 2.31}{2\times 9.81\times 26} = 5.04$$

5）水锤压力相对升高值的计算。

按上游为设计水位（电站最大静水头）作为计算工况。

当丢弃负荷时（$P_{\max} \to 0$），导叶初始开度 $\tau_0 = 1$。

$\rho_m\tau_0 = 2.91\times 1 > 1.0$，故发生极限水锤（或查图 4－9 可得相同结果）。

$$\xi_m = \frac{\sigma}{2}\times(\sqrt{\sigma^2+4}+\sigma) = \frac{0.25}{2}\times(\sqrt{0.25^2+4}+0.25) = 0.28$$

（2）水锤压力相对降低值的计算。按上游为死水位（电站最小静水头）作为计算工况。

1）当突然增加负荷时，按 $0.7P_{\max} \to P_{\max}$ 进行计算。因 $\tau_0 = 0.7$，所以 $\rho_m\tau_0 = 5.04\times$

$0.7=3.54>1.0$,故水锤压力降低发生在第末相。

于是 $\quad \eta_m = \dfrac{\sigma}{2}(\sqrt{\sigma^2+4}-\sigma) = \dfrac{0.434}{2} \times (\sqrt{0.434^2+4}-0.434) = 0.350$

$$\Delta H = -0.350 \times 26 = -9.100 \text{ (m)}$$

导叶前水锤压力相对降低值为:

$$\eta_b = \dfrac{L_1V+L_2V_2+L_3V_3+L_4V_4+L_5V_5+L_6V_6}{\sum L_iV_i} \times \eta_m = \dfrac{380.82}{398.48} \times 0.350 = 0.334$$

即 $\quad \Delta H = -0.334 \times 26 = -8.684 \text{ (m)}$

2) 按上游为死水位时丢弃全负荷为计算工况,求反水锤。

$\rho_m \tau_0 = 5.04 \times 1.0 = 5.04 > 1.0$,故发生极限水锤,则:

$$\xi_m = \dfrac{\sigma}{2} \times (\sqrt{\sigma^2+4}+\sigma) = \dfrac{0.434}{2} \times (\sqrt{0.434^2+4}+0.434) = 0.538$$

$$\Delta H = 0.538 \times 26 = 13.99 \text{ (m)}$$

反射系数 $r = \dfrac{1-\rho_m \tau_t}{1+\rho_m \tau_t} = \dfrac{1-5.04 \times 0.1}{1+5.04 \times 0.1} = 0.33 < 1$,说明反水锤为负水锤,其值为 $\Delta H = -0.33 \times 13.99 = -4.62 \text{(m)}$。与增加负荷时相比较,不会成为控制条件。

(3) 水锤压力沿管线的分布图(导叶关闭情况)。

1) 隧洞末端水锤压力升高值:

$$\xi_1 = \dfrac{L_1V_1}{\sum LV_m}\xi_m = \dfrac{182.60}{398.48} \times 0.28 = 0.128$$

$$\Delta H_1 = \xi_1 H_{\max} = 0.128 \times 45 = 5.76\text{(m)}$$

2) BC 段末端水锤压力升高值:

$$\xi_2 = \dfrac{L_1V_1+L_2V_2}{\sum LV_m}\xi_m = \dfrac{182.60+81.57}{398.48} \times 0.28 = 0.186$$

$$\Delta H_2 = \xi_2 H_{\max} = 0.186 \times 45 = 8.37\text{(m)}$$

3) CD 段末端水锤压力升高值:

$$\xi_3 = \dfrac{L_1V_1+L_2V_2+L_3V_3}{\sum LV_m}\xi_m = \dfrac{284.76}{398.48} \times 0.28 = 0.200$$

$$\Delta H_3 = \xi_3 H_{\max} = 0.20 \times 45 = 9.00\text{(m)}$$

4) D 点至 3 号机组蝴蝶阀前水锤压力升高值:

$$\xi_4 = \dfrac{L_1V_1+L_2V_2+L_3V_3+L_4V_4}{\sum LV_m}\xi_m = \dfrac{339.00}{398.48} \times 0.28 = 0.238$$

$$\Delta H_4 = \xi_4 H_{\max} = 0.238 \times 45 = 10.71\text{(m)}$$

5) 导叶前水锤压力升高值:

$$\xi_5 = \dfrac{L_1V_1+L_2V_2+L_3V_3+L_4V_4+L_5V_5}{\sum LV_m}\xi_m = \dfrac{350.40}{398.48} \times 0.28 = 0.246$$

$$\Delta H_5 = \xi_5 H_{\max} = 0.246 \times 45 = 11.07\text{(m)}$$

6) 尾水管出口压力降低值:

$$\eta_d = \dfrac{L_dV_d}{\sum LV_m}\xi_m = \dfrac{17.66}{398.48} \times 0.28 = 0.0124$$

$$H_a = H_s + \eta_d H_{max} + \frac{V_d^2}{2g} = 1.47 + 0.0124 \times 45 + \frac{3.45^2}{2 \times 9.81} = 2.36(m) < 8(m) \text{ 满足要求}。$$

水锤压力沿管线分布如图 4-20 所示。

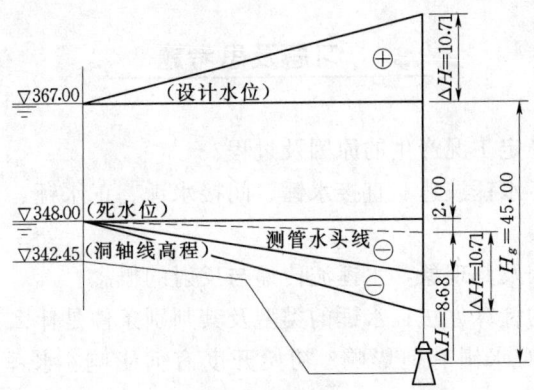

图 4-20 水锤压力沿管线的分布（单位：m）

绘制水锤压力沿管线分布时，应按电站上游为死水位 348.00m、阀们开启终了后压力管线在恒定流时的测压管水头线以下绘制负水锤压力分布曲线，以检验压力管道是否会产生真空。

2. 转速变化率 β 的计算

已知水轮机额定功率 $P=1064kW$，机组额定转速 $n_r=600r/min$，机组转动惯量 $GD^2=4.2kN\cdot m^2$，导叶有效关闭时间 $T_{s1}=kT_s=0.9\times4=3.6s$。水锤修正系数 f 取 1.38。

按列宁格勒金属工厂公式计算转速变化率 β，则：

$$\beta = \sqrt{1 + \frac{365PT_{s1}f}{n_0^2 GD^2}} - 1$$

$$= \sqrt{1 + \frac{365 \times 1064 \times 3.6 \times 1.38}{4.2 \times 600^2}} - 1 = 0.51$$

计算结果检验：　　　　$\xi_m=0.28$；$[\xi]=0.5$；$\xi_m<[\xi]$

$\beta=0.51$；$[\beta]=0.55$；$\beta<[\beta]$

ξ 值和 η 值均在允许的范围内，故满足调节保证计算的要求。

小　结

本章主要介绍了水电站的水锤及其传播过程、水锤连锁方程及其边界条件、简单管道水锤判别及其计算、复杂管道水锤的简化计算、机组调节保证计算等。在学习过程中应着重掌握以下几点：

(1) 水锤产生原因及传播过程。

(2) 研究水锤的目的。

(3) 直接水锤和间接水锤类型的判别及计算。

(4) 导叶开度变化对水锤的影响。

(5) 水锤压力沿管线的分布。
(6) 复杂管道水锤的简化计算方法。
(7) 调节保证的计算条件及减少水锤压力的措施。

习题及思考题

1. 简述水电站不稳定工况产生的原因及过程？
2. 解释下列名词：水锤波速、直接水锤、间接水锤、正水锤、负水锤、第一相水锤、极限水锤。
3. 产生水锤的原因及其现象，水锤波传递与反射的概念。
4. 简单管的水锤的计算方法；水锤的类型及其判别条件是什么？
5. 阀门关闭规律对水锤有何影响？初始开度有何影响？水锤压力升高沿管线如何分布？
6. 复杂管路水锤计算的简化原则和计算方法？
7. 调节保证计算任务和目的是什么？
8. 改善调节保证的措施有哪些？

第5章 调 压 室

5.1 调压室的功用、要求及设置条件

5.1.1 调压室的功用

调压室是指在较长的压力引水（尾水）道与压力管道之间修建的，用以降低压力管道的水锤压力和改善机组运行条件的水电站建筑物。调压室的断面面积比压力引水（尾水）道大，且具有自由水面（除气垫式调压室外），属于水电站的平水建筑物。

调压室的功用可归纳为以下三点：

（1）反射水锤波，基本上避免或减小压力管道传来的水锤波进入压力引水道。

（2）缩短压力管道的长度，即可减小压力管道及厂房过流部分中的水锤压力。

（3）改善机组在负荷变化时的运行条件。调压室有一定的容量，离厂房较近，机组负荷变化时能迅速补充或存蓄一定水量，有利于机组的稳定运行，从而改善电站的供电质量。

按照人们的习惯，调压室的大部分或全部设置在地面以上的称为调压塔；调压室的大部分埋在地面以下的称为调压井。

5.1.2 调压室的基本要求

根据调压室的功用，调压室应满足以下基本要求：

（1）调压室应尽量靠近厂房，以缩短压力管道的长度。

（2）能较充分地反射压力管道传来的水锤波。调压室对水锤波的反射越充分，越能减小压力管道和引水道中的水锤压力。

（3）调压室的工作必须是稳定的。在负荷变化时，引水道及调压室水体的波动应能迅速衰减，达到新的稳定状态。

（4）正常运行时，调压室底部的水头损失要小，即调压室底部和压力管道连接处应具有较小的断面积。

（5）工程安全可靠，施工简单方便，造价经济合理。

上述各项要求之间会存在一定程度的矛盾，必须根据具体情况统筹考虑各项要求，进行全面的分析比较加以确定。

5.1.3 调压室的设置条件

在有压引水道中设置调压室后，一方面使有压引水道基本上避免了水锤压力的影响，减小了压力管道中的水锤压力，改善了机组的运行条件，从而减少了它们的造价；但另一方面却增加了设置调压室的造价。因此是否需要设置调压室，应在机组调节保证计算和运行条件分析的基础上，考虑水电站在电力系统中的作用、地形及地质条件、压力水道的布

置等因素，进行技术经济比较后加以确定。

1. 设置上游调压室的条件

根据我国《水电站调压室设计规范》（DL/T 5058—1996）的要求，设置上游调压室的条件是：

$$T_w = \frac{\sum L_i V_i}{g H_d} > [T_w] \quad (5-1)$$

式中 T_w——压力水道中水流惯性时间常数，s，T_w 的物理意义是在水头 H_d 作用下，不计水头损失时，管道内水流的流速从 0 增大到 V 所需的时间；

L_i——压力水道及蜗壳和尾水管（无下游调压室时应包括压力尾水道）各分段的长度，m；

V_i——各分段内相应的流速，m/s；

H_d——设计水头，m；

$[T_w]$——T_w 的允许值，一般取 2~4s，$[T_w]$ 的取值与电站容量在电力系统中所占的比重有关。

我国的调压室设计规范规定如下：

(1) 水电站单独运行或其容量在电力系统中所占的比重超过 50% 时，$[T_w]$=1.5~2.0。

(2) 水电站容量在电力系统中所占的比重为 50%~20% 时，$[T_w]$=2.5~3.5s。

(3) 水电站容量在电力系统中所占的比重小于 20% 时，$[T_w]$=3.5~5.0s。

2. 设置下游调压室的条件

下游调压室的功用是缩短尾水道的长度，减小甩负荷时尾水管中的真空度，防止液柱分离。设置下游调压室的条件是以尾水管内不产生液柱分离为前提，其设置条件是：

$$L_w > \frac{5 T_s}{V_{w0}} \left(8 - \frac{Z_s}{900} - \frac{V_{wj}^2}{2g} - H_s \right) \quad (5-2)$$

式中 L_w——压力尾水道的长度，m；

T_s——水轮机导叶关闭时间，s；

V_{w0}——稳定运行时压力尾水道中的流速，m/s；

V_{wj}——水轮机转轮后尾水管入口处的流速，m/s；

H_s——水轮机的吸出高度，m；

Z_s——机组安装高程，m。

最终通过调节保证计算，当机组丢弃全负荷时，尾水管内的最大真空度不宜大于 $8mH_2O$。高海拔地区应作高程修正：

$$H_V = \Delta H - H_s - \phi \frac{V_{wj}^2}{2g} > - \left(8 - \frac{Z_s}{900} \right) (m) \quad (5-3)$$

式中 H_V——尾水管内的绝对压力水头，m；

ΔH——尾水管入口处的水锤值，m；

ϕ——考虑最大水锤真空与流速水头真空最大值之间相位差的系数。对于末相水锤 $\phi=0.5$；对于第一相水锤，$\phi=1.0$。

5.2 调压室的工作原理和基本方程

5.2.1 调压室的工作原理

引水系统中设置调压室后，将引起两种性质不同而又相互联系的非恒定流现象。一种是压力管道的水锤现象，另一种是"压力引水道—调压室"系统的水位波动现象。

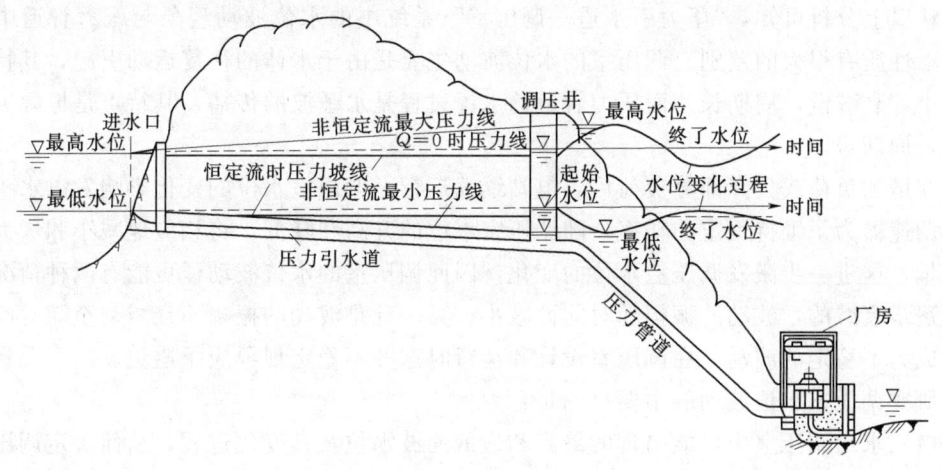

图 5-1 调压室工作原理示意图

图 5-1 为一设有调压室的引水系统。当水电站以某一额定功率运行时，水轮机和整个引水系统的引用流量均为 Q_r，并处于恒定流状态。此时调压室水位比上游水库水位低 h_{w0}（h_{w0} 为通过 Q_r 时，压力引水道的水头损失）。

当电站丢弃全部负荷时，压力管道中发生水锤现象，管中水流经过短暂时间后停止流动，与"压力引水道—调压室"系统中的水流变化周期相比，可认为压力管道中的水流是突然停止的。此时，压力引水道中的水流由于惯性作用仍以原来的流速继续流向调压室，引起调压室水位升高，引水道两端的水位差随之减小，流速逐渐减缓。当调压室的水位达到水库水位时，引水道两端的水位差等于零，但由于引水道中水流的惯性作用仍继续流向调压室，使调压室水位继续升高，直至引水道中的流速等于零时，调压室水位上升到最高点，称为最高涌波水位。由于此时调压室的水位高于水库水位，在引水道的始末又形成新的水位差，调压室中的水流开始流向水库，即形成了反向流动，调压室的水位开始下降。当调压室水位降到库水位时，引水道始末两端的压力差又等于零，但由于惯性作用，水位继续下降，直至引水道的流速减到零时，调压室水位降低到最低点。此后引水道—调压室中的水流又重复上述的运动过程，调压室水位也不断上下波动。由于压力引水道—调压室系统存在摩阻，运动水体的能量逐渐消耗，波动逐渐衰减，最后调压室水位稳定在水库水位。

当水电站增加负荷时，水轮机引用流量加大，由于引水道中水流的惯性作用，流量不能立即加大以满足负荷变化的需要，需由调压室首先补充流量，从而引起调压室水位下降，调压室与水库间形成新的水位差，使引水道的水流流速增大，流量也逐渐增加，由调压室补充的流量逐渐减少。当引水道中的流量等于负荷增加后水轮机所需的流量时，调压室的水位降到最低点，称为最低涌波水位。由于此时调压室与水库的水位差增大，引水道中流量继续增加，超过水轮机的需要，因而调压室水位又开始回升，达到某一高度后又开始下降，这样就形成了调压室水位的上下波动。由于能量的消耗，波动逐渐衰减，最后稳定在一个新的运行水位。新的运行水位与水库水位之差等于引水道通过水轮机增加负荷后所需引用流量的水头损失。

从以上分析可知，"压力引水道—调压室"系统中的水位波动现象与压力管道中的水锤波动性质有很大的差别。调压室的水位波动主要是由于水体的往复运动引起，其特点是振幅小，衰减慢，周期长。而压力管道的水锤过程是水锤波的传播，其特点是振幅大，衰减快，周期短。

在增加负荷或丢弃部分负荷后，电站继续运行，调压室水位的变化影响发电水头的大小，调速器为了维持恒定的功率，随调压室水位的升高和降低，将相应地减小和增大水轮机流量，这进一步激发调压室水位的变化。因此调压室的水位波动，可能有两种情况：一种是逐步衰减的，波动的振幅随时间而减小；另一种是波动的振幅不衰减甚至随时间而增大，成为不稳定的波动，在调压室设计和运行时这种不稳定现象应予避免。

研究调压室水位波动的主要目的是：

（1）求出调压室中可能出现的最高和最低涌波水位及其变化过程，从而决定调压室的高度和引水道的设计内水压力及布置高程。

（2）根据波动稳定的要求，确定调压室所需的最小稳定断面。

5.2.2 调压室水位波动的基本方程

图 5-2 为一具有调压室的有压引水系统示意图。当水轮机引用流量 Q 保持不变，引水道中的流速 V 和调压室中的水位 Z 均为固定值时，引水系统为恒定流。当水轮机引用流量 Q 发生变化时，调压室中的水位及引水道中的流速均发生变化，水流为非恒定流，此时引水道中的流速 V 和调压室的水位 Z 均为时间 t 的函数。

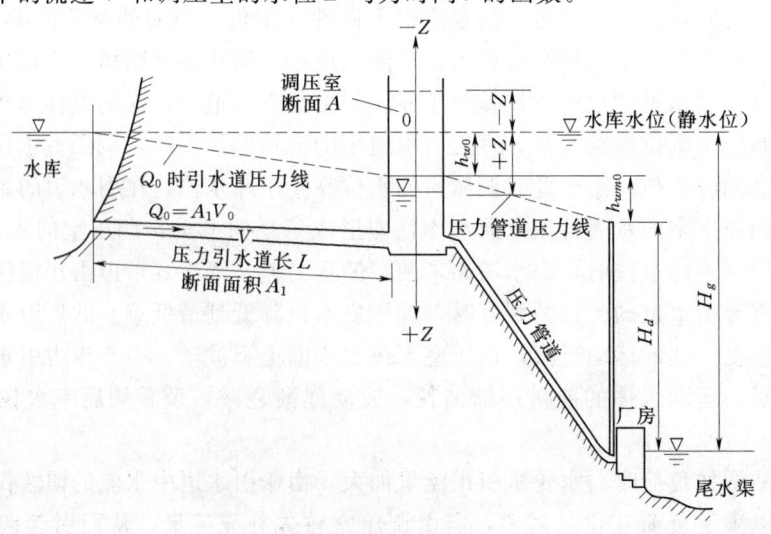

图 5-2 有压引水系统示意图

1. 连续方程

根据水流连续性定律，水轮机在任何时刻所需要的流量 Q 由两部分组成，分别是来自引水道的流量和调压室的流量，即：

$$Q = A_1 V + A \frac{\mathrm{d}Z}{\mathrm{d}t} \tag{5-4}$$

式中　A——调压室断面面积，m^2；

　　　A_1——压力引水道的横断面面积，m^2；

　　　V——压力引水道的水流流速，m/s，以流向调压室为正；

　　　Z——库水位与调压室水位的差值，m，以库水位为基准，向下为正；

　　　$\frac{\mathrm{d}Z}{\mathrm{d}t}$——调压室中水位变化速度，m/s。

2. 动力方程

在非恒定流情况下，如果不考虑引水道和水体的弹性，根据牛顿第二定律，引水道中水体质量与其加速度的乘积等于该水体所受的力（忽略调压室中水体的惯性），即：

$$LA_1 \frac{\rho_w g}{g} \frac{\mathrm{d}V}{\mathrm{d}t} = A_1 \rho_w g (Z - h_w)$$

由此可得水流在任一瞬时的动力方程：

$$Z = h_w + \frac{L}{g} \frac{\mathrm{d}V}{\mathrm{d}t} \tag{5-5}$$

式中　L——压力引水道的长度，m；

　　　h_w——压力引水道通过流量 Q 时的水头损失，m。

3. 等功率方程

由于调压室的水位波动引起水轮机水头和功率的变化，而机组的负荷不变，因此水轮机调速系统必须随着水头的变化相应地改变水轮机的引用流量，以适应负荷不变的要求。设下标 0 表示波动前的物理量，如调压室水位发生一微小变化 z，调速器使水轮机流量相应改变一微小数值 q，此时压力管道的水头损失为 h_{wm}，则：

$$\rho_w g Q_0 (H_g - h_{w0} - h_{wm0}) \eta_0 = \rho_w g (Q_0 + q)(H_g - h_{w0} - h_{wm} - z) \eta$$

当水轮机的水头和流量变化不大时，可假定机组效率保持不变，由此得等功率方程：

$$Q_0 (H_g - h_{w0} - h_{wm0}) = (Q_0 + q)(H_g - h_{w0} - h_{wm} - z) \tag{5-6}$$

式中　H_g——水电站的静水头，m；

　　　h_{w0}——压力引水道通过流量 Q_0 时的水头损失值，m；

　　　h_{wm0}——压力管道通过流量 Q_0 时的水头损失值，m；

　　　h_{wm}——压力管道通过流量 $Q_0 + q$ 时的水头损失值，m。

上述式（5-4）、式（5-5）、式（5-6）是调压室水位波动的基本方程式。

5.3　调压室的基本类型

5.3.1　调压室的基本布置方式

根据调压室与厂房相对位置的不同，调压室的布置有四种基本方式。

1. 上游调压室（引水调压室）

调压室设置在厂房上游的压力引水道上，如图 5-3 (a) 所示，这种布置方式适用于厂房上游压力引水道比较长的情况，应用也最广泛。本章主要介绍这种布置方式的调压室。

2. 下游调压室（尾水调压室）

调压室设置在厂房下游的压力尾水道上，如图 5-3 (b) 所示，这种布置方式适用于厂房下游具有较长的压力尾水道时，需要减小压力尾水道的水锤压力，特别是防止丢弃负荷时压力尾水道产生过大的负水锤，因此尾水调压室应尽可能地靠近厂房。

下游调压室的水位变化过程，正好与上游调压室相反。当丢弃负荷时，水轮机流量减小，调压室需要向压力尾水道补充水量，因此水位首先下降，达到最低点后再开始回升；在增加负荷时，尾水调压室水位首先开始上升，达到最高点后再开始下降。在电站正常运行时，调压室的稳定水位高于下游水位，其差值等于压力尾水道中的水头损失。

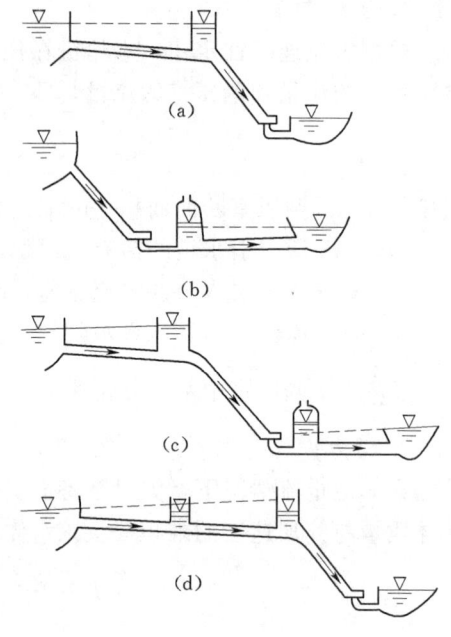

图 5-3 调压室的布置方式

3. 上下游双调压室系统

由于布置上的原因，有些地下式水电站厂房的上下游都有较长的压力水道，为了减小水锤压力，改善机组的运行条件，在厂房的上下游均设置调压室而成为双调压室系统，如图 5-3 (c) 所示。当丢弃全部负荷时，上、下游调压室的工作互不影响，可分别求出最高和最低水位。当增加负荷或丢弃部分负荷时，水轮机的流量发生变化，两个调压室的水位都将发生变化，而任一调压室的水位变化，都将引起水轮机流量新的改变，从而影响到另一个调压室的水位变化。由于两个调压室的水位变化是相互制约的，使得整个引水系统的水力现象大为复杂，特别是当压力引水道和压力尾水道的特性接近时，可能发生共振。因此设计时不能只限于推求波动的第一振幅，而应求出波动的全过程，研究波动的衰退情况。

4. 上游双调压室系统

当上游压力引水道较长时，也可设置两个调压室，如图 5-3 (d) 所示。靠近厂房的调压室对于反射水锤波起主导作用，称为主调压室；靠近上游水库的调压室用以反射越过主调压室的水锤波，改善引水道的工作条件，帮助主调压室衰减引水系统的波动，称为辅助调压室。辅助调压室愈接近主调压室，所起的作用愈大，反之，愈向上游其作用愈小。引水系统水位波动的衰减由两个调压室共同承担，增加一个调压室的断面可以减小另一个调压室的断面，但两个调压室的断面之和总是大于只设一个调压室的断面积。如果压力引水道中有施工竖井可以利用，采用双调压室可能是经济的。辅助调压室常因电站扩建或电站运行条件改变，原有调压室容积不够而增设；或因结构、地质等原因，采用设置辅助调

5.3 调压室的基本类型

压室以减小主调压室的尺寸。

上游双调压室系统的水位波动是非常复杂的，相互制约和诱发的作用很大，整个波动并不成简单的正弦曲线。因此，应合理选择两个调压室的位置和断面，使引水系统的水位波动能较快地衰减并稳定。

5.3.2 调压室的基本类型

根据调压室水力条件和结构型式的不同，调压室有以下几种基本类型。

1. 简单圆筒式调压室

如图 5-4 (a) 所示，简单圆筒式调压室的特点是自上而下具有相同的断面，结构简单，反射水锤波的效果好。但在正常运行时压力引水道与调压室的连接处水头损失较大；水位波动的振幅较大，衰减较慢，所需调压室的容积较大。为克服上述缺点，可采用有连接管的圆筒式调压室。简单圆筒式调压室一般适用于低水头、小容量的水电站。

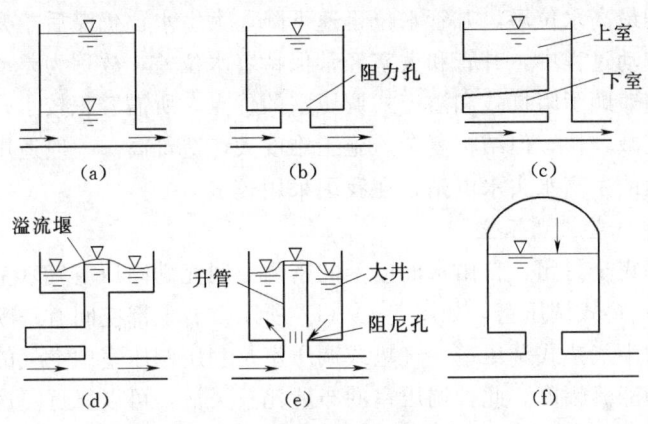

图 5-4 调压室的基本类型

2. 阻抗式调压室

将简单圆筒式调压室的底部收缩成孔口或与断面小于压力引水道的短管相连接，即成为阻抗式调压室，如图 5-4 (b) 所示。与简单圆筒式调压室相比，由于进出调压室的水流受阻抗的作用，使波动的振幅小、衰减快，在同等条件下所需断面较小，同时正常运行时水头损失小。但由于阻抗的存在，反射水锤波的效果较差，压力引水道可能受到水锤的影响。通常，阻抗孔的面积不小于压力引水道面积的 15%，但也不宜大于 50%，以免降低阻抗孔的作用。阻抗式调压室一般适用于压力引水道较短的中、低水头水电站。

3. 水室式调压室

水室式调压室是由一个断面较小的竖井和上下两个断面扩大的储水室组成，如图 5-4 (c) 所示。实际工程中采用竖井与上室组合的较多，而完全用双室的实例较少，故称为水室式。正常运行时，调压室中的水位处于上、下室之间。丢弃负荷时竖井中水位迅速上升，一旦进入上室时，水位上升的速度立即放慢，从而减小波动振幅。增加负荷时，水位迅速下降至下室，并由下室补充不足的水量，从而限制了水位的下降。上下室限制了水位波动的振幅，且室水位波动快，衰减快，所需容积小，反射水锤波的效果较好。水室式调压室适用于水头较高和水库工作深度较大的水电站。

4. 溢流式调压室

溢流式调压室的顶部设有溢流堰，如图 5-4（d）所示。当丢弃负荷时，调压室水位迅速上升，达到溢流堰顶后开始溢流，限制了水位的进一步升高，具有水位波动振幅小及衰减快的优点，有利于机组的稳定运行。溢出的水量，可以设上室加以储存，也可排至下游。溢流式调压室适用于在调压室附近可经济安全地布置泄水道的电站。

5. 差动式调压室

差动式调压室由两个直径不同的同心圆筒组成，如图 5-4（e）所示。外圆筒直径较大称为大室，起储水及保证稳定的作用，其断面由波动稳定条件控制。内圆筒直径较小，上有溢流口，称为升管，其底部以阻抗孔口与大室相通。

正常运行时，大室与升管水位齐平；丢弃负荷时，由于阻抗孔的影响，升管水位迅速上升，大室水位上升缓慢，升管向大室溢流后，大室水位开始迅速上升；当大室水位和升管水位齐平并达到最高水位后，升管水位迅速下降，大室水位仍滞后于升管水位而缓慢下降。由于在水位波动过程中，升管和大室经常保持着水位差，故称为差动式调压室。

差动式调压室兼顾了阻抗式和溢流式调压室的优点，所需容积较小，反射水锤波的条件好，水位波动衰减较快，但结构复杂，施工难度大，造价高。一般适用于地形和地质条件不允许扩大断面的中高水头水电站，在我国采用较多。

6. 气垫式或半气垫式调压室

将调压室顶部完全封闭，自由水面以上的密闭空间充满高压空气（室内水面气压高于大气压力），称为气垫式调压室，如图 5-4（f）所示。若上部空间有一断面不大的通气孔与大气相通，称为半气垫式调压室。气垫式调压室是利用调压室中空气的压缩和膨胀，来减小调压室水位的涨落幅度。此种调压室的布置比较灵活，可以靠近厂房，反射水锤波比较充分，减小水锤压力，对电站运行有利。但水位波动稳定性较差，需要较大的调压室稳定断面和容积，对地质条件要求高，还需配置压缩空气机以定期对空气室补气，增加了投资和运行费用。这种调压室适用于高水头地下引水式水电站，或在表层地形地质条件不适于做常规调压室或通气竖井较长时，可考虑采用。

5.4 调压室水位波动的计算

调压室水位波动计算的目的，是求出最高涌波水位和最低涌波水位及水位变化过程，从而确定调压室的顶部和底部高程及压力管道的进口高程。

调压室水位波动计算常用的方法有解析法、逐步积分法和电算法。解析法较为简便，可用公式直接求出最高和最低涌波水位，但引入的假定较多，精度较差，且不能求出波动的全过程，常用于可研阶段或初设阶段初步确定调压室的尺寸。逐步积分法是通过逐时段计算求出最高和最低涌波水位以及波动的全过程，一般用于技施设计阶段。电算法是应用计算机将调压室的水位波动、压力管道的水锤压力及机组速率变化联合起来计算，对调压室的水位波动进行较详细的分析，目前已有专门的电算程序。本节主要介绍解析法。

5.4.1 调压室水位波动计算的解析法

下面主要依据《水电站调压室设计规范》（DL/T 5058—1996），进行调压室水位波动的计算。这里仅介绍简单圆筒式和阻抗式调压室,其他型式的调压室可参考规范或设计手册。

1. 简单圆筒式调压室

(1) 丢弃全负荷情况。当水电站在瞬时丢弃全部负荷时,水流涌向调压室,一般按水库最高设计水位计算调压室水位波动的最高涌波。但对于简单圆筒式调压室,因波动衰减缓慢,丢弃全负荷后的第二振幅有可能低于增加负荷时的最低涌波水位值,故需进行最低设计水位时,丢弃全负荷的第二振幅值的验算。

1) 丢弃全负荷时的最高涌波水位 Z_{max}。根据《水电站调压室设计规范》(DL/T 5058—1996) 规定,最高涌波水位 Z_{max} 由式 (5-7) 计算:

$$X_0 = \ln(1 + X_{max}) + X_{max} \tag{5-7}$$

$$X_0 = \frac{h_{w0}}{\lambda}; \quad X_{max} = \frac{Z_{max}}{\lambda}; \quad \lambda = \frac{LA_1 V_0^2}{2gAh_{w0}}$$

式中　L——压力引水道长度,m;

A_1——压力引水道断面面积,m^2;

A——调压室断面面积,m^2;

h_{w0}——流量为 Q 时(在丢弃负荷前),上游库水位与调压室水位之差,等于压力引水道沿程和局部水头损失之和再加上相应的流速水头,计算时应用可能的最小糙率计算水头损失,m;

V_0——对应于 Q 时压力引水道的流速,m/s。

最高涌波水位 Z_{max} 值亦可由图 5-5 中曲线 A,根据 X_0 查出 X_{max},算出 Z_{max}。

2) 丢弃全负荷时的第二振幅 Z_2。第二振幅 Z_2 可由式 (5-8) 计算:

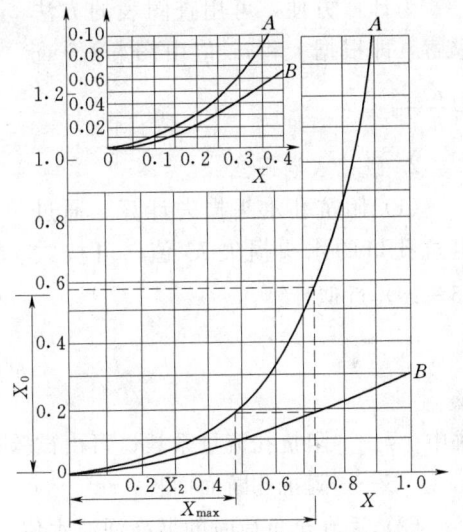

图 5-5　丢弃负荷时简单式调压室最高涌波计算图

$$X_{max} + \ln(1 - X_{max}) = \ln(1 - X_2) + X_2 \tag{5-8}$$

$$Z_2 = \lambda X_2$$

X_2 值也可从图 5-5 中曲线 A、B 求得。根据已知 X_{max} 或 X_0 求 Z_2 值,即沿横坐标轴线找出相应的 X_{max} 值,并引垂线与曲线 B 相交,再由该交点引水平线与曲线 A 相交,其交点的横坐标值即 X_2 的数值,λX_2 即 Z_2 值。应用时应注意 X_{max} 与 X_2 的符号,前者为负,后者为正。

(2) 增加负荷时的最低涌波水位 Z_{min}。最低涌波水位 Z_{min} 可按式 (5-9) 计算:

$$\frac{Z_{min}}{h_{w0}} = X_{min} = 1 + \left(\sqrt{\varepsilon - 0.275\sqrt{m'}} + \frac{0.05}{\varepsilon} - 0.9\right)(1 - m')\left(1 - \frac{m'}{\varepsilon^{0.62}}\right) \tag{5-9}$$

$$\varepsilon = \frac{LA_1 V_0^2}{gAh_{w0}^2}; \quad m' = \frac{Q}{Q_r}$$

式中 ε——无因次系数，表示压力引水道—调压室系统的特性；
 Q——增加负荷前引水道中的流量，m^3/s；
 Q_r——增加负荷后引水道中的流量，一般为机组额定流量，m^3/s；
 m'——负荷系数，$m'<1$ 值应根据电站在系统内所担负的任务决定，一般在初步设计阶段可按上游水库最低设计水位时，其他机组均已满载运行，最后一台机组（并不得小于电站总容量的1/3）投入运行的情况作为设计情况。

增加负荷时应用可能的最大糙率计算水头损失。

为计算方便，可用查图表的方法求解，即根据 ε 和 m' 值由图 5-6 查得 $\dfrac{Z_{\min}}{h_{w0}}$。

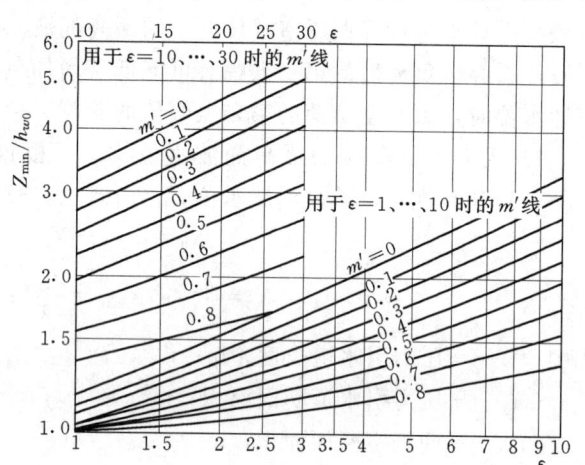

图 5-6 增加负荷时简单式、阻抗式调压室最低涌波水位计算图

2. 阻抗式调压室

（1）阻抗孔水头损失计算。通过阻抗孔口的水头损失 h_c 值，可按式 (5-10) 近似计算：

$$h_c = \frac{1}{2g}\left(\frac{Q}{\phi S}\right)^2 \quad (5-10)$$

式中 ϕ——阻抗孔流量系数，可由试验得出，初步计算时可在 0.60～0.80 选用；
 S——阻抗孔断面面积，m^2。

（2）丢弃全负荷时的最高涌波水位。

当 $\lambda' h_{c0} < 1$ 时，按式 (5-11) 计算：

$$(1+\lambda' Z_{\max}) - \ln(1+\lambda' Z_{\max}) = (1+\lambda' h_{w0}) - \ln(1-\lambda' h_{c0}) \quad (5-11)$$

当 $\lambda' h_{c0} > 1$ 时，按式 (5-12) 计算：

$$(\lambda'|Z_{\max}|-1) + \ln(\lambda'|Z_{\max}|-1) = \ln(\lambda' h_{c0}-1) - (\lambda' h_{w0}+1) \quad (5-12)$$

$$\lambda' = \frac{2gA(h_{w0}+h_{c0})}{LA_1 V_0^2}$$

式中 h_{c0}——全部流量通过阻抗孔时的水头损失，m；
其他符号意义同前。

（3）增加负荷时的最低涌波水位。当阻抗孔尺寸满足公式 $\eta = \dfrac{h_{c0}}{h_{w0}} = \dfrac{X_{\min}-(m')^2}{(1-m')^2}$，即最合适的尺寸时，可按式 (5-13) 近似地计算最低涌波水位值：

$$\frac{Z_{\min}}{h_{w0}} = X_{\min} = 1 + \left(\sqrt{0.5\varepsilon} - 0.275\sqrt{m'} + \frac{0.1}{\varepsilon} - 0.9\right)(1-m')\left(1-\frac{m'}{0.65\varepsilon^{0.62}}\right) \quad (5-13)$$

式中符号意义同前。

5.4.2 差分法的基本原理

差分法是在已拟定调压室尺寸的基础上用逐步积分进行的计算，适用于各种类型的调压室，是设计中常用的方法。下面扼要介绍简单圆筒式调压室水位波动计算的差分法原理。

1. 基本原理

将基本方程中导数 $\dfrac{dZ}{dt}$ 和 $\dfrac{dV}{dt}$ 用有限差的比值 $\dfrac{\Delta Z}{\Delta t}$ 和 $\dfrac{\Delta V}{\Delta t}$ 代替，则连续方程式 (5-4) 和动力方程式 (5-5) 变换为：

$$\Delta Z = \frac{1}{A}(Q - A_1 V)\Delta t \tag{5-14}$$

$$\Delta V = \frac{g}{L}(Z - h_w)\Delta t \tag{5-15}$$

令 $K = \dfrac{Q}{A}\Delta t$，$\alpha = \dfrac{A_1}{A}\Delta t$，$\beta = \dfrac{g}{L}\Delta t$，代入式 (5-14)、式 (5-15) 得：

$$\Delta Z = K - \alpha V \tag{5-16}$$

$$\Delta V = \beta(Z - h_w) \tag{5-17}$$

水头损失 $h_w = \dfrac{LV^2}{C^2 R} + \Sigma \zeta \dfrac{V^2}{2g} + \dfrac{V^2}{2g}$，包括从进水口到调压室的全部沿程和局部损失及调压室底部流速水头损失。式中 C 和 R 分别为压力引水道的谢才系数及水力半径。

计算时间 Δt 选定后，K、α、β 均为已知数。Δt 的选择关系到计算结果的精度，通常取 $\Delta t = \dfrac{T}{30} \sim \dfrac{T}{25}$，$T$ 为水位波动的理论周期，可近似取 $T = \dfrac{2\pi}{\omega} = 2\pi\sqrt{\dfrac{LA}{gA_1}}$。

2. 差分法计算的基本假定

(1) 由于 Δt 很小，所以假定在 Δt 的过程中，调压室水位 Z 和压力引水道流速 V 保持不变，而在时段末发生突变，即 Z 和 V 为阶梯式变化。

(2) 在一个时段 Δt 内，规定流速 V 和水位 Z 采用起始瞬时的数值计算。

3. 计算步骤

确定计算情况，选择 Δt，求出 K、α、β，以压力引水道的 V_0 代入式 (5-16)，可求出第一时段末的调压室水位变量 ΔZ_1；以 $\Delta Z_1 = Z_1 - h_{w0}$ 代入式 (5-17)，求出第一时段压力引水道的流速变量 ΔV_1。然后令 $V_1 = V_0 - \Delta V_1$ 代入式 (5-16)，可求出第二时段末的调压室水位变量 ΔZ_2，再由式 (5-17) 求出第二时段压力引水道的流速变量 ΔV_2。依此类推下去，可求出调压室的整个波动过程。

上述步骤可由计算机完成，也可由图解进行。

4. 用差分原理求解调压室水位波动的计算

目前，用差分法求解调压室水位波动已有专门的计算程序。因篇幅所限，这里不再介绍，读者可参阅有关书籍。

5.5 调压室水位波动的稳定问题

水电站有压引水系统设置调压室后,当电站负荷变化时,在"压力引水道—调压室"系统中出现了与水锤波的性质完全不同的水位波动,从而提出了"压力引水道—调压室"系统的波动稳定问题,简称"调压室水位波动的稳定问题"。

在水电站正常运行时,调压室水位因种种原因发生变化,影响着水轮机的水头(即水轮机的水头发生变化),但电力系统要求功率保持固定,调速器为了保持功率不变,必须相应地改变水轮机的流量,而水轮机流量的改变,又反过来激发调压室水位的波动。如调压室水位下降,水轮机的水头减小,为了保持功率不变,调速器自动地加大了导叶的开度,使水轮机引用流量增大,但流量的增加,又激发起调压室水位新的下降,这种互相激发的作用,可能使调压室的波动逐渐增大,而不是逐渐衰减。因此,调压室的波动可能有两种:一种是动力不稳定的,即波动振幅随时间逐渐增大;一种是动力稳定的,即波动的振幅随时间逐渐衰减或最后趋近于一个常数。在设计调压室时,不仅要求波动是稳定的,而且必须是衰减的,以保证电站稳定运行。

5.5.1 小波动稳定断面的计算

在调压室运行过程中,水位波动分为两种类型。一种是大波动,即电站发生大幅度的负荷变化,调压室中将发生较大的水位波动;另一种是小波动,即电站微小的负荷变化所造成的水位小幅度波动。

1910年,托马(Thoma)教授对德国汉堡水电站发生的调压室波动不稳定现象进行了研究,并提出了波动稳定的条件。在研究过程中,假定调压室为简单圆筒式,波动为无限小,调速器严格保证机组的功率为常数,电站单独运行,机组效率保持不变。

据此托马教授导出了保证小波动稳定的条件。

(1) 保证波动稳定衰减的一个必要条件是调压室断面面积 A 大于托马临界稳定断面面积 A_{th},即:

$$A > A_{th} = \frac{LA_1}{2\alpha g(H_g - h_{w0} - 3h_{wm0})} \quad (5-18)$$

式中　A_{th}——托马临界稳定断面面积,m^2;

　　　L——压力引水道长度,m;

　　　A_1——压力引水道断面面积,m^2;

　　　H_g——发电最小静水头,m;

　　　h_{w0}——压力引水道水头损失,m;

　　　h_{wm0}——压力管道水头损失,m;

　　　α——自水库至调压室的水头损失系数,$\alpha = \frac{h_{w0}}{V^2}$(包括局部水头损失与沿程摩擦水头损失),$s^2/m$;

　　　V——压力引水道的流速,m/s。

实际工程应用时,调压室的稳定断面可根据电站在电力系统中的地位及机电设备性能

5.5 调压室水位波动的稳定问题

等因素,用托马断面面积 A_{th} 乘以系数 K 来确定,通常取 $K=1.0\sim1.1$。

(2) 压力引水道和压力管道水头损失之和必须小于水电站静水头的 1/3,即:

$$h_{w0}+h_{wm0}<\frac{1}{3}H_g \qquad (5-19)$$

实际工程中,水头损失占总水头的比重是很小的,这一条件通常均能满足。

差动式调压室是用大井和升管断面之和来保证波动稳定的;水室式调压室是用竖井断面来保证波动稳定的。

5.5.2 大波动的稳定条件

当调压室发生大波动时,托马稳定条件不能直接应用。比较实用的方法是先按托马临界断面初步确定调压室尺寸,然后利用逐步积分法求解。如应用电算法可求出各种可能工况下的波动过程,并分析水位波动是否稳定。

研究证明,如小波动的稳定性不能保证,则大波动必然不能衰减。为了保证大波动衰减,调压室的断面必须大于托马临界稳定断面,并有一定的安全余量,一般取 (1.0~1.1)A_{th}。

5.5.3 影响调压室波动稳定的因素

在推导托马稳定条件时对影响波动稳定的因素进行近似假定,显然没有考虑到的因素对调压室的波动稳定性也是有影响的。因此,设计时应对各种影响因素进行具体分析,以确保调压室运行的安全可靠。

1. 水电站水头的影响

从式 (5-18) 可知,水电站的水头愈高,托马稳定断面愈小,即波动稳定条件愈容易满足。因此,在选择调压室型式时,对中低水头水电站多采用断面较大的简单圆筒式和阻抗式调压室;对高水头水电站,要求的稳定断面较小,常受波动振幅控制,多采用水室式调压室。在计算调压室的稳定断面时应采用水电站在正常运行时可能出现的最低水头进行计算。

2. 调压室底部流速水头的影响

研究表明,对于有连接管的调压室,其底部的流速水头对波动稳定是有利的,流速水头的作用与水头损失相似,它相当于加大了摩阻损失,如图 5-7 所示。但对水轮机而言,并不减小水电站的有效水头。因此,托马临界稳定断面公式应修改为:

$$A_{th}=\frac{LA_1}{2g\left(\alpha+\frac{1}{2g}\right)\left(H_g-h_{w0}-3h_{wm0}+\frac{V^2}{2g}\right)} \qquad (5-20)$$

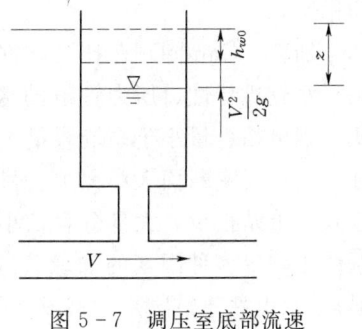

图 5-7 调压室底部流速水头示意图

由式 (5-20) 可以看出,压力引水道的直径愈大,长度愈短,流速水头的影响愈显著。

实际上,调压室底部的水流是极其紊乱的,尤其是连接管直径较大和调压室水位较低时更为显著。因此,考虑全部流速水头可能是不安全的。工程上,对连接管与压力引水道直径相等的情况,考虑连接处实际的流速水头,采用:

$$A_{th} = \frac{LA_1}{2g\left(\alpha + \frac{0.7}{2g}\right)(H_g - h_{w0} - 3h_{wm0})} \quad (5-21)$$

这是比较符合实际的。

3. 引水系统中糙率的影响

压力引水道的糙率愈大，水头损失系数 α 愈大，A_{th} 愈小（虽然 H_g 随糙率的增大而减小，有使 A_{th} 增大的趋势，但其影响远不如 α 显著），因此压力引水道的糙率对波动衰减是有利的，而压力管道糙率对波动衰减是不利的。为保证安全，在计算托马断面时，压力引水道的糙率应采用可能的最小值，压力管道的糙率则采用可能的最大值。

4. 水轮机效率的影响

在推导托马公式时，假定水轮机的效率为常数，实际上水轮机的效率是随着水头和流量的变化而变化的。研究表明，水电站在低水头运行时，水轮机效率的变化对调压室水位波动的衰减是不利的。

5. 调速器性能的影响

托马条件未考虑调速器性能的影响，但实际上调速器性能对电站的稳定运行亦有较大影响。德国汉堡电站调压室发生水位波动的不稳定现象，除调压室断面过小外，当时调速器构造简单、自身稳定性差也是一个因素。我国某电站调压室面积为托马断面的60%，通过调整调速器参数仍能稳定运行。有的电站在电网中所占比重较大，通过合理选择调速器的参数，未设调压室，电站运行仍是稳定和可靠的。

6. 电力系统的影响

托马条件是按电站单独运行推导的，当调压室水位发生波动时，功率为常数的要求是由该电站的机组单独保证的，因此电站运行的稳定性较差。实际上，水电站一般都参加电力系统运行，当调压室水位发生波动时，将由电力系统中各电站的机组共同保证系统功率为常数，从而减小了该水电站功率变化的幅度，有助于该电站稳定运行及调压室的水位波动稳定。

加敦（Gandel）在托马条件上考虑了电站在电网中并列运行、调压室底部的流速水头、水轮机特性、压力管道的水头损失等因素的影响，推导出调压室稳定断面的计算公式。当电站容量小于系统容量1/3时，所需断面小于零，亦即小波动稳定性由系统共同保证，与调压室断面大小无关。目前，水电站装机容量大于系统容量1/3且单独运行的长引水式水电站很少，大部分容量小于1/3系统容量且并网运行。为保证安全计，可考虑电力系统影响等多种因素的加敦公式计算调压室的稳定断面。加敦公式可参阅《水工设计手册》（水电站建筑物）一书或有关书籍。

5.6 调压室水力计算条件的选择

在初步设计阶段，通过水力计算以确定调压室型式及方案比较。在技术设计阶段，进行调压室水力计算以确定调压室的断面尺寸及压力引水道、压力管道、机组的工作条件等。对于重要的工程，还应进行模型试验验证水力计算成果。

5.6 调压室水力计算条件的选择

5.6.1 水力计算的内容

调压室的基本尺寸是由水力计算来确定的，其主要内容包括：

(1) 由调压室水位波动的稳定条件，确定调压室的稳定断面积。

(2) 计算调压室的最高涌波水位，以确定调压室的顶部高程。

(3) 计算调压室的最低涌波水位，以确定调压室底部和压力管道进口的高程。为保证在调压室最低涌波水位时压力引水道中的水流仍为有压流，最低涌波水位与引水道顶部间的安全高度不得小于2m。

5.6.2 水力计算条件的选择

水力计算时，应根据电站和压力引水道的实际运行情况，从安全出发，选择可能出现的最不利情况作为计算条件。

1. 水位波动的稳定性计算

小波动稳定由托马断面确定。计算时应按水电站在正常运行中可能出现的最小水头 H_{min} 计算。上游的最低水位一般为死水位。为安全考虑，计算引水系统水头损失时，压力引水道应取可能的最小糙率，压力管道应取可能的最大糙率。流速水头、调速器和机组性能以及电力系统等因素对波动稳定的影响，应经充分论证才能加以考虑。

大波动稳定计算应采用逐步积分法或电算法按下述原则进行计算：当调压室的阻抗孔口面积大于引水道面积的40%时，可与水锤分开计算调压室的水位波动；否则，应同压力管道的水锤联合计算。当调压室断面积接近压力引水道面积且调压室很高时，也应与水锤联合计算。

2. 最高涌波水位计算

(1) 引水调压室。按上游正常蓄水位及相应水位下机组最大引用流量、电站在瞬间丢弃全部负荷的情况作为设计工况；按上游校核洪水位时，电站在瞬间丢弃全部负荷的情况作为校核工况。如电站的机组和出线回路数较多，且母线分段，经过分析，认为不可能同时丢弃全部负荷时，亦可按上游水位为校核洪水位、电站丢弃部分负荷的情况进行校核。对于丢弃全负荷的情况，通常假定由最大流量 Q_{max} 减小至空转流量 Q_x；为了安全，也可按流量减到零进行计算。压力引水道的糙率应采用可能的最小值。

(2) 尾水调压室。按厂房下游设计洪水位时及相应水位下机组由 $(m-1)$ 台增至 m 台或全部机组由2/3负荷突增至满载作为设计工况；按厂房下游校核洪水位时相应工况作为校核，并复核设计洪水位时全部机组瞬时丢弃全负荷的第二振幅。压力尾水道的糙率应采用可能的最大值。

3. 最低涌波水位计算

(1) 引水调压室。按上游最低设计水位及相应水位下机组由 $(m-1)$ 台增至 m 台时的流量情况进行计算。在初步设计阶段，可采用其余所有机组都已满负荷运行，而最后一台机组投入运行的情况作为设计情况，若电站机组多于3台时，最后加入的容量，应不小于电站总容量的1/3。当电站容量占系统比重很小时可按全部机组由空转到满载的情况进行计算。当电站在电力系统中担任峰荷时，则应根据电站在电力系统中的实际运行情况确定负荷的增加幅度。压力引水道的糙率应取可能的最大值。

对于简单圆筒式调压室，因水位波动的振幅较大，应计算上游最低设计水位时电站丢弃负荷后水位波动的第二振幅，校核第二振幅是否低于增加负荷时的最低涌波水位，在这种情况下，压力引水道的糙率应采用可能的最小值。

（2）尾水调压室。按电站满载运行时可能的最低尾水位下瞬时丢弃全负荷或部分负荷的情况进行计算。压力尾水道的糙率应采用可能的最小值。

如果调压室水位波动的衰减时间相当长，还应补充研究电站在丢弃负荷后不久又重新带上负荷（或带上负荷不久后又丢弃负荷）引起波动叠加的可能。因此，调压室水位波动能迅速衰减是很重要的。

小　　结

本章主要介绍了调压室的要求及设置条件、调压室的工作原理及基本方程、调压室的布置形式及基本类型、调压室水位波动稳定分析等。在学习过程中应着重掌握以下几点：

（1）调压室的基本要求及设置条件。
（2）调压室水位波动研究的目的。
（3）调压室基本布置形式及适用条件。
（4）调压室基本类型及特点。
（5）调压室小波动稳定断面计算。
（6）调压室水力计算条件的选择。

习题及思考题

1. 调压室的作用及设置条件是什么？应满足哪些基本要求？
2. 调压室的工作原理是什么？
3. 调压室的基本布置方式和基本类型有几种？其优缺点和适用条件各是什么？
4. 调压室水力计算内容、目的及计算方法有哪些？各自的计算条件是什么？
5. 影响调压室水位波动稳定性的影响因素有哪些？大波动和小波动有何区别？
6. 如何选择调压室水力计算的条件，以确定调压室内最大水位变化幅度？

第6章　水电站主要机电设备

6.1　水　轮　机

6.1.1　水轮机的类型、工作参数及型号

1. 水轮机的基本类型

水轮机是将水能转变为旋转机械能的水力原动机，是水电站厂房中主要的动力设备之一，用来带动发电机工作以获取电能。由于河流的自然条件和水电站开发方式不同，水电站的水头、流量和功率差别很大，因此需要有多种型式和种类的水轮机与之相适应。现代水轮机按水能转换的特征分为两大类，即反击式水轮机和冲击式水轮机。

(1) 反击式水轮机。转轮利用水流的压能和动能做功的水轮机称为反击式水轮机。其特征是：压力水流充满水轮机的整个流道，水流流经转轮叶片时受叶片的作用而改变压力、流速的大小和方向，同时水流在转轮叶片正反面产生压力差，对转轮产生反作用力，形成旋转力矩使转轮旋转，故称为反击式。反击式水轮机按水流流经转轮方向的不同以及适应不同水头与流量的需要，又分为混流式、轴流式、斜流式和贯流式四种型式。

(2) 冲击式水轮机。转轮只利用水流动能做功的水轮机称为冲击式水轮机。其特征是：有压水流先经过喷嘴形成高速自由射流，将压能转变为动能并冲击转轮旋转，故称为冲击式。在同一时间内水流只冲击部分转轮，水流是不充满水轮机的整个流道，转轮只是部分进水，转轮在大气压下工作。为适应水流动能做功的需要，冲击式转轮叶片一般呈斗叶状。冲击式水轮机按射流冲击转轮叶片方向的不同又分为水斗式（切击式）、斜击式和双击式三种型式。

- 水轮机
  - 反击式
    - 混流式(HL)
    - 轴流式(ZL)
      - 轴流转桨式(ZZ)
      - 轴流定桨式(ZD)
      - 轴流调桨式(ZT)
    - 斜流式(XL)
    - 贯流式(GL)
      - 贯流转桨式(GZ)
      - 贯流定桨式(GD)
      - 贯流调桨式(GT)
  - 冲击式
    - 水斗式(切击式)(CJ)
    - 斜击式(XJ)
    - 双击式(SJ)

图6-1　近代水轮机的主要类型

近代水轮机的主要类型归纳如图6-1所示。

2. 水轮机的特点及应用范围

(1) 混流式水轮机。混流式水轮机是指轴面水流径向流入、轴向流出转轮的反击式水轮机，又称法兰西斯式水轮机，如图6-2所示。

混流式水轮机为固定叶片式水轮机，其结构简单，具有较高的强度，运行可靠，效率高，应用水头范围广，一般适用于中高水头水电站，大、中型混流式水轮机应用水头范围为30～450m。可逆式的混流式水轮机应用水头高达700m。中、小型混流式水轮机的应用水头范围为25～300m。单机容量可由几十千瓦至几百兆瓦，三峡水电站单机容

量 700MW。

(2) 轴流式水轮机。轴流式水轮机是指轴面水流轴向进、出转轮的反击式水轮机，如图 6-3 所示。根据叶片在运行中能否转动角度，又分为转桨式、调桨式和定桨式三种。

轴流转桨式水轮机是指转轮叶片可与导叶协联调节的轴流式水轮机，又称卡普兰式水轮机。

轴流调桨式水轮机是指仅转轮叶片可调节的轴流式水轮机，又称托马式水轮机。

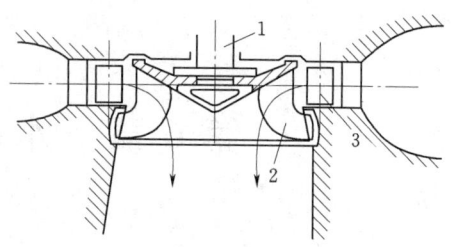

图 6-2 混流式水轮机
1—主轴；2—叶片；3—导叶

轴流定桨式水轮机是指转轮叶片不可调的（或停机可调的）轴流式水轮机。

由于轴流定桨式水轮机的转轮叶片固定在轮毂上，其结构简单，但当水头和流量变化时水轮机效率变化也大，特别是在偏离最优工况时效率会急剧下降。轴流定桨式和轴流调桨式适用于负荷及水头变幅较小的水电站，应用水头范围为 3~50m。

由于轴流转桨式水轮机可调整转轮叶片运行角度，实现导叶与转轮叶片双重调节，因此可扩大高效率区的范围，使水轮机有较好的运行稳定性。但它需要一套结构较复杂的操作机构来转动叶片。它适用于低水头、大流量和负荷变化较大的水电站，应用水头范围为 2~88m。单机容量可由几十千瓦至几百兆瓦，福建水口水电站单机容量为 200MW。

(3) 斜流式水轮机。斜流式水轮机是指轴面水流以倾斜于主轴的方向进、出转轮的反击式水轮机，如图 6-4 所示。斜流式水轮机的叶片角度也可根据运行需要进行调整，实现导叶与转轮叶片双重调节。斜流式水轮机有较宽的高效率区，且具有可逆性，常作为水泵水轮机用于抽水蓄能水电站中。斜流式水轮机的应用水头范围为 40~200m，因其结构复杂，造价较高，很少用于小型水电站。

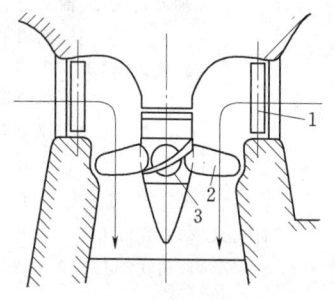

图 6-3 轴流式水轮机
1—导叶；2—叶片；3—轮毂

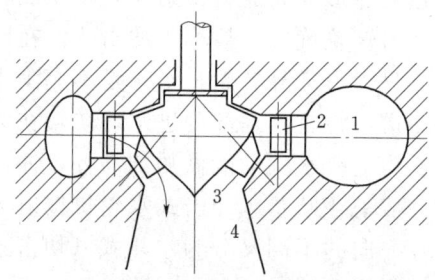

图 6-4 斜流式水轮机
1—蜗壳；2—导叶；3—转轮叶片；4—尾水管

(4) 贯流式水轮机。贯流式水轮机是指过流通道呈直线（或 S 形）布置的轴流式水轮机。水流由管道进口到尾水管出口均沿轴向流动，转轮与轴流式水轮机基本相同，差别在于主轴为水平布置，没有蜗壳，水流在水轮机流道中"直贯"而过，如图 6-5 所示。根据发电机装置方式不同，贯流式水轮机又分为全贯流式和半贯流式两类；根据转轮叶片能否转动又分为贯流转桨式、贯流定桨式和贯流调桨式三种。

全贯流式水轮机，发电机转子安装在转轮的外缘，如图 6-5（a）所示。这种型式的

6.1 水　轮　机

水轮机其水力损失小，过流能力大，结构紧凑，但密封困难，应用较少。

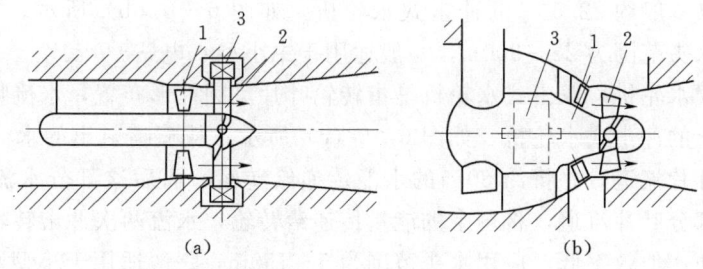

图 6-5　贯流式水轮机
(a) 全贯流式；(b) 半贯流式
1—导叶；2—转轮叶片；3—发电机

半贯流式水轮机又可分为轴伸式、竖井式和灯泡式三种。轴伸贯流式水轮机的主轴伸出尾水管外，并和尾水管外的发电机相连接，这种型式的发电机布置在灯泡体外，通风、冷却、维护方便，但由于流道弯曲、主轴穿过弯管，机组效率降低。竖井贯流式水轮机是将发电机布置在混凝土竖井内，水轮机布置在竖井下游，上游来水在竖井处分成两半绕流进入水轮机转轮，过竖井后又合流，发电机可以整体装入和拆出。灯泡贯流式水轮机是将发电机布置在灯泡形密封壳体内，并与下游的水轮机直接连接，如图 6-5 (b) 所示。其特点是结构紧凑，流道顺畅，水力效率较高，功率较大，但发电机的通风、冷却、维护较困难。

贯流式水轮机适用于低水头、大流量的河床式和潮汐水电站中，应用水头范围为 2～30m。

(5) 水斗式水轮机。水斗式水轮机是指转轮叶片呈斗形，且射流中心线与转轮节圆相切的冲击式水轮机，又称贝尔顿水轮机，或称切击式水轮机，如图 6-6 (a) 所示。水斗式水轮机有卧轴和立轴两种型式，按其喷嘴的数目又可分为单喷嘴和多喷嘴。应用于水头范围为 40～2000m 的高水头小流量水电站。小型水斗式水轮机的应用水头范围为 40～250m，大型水斗式水轮机应用水头范围为 200～450m，目前最高应用水头达 1772m。

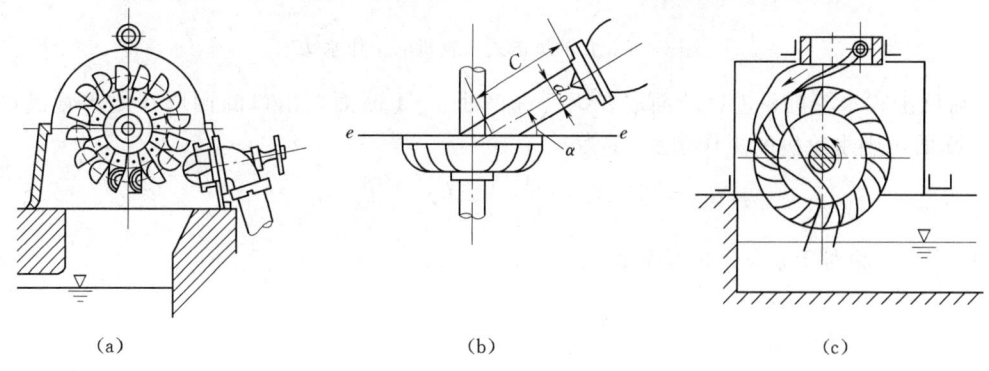

图 6-6　冲击式水轮机
(a) 水斗式（切击式）；(b) 斜击式；(c) 双击式

(6) 斜击式水轮机。斜击式水轮机是指转轮叶片呈碗形,且射流中心线与转轮转动平面呈斜射角度(一般约 22.5°)的冲击式水轮机,如图 6-6(b)所示。它的结构简单,造价低,应用水头范围为 25～300m,一般适用于中小型水电站。

(7) 双击式水轮机。双击式水轮机是指转轮叶片呈圆柱形布置,水流喷射转轮两次作用到转轮叶片上的冲击式水轮机,如图 6-6(c)所示。从喷嘴射出的水流首先从转轮的外周进入部分叶片流道,并将约 80% 的水能传递给转轮,而后这部分水流再从转轮内部二次进入另一部分叶片流道,将剩余的能量传递给转轮,水流两次冲击转轮叶片。它结构简单,制造方便,但效率低,应用水头范围为 5～150m,一般适用于小型水电站。

(8) 水泵水轮机。水泵水轮机也称可逆式水轮机,即同一水轮机既可作为水轮机运行又能作为水泵运行,工作状态具有可逆性,这种水轮机的转轮兼有水轮机和水泵的特点。当它在水泵工况和水轮机工况运行时旋转方向相反,水流方向相反。可逆式水轮机用于抽水蓄能电站,调节电力系统的峰谷差。可逆式水轮机又分混流式、斜流式和轴流式。混流式的应用水头范围为 50～700m;斜流式的应用水头范围为 20～200m;轴流式的应用水头为 15～40m。

3. 水轮机的工作参数

水流流经水轮机时,水流能量发生变化的过程就是水轮机的工作过程。反映水轮机工作性能和特征的参数称为水轮机的工作参数,这些参数的意义分别叙述如下。

(1) 工作水头 H。水轮机的工作水头是指水轮机进口和出口测量断面总水头差,即水轮机做功的有效水头,也称为水轮机净水头,用 H 表示,单位为 m,如图 6-7 所示。

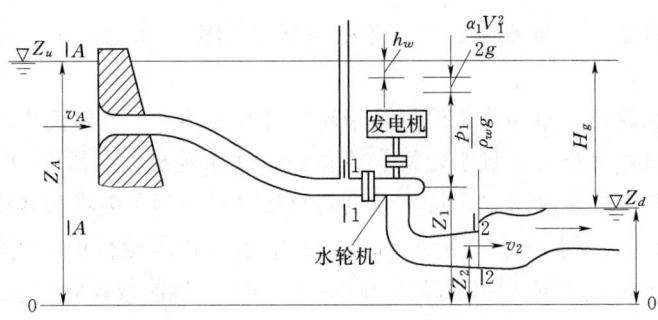

图 6-7 立轴反击式水轮机的工作水头

对反击式水轮机,进口断面取在蜗壳进口处 1—1 断面,出口断面取在尾水管出口处 2—2 断面,则水轮机的工作水头 H 为:

$$H = \left(Z_1 + \frac{p_1}{\rho_w g} + \frac{\alpha_1 V_1^2}{2g}\right) - \left(Z_2 + \frac{p_2}{\rho_w g} + \frac{\alpha_2 V_2^2}{2g}\right) \qquad (6-1)$$

式中 Z——相对于某基准的位置高度,m;

p——压强,kPa;

V——过流断面的平均流速,m/s;

α——过流断面速度分布不均匀系数;

ρ_w——水的密度,1000kg/m³;

g——重力加速度,9.81m/s²。

6.1 水轮机

若忽略不计电站上、下游流速及表面大气压力的差别,则水轮机的工作水头为:

$$H = Z_u - Z_d - h_W = H_g - h_W \tag{6-2}$$

式中 h_W——水电站引水系统水头损失,m;

H_g——水电站毛水头,m。

水轮机的工作水头随水电站的上下游水位的变化而改变,通常用几个特征水头表示水轮机工作水头的范围。特征水头包括最大水头 H_{max}、最小水头 H_{min}、加权平均水头 H_w、设计水头 H_d 和额定水头 H_r 等。

最大水头 H_{max} 是指在电站运行范围内,水轮机水头的最大值。

最小水头 H_{min} 是指在电站运行范围内,水轮机水头的最小值。

加权平均水头 H_w 是指在电站运行范围内,考虑负荷和工作历时的水轮机水头的加权平均值。

设计水头 H_d 是指水轮机在最高效率点运行时的净水头。

额定水头 H_r 是指水轮机在额定转速下,输出额定功率时的最小净水头。

对冲击式水轮机,以单喷嘴切击式为例(图6-8),水轮机工作水头定义为喷嘴进口断面与射流中心线跟转轮节圆相切处单位重量水流能量之差,则水轮机工作水头为:

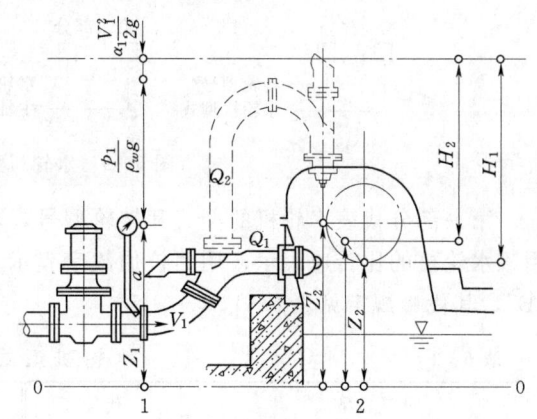

图6-8 卧轴冲击式水轮机工作水头

$$H = \left(Z_1 + a + \frac{p_1}{\rho_w g} + \frac{\alpha_1 V_1^2}{2g} \right) - Z_2 \tag{6-3}$$

(2) 流量 Q。单位时间内通过水轮机的水流体积称为水轮机的流量,单位为 m^3/s。水轮机在额定功率及设计水头时,通过水轮机的流量,称为设计流量 Q_d。水轮机在额定水头、额定转速下,输出额定功率时的流量,称为额定流量 Q_r。水轮机在额定水头和额定转速下,输出功率为零时的流量,称为空载流量 Q_0。

(3) 转速 n。水轮机转轮单位时间内旋转的次数称为水轮机的转速,用 n 表示,单位为 r/min。额定转速 n_r 是水轮发电机组按电站设计选定的稳态同步转速。

(4) 功率 P 与效率 η。水轮机功率是指水轮机输出功率,即水轮机主轴输出的机械功率,用 P_{out} 表示,单位为 kW 或 MW。

具有一定水头和流量的水流通过水轮机时,水流所具有的水力功率称为水轮机的输入功率 P_{in}:

$$P_{in} = 9.81 QH \text{(kW)} \tag{6-4}$$

由于水流在通过水轮机时会产生一些损失,包括容积损失、水力损失和机械损失,因此水轮机的功率总是小于水流的功率。水轮机的功率 P_{out} 与水流的功率 P_{in} 之比,称为水轮机的效率 η,即:

$$\eta = \frac{P_{out}}{P_{in}} \times 100\% \tag{6-5}$$

$$P_{out}=9.81QH\eta \qquad (6-6)$$

水轮机效率与设计、制造工艺及运行工况有关。对于某水轮机而言,在最优运行工况时水轮机效率最高,水轮机各效率中的最大值即最优效率。目前大型水轮机的最高效率可达 93%~96%。

4. 水轮机的型号及公称直径

为了统一水轮机的品种规格,以便提高质量、降低造价和便于选择使用,按照我国《水轮机型号编制方法》(JB/T 9579—1999) 的规定,水轮机产品型号由三部分组成,各部分用一短线分开。

水轮机型号排列顺序如图 6-9 所示。

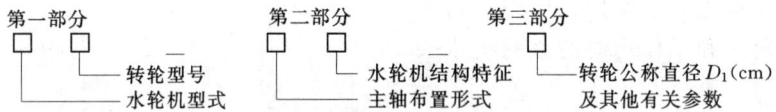

图 6-9 水轮机型号排列顺序

第一部分代表水轮机的型式和转轮型号,水轮机型式用汉语拼音字母表示,转轮型号用该水轮机的比转速表示,用阿拉伯数字表示。水泵水轮机在型式代号后加汉语拼音字母"B",其代号规定见表 6-1。

表 6-1 水轮机型式的代号

水轮机型式	代号	水轮机型式	代号
混流式	HL	贯流调桨式	GT
斜流式	XL	贯流定桨式	GD
轴流转桨式	ZZ	水斗(切击)式	CJ
轴流调桨式	ZT	斜击式	XJ
轴流定桨式	ZD	双击式	SJ
贯流转桨式	GZ		

第二部分代表主轴布置型式和结构特征,由两个汉语拼音字母组成,前者表示水轮机主轴的布置型式,后者表示引水室的结构特征,其代号规定见表 6-2。

表 6-2 主轴布置型式和结构特征的代号

名 称	代号	名 称	代号
立轴	L	罐式	G
卧轴	W	全贯流式	Q
金属蜗壳	J	灯泡式	P
混凝土蜗壳	H	竖井式	S
明槽式	M	虹吸式	X
有压明槽式	My	轴伸式	Z

注 主轴非垂直布置型式均用"W"表示。

6.1 水 轮 机

第三部分代表水轮机转轮直径 D_1 以及其他有关参数，用阿拉伯数字表示，单位为 cm。对于冲击式水轮机，第三部分表示如下：

水斗式或斜击式： $\dfrac{水轮机转轮公称直径 D_1（cm）}{作用在每个转轮上的喷嘴数目 \times 设计射流直径 d_0（cm）}$

双击式水轮机： $\dfrac{转轮公称直径（cm）}{转轮宽度（cm）}$

若同一轴上装有一个以上的转轮，则在水轮机型式代号前加转轮个数来表示。

水轮机转轮的公称直径是表征水轮机尺寸大小的参数，根据《电工术语 水轮机、蓄能泵和水泵水轮机》（GB/T 2900.45—1996）规范，各类水轮机转轮公称直径的规定如图 6-10 所示。

(1) 混流式水轮机的公称直径 D_1 是指转轮叶片进水边与下环相交处的直径，如图 6-10 (a) 所示。

(2) 轴流式水轮机的公称直径 D_1 是指与转轮叶片轴线相交处的转轮室内径，如图 6-10 (b) 所示。

(3) 斜流式水轮机的公称直径 D_1 是指与转轮叶片轴线相交处的转轮室内径，如图 6-10 (c) 所示。

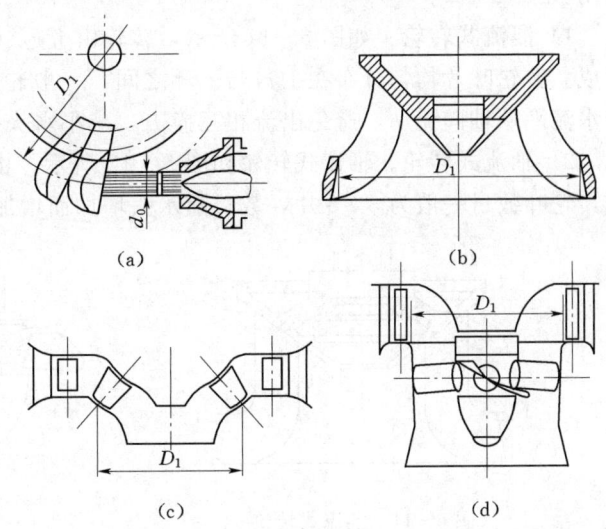

图 6-10 水轮机转轮公称直径

(4) 冲击式水轮机的公称直径 D_1 是指转轮与射流中心相切处的节圆直径，如图 6-10 (d) 所示。

水轮机型号示例如下：

(1) HL180—LJ—550：表示混流式水轮机，转轮型号为 180，立轴，金属蜗壳，转轮公称直径为 550cm。

(2) ZZ560—LH—1130：表示轴流转桨式水轮机，转轮型号为 560，立轴，混凝土蜗壳，转轮公称直径为 1130cm。

(3) ZD760—LM—120（$\phi=+10°$）：表示轴流定桨式水轮机，转轮型号为 760，立轴，明槽式引水室，转轮公称直径为 120cm，转轮叶片装置（安装）角为 +10°。

(4) XLB200—LJ—300：表示斜流式水泵水轮机，转轮型号为 200，立轴，金属蜗壳，转轮公称直径为 300cm。

(5) GZ440—WP—750：表示贯流转桨式水轮机，转轮型号为 440，卧轴，灯泡式机组，转轮公称直径为 750cm。

(6) 2CJ22—W—$\dfrac{120}{2\times 10}$：表示水斗式（切击式）水轮机，同一主轴上装有 2 个转轮，卧轴布置，转轮公称直径为 120cm，每个转轮有 2 个喷嘴，喷嘴设计射流直径 10cm。

6.1.2 水轮机的主要过流部件

1. 反击式水轮机的主要过流部件

反击式水轮机的主要过流部件(沿水流方向从进口到出口)有:引水部件、导水部件、工作部件、泄水部件。为了保证水轮机正常运行和功率输出,还有其他如主轴、轴承、顶盖、止漏装置等部件。

(1) 工作部件——转轮。转轮的作用是将水能转换为旋转机械能,它是水轮机的核心。因此,转轮的形状、制造工艺、轮叶数目等对水轮机的性能、结构、尺寸起决定性的作用。

1) 混流式转轮。如图 6-11 所示,转轮由上冠(轮毂)、下环、叶片、泄水锥四部分组成。转轮叶片均匀分布在上冠与下环之间,一般轮叶数目为 12~20 片。泄水锥用来引导水流平顺轴向流动,避免出流相互撞击,减小水头损失和振动。

2) 轴流式转轮。轴流式转轮如图 6-12 所示,由轮毂、转轮叶片、泄水锥三部分组成,轮叶数目一般为 3~8 片,数目随水头增加而增加。

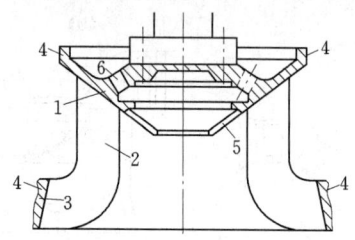

图 6-11 混流式转轮
1—轮毂;2—转轮叶片;3—下环;
4—止漏环;5—泄水锥;6—减压孔

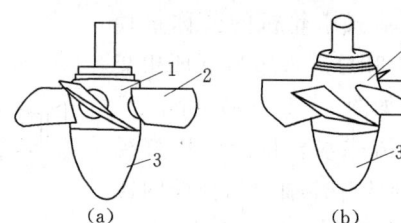

图 6-12 轴流式转轮
(a) 转桨式;(b) 定桨式
1—轮毂;2—转轮叶片;3—泄水锥

定桨式水轮机轮叶固定在轮毂上,在工作中叶片装置角不能调整;转桨式水轮机在工作过程中叶片装置角可调整,调整范围为 $-15°\sim +20°$,规定设计工况(效率最高时) $\varphi=0°$。开启方向为"+",关闭方向为"-"。

转桨式水轮机轮叶的转动机构布置在轮毂内,其工作原理如图 6-13 所示。轮叶的转动是由压力油操纵的,压力油进入活塞上方推动活塞下移,同时带动操作架下移,操作架经连杆带动转臂使所有叶片开度增加(φ 角增加);反之活塞上移,叶片开度减小(φ 角减小)。

3) 斜流式转轮。斜流式转轮如图 6-14 所示,其结构与轴流式转轮相似,转轮

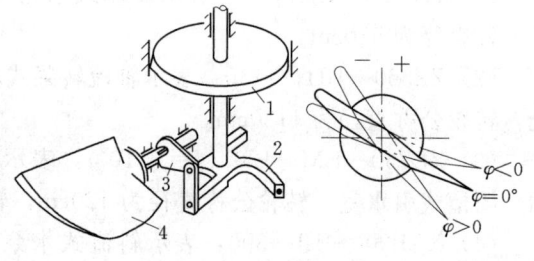

图 6-13 转桨机构原理图
1—活塞;2—操作架;3—转臂;4—叶片

体内也有叶片操作机构,不同的是斜流式转轮的叶片数目较多 8~15 片,叶片转动轴线与水轮机轴线成锐角相交 30°~60°,水头愈高,交角愈小。由于其叶片数目较多且可调整装置角,故适应水头和流量变化的范围较大。

6.1 水 轮 机

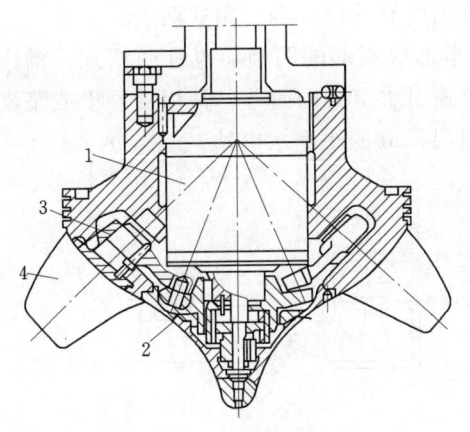

图 6-14 斜流式转轮
1—刮板接力器；2—操作盘；
3—转臂；4—桨叶

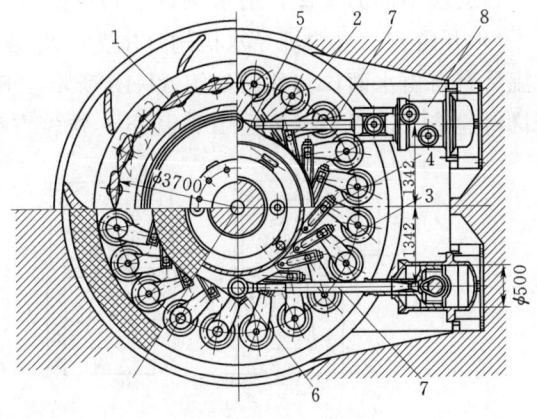

图 6-15 水轮机导水机构
1—导叶；2—顶盖；3—转臂；4—连杆；5—控制环；
6—销轴；7—推拉杆；8—接力器

(2) 导水部件——导水机构。导水机构的作用是引导水流以一定的方向进入转轮，形成一定的速度矩，并根据机组负荷变化调节水轮机的流量以达到改变水轮机功率的目的。为达到上述目的，通常导水机构是由流线型的导叶及其转动机构（包括转臂、连杆、剪断销、控制环等）所组成，而控制环的转动是通过调速器控制油压接力器来实现的，其原理如图 6-15、图 6-16 所示。当控制环顺时针转动时，与控制环相接的连杆同时带动所有转臂转动，而转臂又带动导叶以相等的角度沿同一方向关闭，反之则开启。

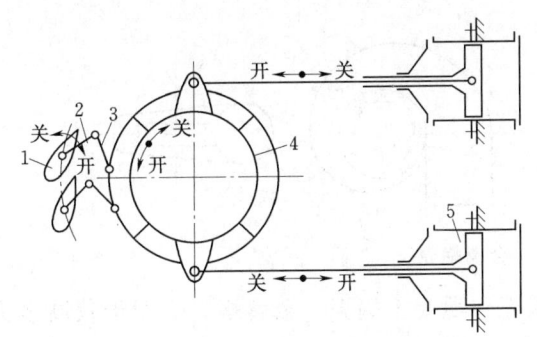

图 6-16 接力器工作原理图
1—导叶；2—转臂；3—连杆；4—控制环；5—接力器

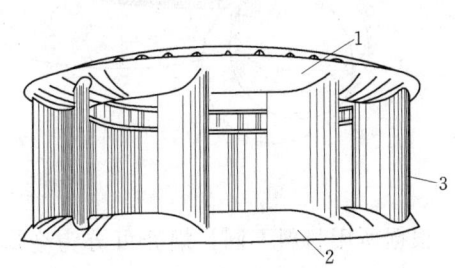

图 6-17 水轮机座环
1—上环；2—下环；3—固定导叶

座环位于引水部件（蜗壳）与导水机构之间，由上环、下环和中间若干流线型立柱（也称固定导叶）组成，如图 6-17 所示。其作用是承受水轮发电机的部分重量、水轮机的轴向水推力、顶盖的重量及部分混凝土重量，并将此荷载通过立柱传给下部基础。同时，座环也是水轮机的过流部件和水轮机的安装基准件。

(3) 引水部件——引水室。水轮机的引水部件又称引水室，其作用是引导水流均匀、平顺、轴对称地进入水轮机导水机构，并使水流在进入导叶前形成一定的环流，以提高水轮机的效率和运行稳定性。

为适应不同的条件，引水室有不同的型式，常用的有开敞式和封闭式两类。

1) 开敞式。水轮机导水机构外围为一开敞式矩形或蜗形的明槽，也称明槽式，槽中水流具有自由水面，其外形如图 6-18 所示。开敞式引水室结构简单，常用混凝土或浆砌石材料建造。适用于水头在 10m 以下，转轮直径小于 2m 的小型水电站。

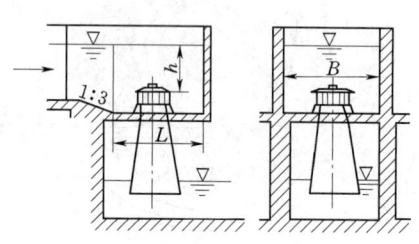

图 6-18 开敞式引水室

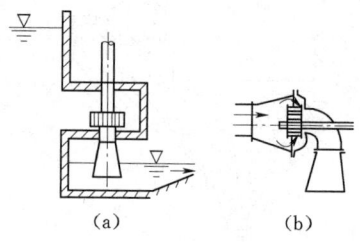

图 6-19 压力槽式与罐式引水室
(a) 压力槽式；(b) 罐式

2) 封闭式。封闭式引水室中水流不具有自由水面，有压力槽式、罐式和蜗壳式三种。压力槽式适用于水头 8~20m 的小型水轮机，如图 6-19 (a) 所示。

罐式适用于转轮直径小于 0.5m，水头 10~35m，容量小于 1000kW 的小型水轮机，如图 6-19 (b) 所示。

蜗壳式引水室的平面外形呈蜗牛壳的形状，故称为蜗壳。蜗壳中的水流一方面做圆周运动，另一方面作径向运动，使水流均匀轴对称地进入导水机构，故水力损失小，结构紧凑，可减小厂房尺寸和降低土建投资，因而被广泛应用。

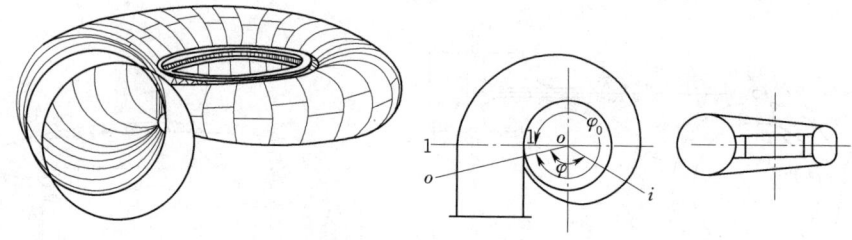

图 6-20 金属蜗壳

根据所用材料不同，蜗壳可分为金属蜗壳和混凝土蜗壳。金属蜗壳适用于较高水头（$H>40m$）的水电站和小型卧式机组，如图 6-20 所示。金属蜗壳可用铸铁、铸钢或钢板焊制而成。混凝土蜗壳一般适用于水头在 40m 以下的水电站，其过流断面为梯形，如图 6-21 所示。

(4) 泄水部件——尾水管。为了减小水电站厂房的基础开挖深度和便于水轮机安装检修，希望将水轮机尽可能地安装在较高的位置，并且最好高出下游水位，但由于此时转轮出口处水流的速度较大，具有一定的动能，同时转轮高出下游水位，将造成较大的动能和位能损失，且水流不能平顺地泄向下游，为解决这些问题就需要设置尾水管。

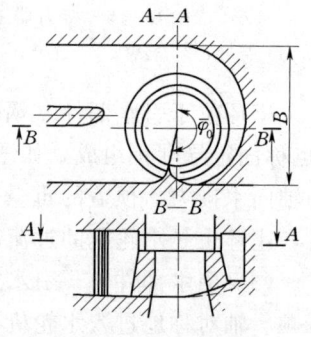

图 6-21 混凝土蜗壳

6.1 水　轮　机

尾水管的作用是将转轮出口的水流平顺地引向下游，回收转轮出口处水流的动能并利用转轮高出下游水位的位能。

尾水管的型式有直锥形、弯管直锥形和弯肘形三种。

1) 直锥形尾水管。尾水管为一扩散的圆锥管。其特点是结构简单，水力损失小，效率高，但尾水管较长，增加厂房下部开挖。一般适用于小型水电站（转轮直径 D_1 <0.5～0.8m）。

2) 弯管直锥形尾水管。由弯管和直锥管两部分组成，从转轮流出的水流先经过弯管后再进入直锥管，如图 6-22 所示。其特点是结构简单，水力损失大，效率较低。常用于小型卧轴混流式水轮机，一般随水轮机配套供应。

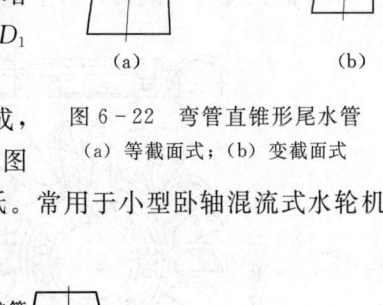

图 6-22　弯管直锥形尾水管
(a) 等截面式；(b) 变截面式

3) 弯肘形尾水管。由直锥段、弯肘（管）段和水平扩散段三部分组成，如图 6-23 所示。直锥段为垂直的圆锥形扩散段；弯肘段是一段 90°的弯管，其断面由圆形过渡到矩形；水平扩散段是一个水平的矩形断面的扩散段。由于弯肘段使水力损失增加，其效率比直锥形低。适用于大中型立式机组水轮机。

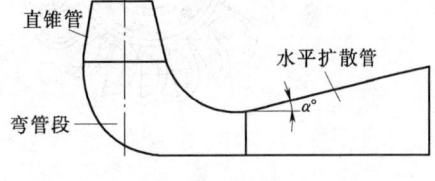

图 6-23　弯肘形尾水管（一）

大中型水轮机为减少基础开挖深度几乎全部采用弯肘形尾水管，如图 6-24 所示。

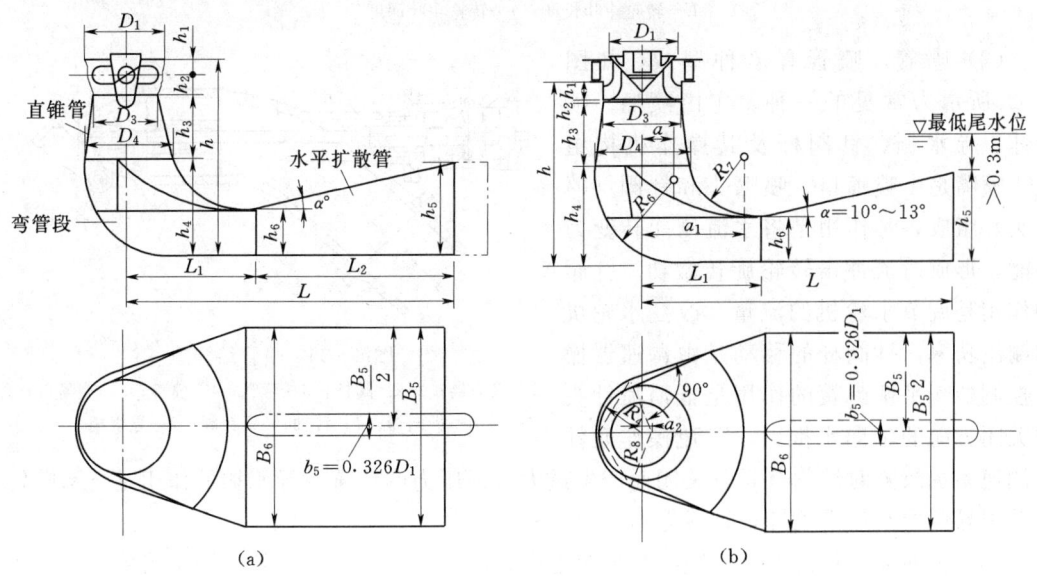

图 6-24　弯肘形尾水管（二）
(a) 转桨式水轮机弯曲形尾水管；(b) 混流式水轮机弯曲形尾水管

第6章 水电站主要机电设备

2. 冲击式水轮机的主要过流部件

以水斗式水轮机为代表，冲击式水轮机的主要过流部件有转轮、喷管、折向器、机壳等。

（1）转轮。转轮的作用是通过水流与水斗的相互作用，将水能转变为转轮的旋转机械能。转轮由轮盘和均布在轮盘外周上的水斗组成，如图6-25所示。水斗形如两个半勺并在一起，中间有一道分水刃，使射向水斗的水流均匀地向两侧分开，以减少水流的碰撞损失。水斗的顶端有一缺口，可避免前一水斗影响水流冲击后面的水斗。

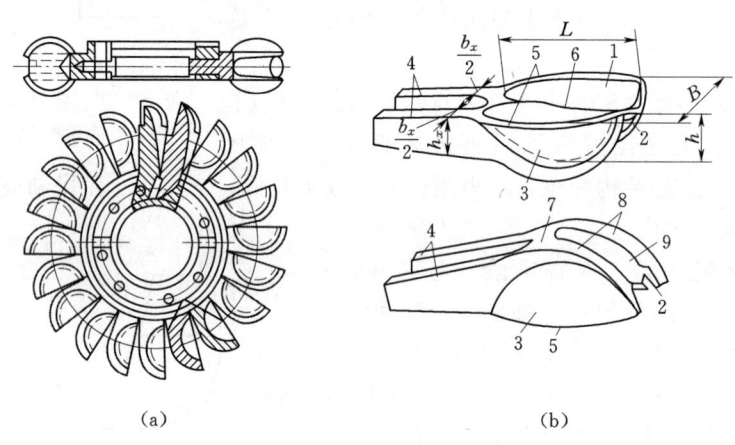

图6-25 水斗式转轮与水斗
(a) 转轮结构图；(b) 水斗式水轮机的转轮斗叶
1—工作面；2—分水刃；3—侧面；4—尾部；5—出水边；6—进水边；
7—横向筋板；8—纵向筋板；9—背面；B—转轮斗叶宽度；
L—转轮斗叶长度；h—转轮斗叶深度

（2）喷管。喷管有多种型式，如图6-26所示为常见的一种。它由喷嘴、喷管体、导水栅、针阀杆及其操作机构组成。喷嘴是由喷嘴口、喷嘴头和针阀（喷针头）组成，其作用是将水流压能转变为动能，形成射流冲击转轮旋转做功。针阀的作用是调节水轮机的流量，改变水轮机的输出功率。针阀杆的移动是由调速器操作控制的。平衡弹簧的作用是抵消喷针头朝关闭方向的轴向水推力，避免操作元件

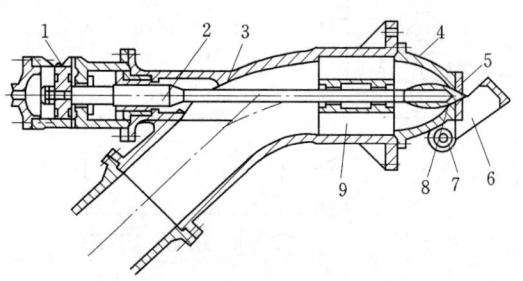

图6-26 喷管结构图
1—接力器；2—针阀杆；3—弯管；4—喷嘴；5—喷嘴口；
6—折向器；7—转轴；8—针阀；9—导水栅

或调速系统故障时针阀有紧急关闭而产生过大水锤压力的危害。导水栅的作用是支承喷针杆并引导压力水流沿喷针杆轴线方向均匀流动。

（3）折向器。折向器位于喷嘴与转轮之间，如图6-26所示。其作用是当机组突然甩负荷时，它与喷针协联动作，隔断射流，避免压力管道产生过大的水锤压力和水轮机发生飞逸现象。折向器是一个可以转动的曲面板，当水电站突然丢弃全部负荷时，折向器在调速器的操作下迅速动作，在1～2s时间内使射流全部或部分偏向，以防止机组飞逸，然后

缓慢 5~10s 地关闭针阀，以减小压力管道中的水锤压力。

（4）机壳。机壳的作用是将水斗中排出的水流导入尾水槽内。通常机壳还作为喷嘴和水轮机轴承的支承结构。对于卧式机组，为了防止从水斗排出的水流飞溅到转轮上方对水轮机的工作造成影响，在机壳内还设有引水板，如图 6-27 所示。

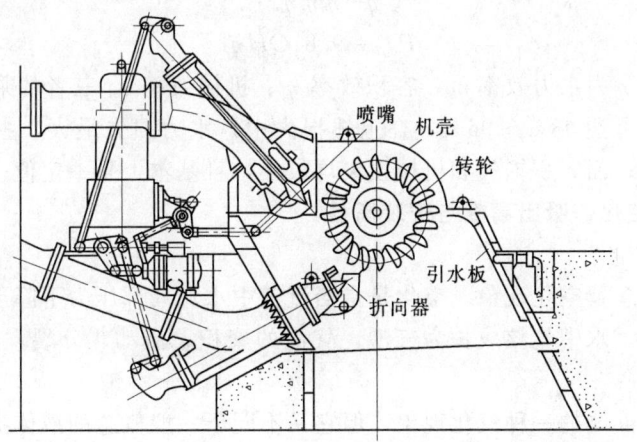

图 6-27　水斗式水轮机结构图

6.1.3　水轮机的能量损失及效率

水轮机的输出功率与水流的输入功率之比称为水轮机效率，分别用水力效率、容积效率和机械效率表示。

1. 水力损失和水力效率

水流经过水轮机蜗壳、导水机构、转轮及尾水管等过流部件时产生摩擦、撞击、涡流、脱流及尾水管出口等的损失，统称为水力损失。水力损失与水流的流速、过流部件的形状及其表面的粗糙度有关。

设水轮机的工作水头为 H，通过水轮机的水头损失为 $\sum h$，则水轮机的有效水头为 $H - \sum h$。水轮机的水力效率 η_h 为有效水头与工作水头的比值，即：

$$\eta_h = \frac{H - \sum h}{H} \tag{6-7}$$

2. 容积损失和容积效率

在水轮机运行的过程中有一小部分流量 $\sum q$ 从水轮机的固定部分与旋转部分之间的孔隙中流出，这部分流量没有对转轮做功而损失，所以称为容积损失。设进入水轮机的流量为 Q，则水轮机的容积效率 η_c 为：

$$\eta_c = \frac{Q - \sum q}{Q} \tag{6-8}$$

3. 机械损失和机械效率

在扣除水力损失和容积损失后，便可得出水流作用于转轮上的有效功率 P_e 为：

$$P_e = 9.81(Q - \sum q)(H - \sum h) = 9.81 Q H \eta_h \eta_c \tag{6-9}$$

转轮将此有效功率 P_e 转变为水轮机的轴功率时，其中还有一小部分功率 ΔP_m 消耗在各种机械损失上，由此得出水轮机的机械效率 η_m 为：

$$\eta_m = \frac{P_e - \Delta P_m}{P_e} \qquad (6-10)$$

则水轮机的输出轴功率 $P_{out} = P_e - \Delta P_m = P_e \eta_m$，即 $P_{out} = 9.81 QH \eta_h \eta_c \eta_m$。

所以水轮机的总效率 η 为：

$$\eta = \eta_h \eta_c \eta_m \qquad (6-11)$$

故
$$P_{out} = 9.81 QH \eta \qquad (6-12)$$

即水轮机的总效率 η 为水力效率 η_h、容积效率 η_c、机械效率 η_m 三者的乘积。现代大中型水轮机的最高效率可达 93%～96%，在上述损失中，水力损失最大，主要由局部撞击损失和涡流损失引起；而容积损失和机械损失均较小，且基本上是一定值。

6.1.4 水轮机的空化、吸出高度与安装高程

1. 水轮机的空化

（1）空化的概念及空化现象。空化是指当流道中水流局部压力下降至临界压力（一般接近汽化压力）时，水中气核成长为气泡，气泡的聚积、流动、分裂、溃灭过程的总称，过去称作气蚀。

空化的实质是液体的一种汽化现象，但它又不同于一般概念的液体沸腾汽化。在常压（大气压力）下将水加热到它的沸点（例如 100℃），水会变成水蒸气，这种汽化现象称为沸腾。而在常温（例如 20℃）下将水的环境压力降到它的汽化压力（例如 $0.24 mH_2O$）时，水也会变成水蒸气，这种常温低压特定状态下水的汽化称为水的空化。

在空化发生区，空泡或空穴不断产生又不断溃灭的过程中会造成高频、高压的微观水击（锤）。当这种过程发生在固体表面附近时，会对固体表面产生反复的冲击而使固体壁面遭受损伤。此外，在空泡溃灭过程中还伴有温度升高、发光、电离、化学腐蚀等现象，从而加速了固体材料破坏的进程。这种由于空化造成的过流表面的材料损坏称为空蚀，过去称作气蚀或气蚀破坏。

水轮机空化是水轮机运行中一种常见的现象，在水轮机偏离设计工况时尤为突出。在水电站现场，人们有时会听到一种闷雷般的轰鸣声，感觉到机组在剧烈振动，甚至出现机组功率的摆动或效率的下降，这些现象说明水轮机中的水流发生了空化。水轮机在空化状态下连续运行一段较长时间后，停机检查就会发现水轮机的轮叶或其他过流部件会出现麻点、蜂窝状蚀坑或整块金属材料脱落，这就是空化对水轮机的破坏。

（2）空化的危害。空化对水轮机运行的危害主要有：

1）降低水轮机效率，减小功率。空泡的产生破坏了水流的连续性，水流质点相互撞击消耗部分能量，从而增大了水力损失，使水轮机效率降低，功率减小。

2）破坏水轮机过流部件，影响机组寿命。空蚀产生，使金属表面失去光泽，产生麻点、蜂窝，严重时轮叶上产生孔洞或大面积剥落，损坏水轮机部件。

3）产生剧烈的噪音和振动，恶化工作环境，从而影响水轮机的安全运行。

空化破坏是机械、电化、化学等作用的共同结果，其中以机械破坏作用为主。

（3）水轮机空化的类型。根据空化产生的部位不同，一般把水轮机的空化分为翼型空化、间隙空化、空腔空化与局部空化四种类型。

1）翼型空化：是指发生在水轮机转轮叶片上的空化。高速水流流经反击式水轮机转

6.1 水 轮 机

轮时,一般叶片正面(工作面)为正压,叶片的背面(非工作面)为负压,且靠流道出口处的压力最低——压力最低点,此处最易产生空化。翼型空化是反击式水轮机的主要空化形式,如图 6-28(a)所示。

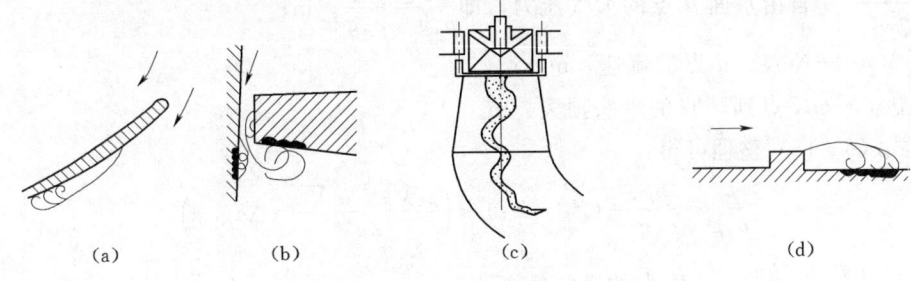

图 6-28　水轮机的空化类型

2) 间隙空化:是当水流通过狭小缝隙时,因局部流速升高导致压力降低而发生的空化。如轴流式转轮与转轮室之间、导叶端面间隙、转轮止漏装置;冲击式水轮机喷嘴内腔、针阀表面等部位,如图 6-28(b)所示。间隙空化发生的条件是间隙上、下游存在着较大的压力差。

3) 空腔空化:是指发生在反击式水轮机转轮出口后尾水管空腔区域的一种空化现象。水轮机在偏离最优工况运行时,转轮出口流速存在一定的圆周速度分量,使水流在转轮出口处产生脱流和形成涡带,当涡带中心压力低于汽化压力时,就形成一条空腔涡带,如图 6-28(c)所示。这种涡带一般以低于水轮机转速的频率在尾水管中周期性旋转并碰击尾水管壁,造成强烈的振动和噪声,并使尾水管进口段的边壁经常遭到空蚀。这种涡带在尾水管中所形成的压力脉动与过流系统的自振频率相一致时还会造成过流系统的共振,形成机组功率的波动,影响机组的稳定性。

4) 局部空化:局部空化发生在不平表面绕流时由于脱流而形成的漩涡处,如图 6-28(d)所示。

对于不同类型的水轮机,其发生的主要空化形式也不同。通常,混流式水轮机以翼型空化为主,而间隙空化和局部空化是次要的。轴流式水轮机发生间隙空化和翼型空化最为普遍。冲击式水轮机转轮中只发生局部空化。空腔空化只发生在固定叶片的反击式水轮机的尾水管中。

2. 水轮机的空化系数与吸出高度

(1) 水轮机的空化系数。在反击式水轮机的运行过程中,当转轮叶片上的最低压力点的压力小于或等于当时温度下水的汽化压力时,水流便发生空化。理论上以水轮机的翼型空化代表水轮机的空化,即水轮机空化系数的推导是以翼型空化为基础的。

图 6-29 表示了反击式水轮机的装置系统。通常,假定转轮叶片上最低压力点 K 处于翼型背面的出口边。K 点是否发生空化,关键在于 K 点压力 p_K 的大小。

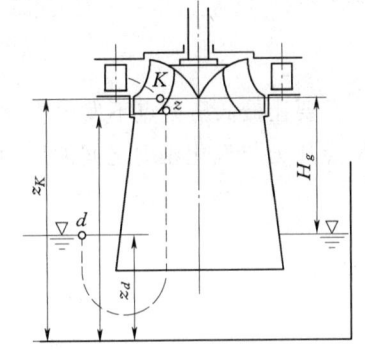

图 6-29　K 点真空值

为了得到不发生空蚀的条件，列出通过 K 点和下游尾水渠 d 点流线的能量方程：

$$Z_K+\frac{p_K}{\rho_w g}+\frac{\alpha_K V_K^2}{2g}=Z_d+\frac{p_d}{\rho_w g}+\frac{\alpha_d V_d^2}{2g}+\Delta h_{K-d} \quad (6-13)$$

式中 $\dfrac{p_d}{\rho_w g}$——自由水面 d 点的大气压力，即 $\dfrac{p_d}{\rho_w g}=\dfrac{p_a}{\rho_w g}$，m；

V_K、V_d——K 点、d 点的流速，m/s；

Δh_{K-d}——K 点到 d 点的水头损失，m。

由式 (6-13) 整理可得：

$$\frac{p_d}{\rho_w g}-\frac{p_K}{\rho_w g}=(Z_K-Z_d)+\left(\frac{\alpha_K V_K^2-\alpha_d V_d^2}{2g}-\Delta h_{K-d}\right) \quad (6-14)$$

式中 $\dfrac{p_d}{\rho_w g}-\dfrac{p_K}{\rho_w g}$——$K$ 点的真空度；

Z_K-Z_d——K 点到下游水面间的距离，称为静力真空，也称吸出高度，取决于水轮机安装位置，$Z_K-Z_d=H_s$；

$\dfrac{\alpha_K V_K^2-\alpha_d V_d^2}{2g}-\Delta h_{K-d}$——扣除尾水管水头损失后尾水管进出口速度之差，称为动力真空，与水轮机运行工况有关。

因动力真空不能确切表达水轮机的空化性能，也不便于水轮机间空化性能的比较，因此采用动力真空的相对值来表示，称此相对值为空化系数，用 σ 表示，即：

$$\sigma=\frac{\dfrac{\alpha_K V_K^2-\alpha_d V_d^2}{2g}-\Delta h_{K-d}}{H} \quad (6-15)$$

式中 H——水轮机的工作水头，m。

空化系数随水轮机的工况变化而变化，在确定工况下，水轮机的空化系数为一定值；空化系数与尾水管的性能有关，尾水管动能恢复系数愈高，空化系数也愈大；空化系数随水轮机比转速的增加而增加，因为比转速愈大，水流在转轮中的流速愈大，所以动力真空和空化系数也愈大。

（2）水轮机的装置空化系数。在一定装置条件下工作的水轮机是否发生空化，要视水轮机的动力真空与静力真空之和而定。根据空化系数的定义，水轮机叶片上 K 的压力可表示为：

$$\frac{p_K}{\rho_w g}=\frac{p_a}{\rho_w g}-H_s-\sigma H \quad (6-16)$$

要让最低压力点不发生空化，则必须使 K 点压力大于当时温度下水的汽化压力 p_{V_a}，K 点压力与汽化压力之间的压力余量为：

$$\frac{p_K-p_{V_a}}{\rho_w g}=\frac{p_a}{\rho_w g}-\frac{p_{V_a}}{\rho_w g}-H_s-\sigma H$$

可写成：

$$\frac{p_K-p_{V_a}}{\rho_w g H}=\frac{\dfrac{p_a}{\rho_w g}-\dfrac{p_{V_a}}{\rho_w g}-H_s}{H}-\sigma=\sigma_Z-\sigma \quad (6-17)$$

$$\sigma_Z = \frac{\dfrac{p_a}{\rho_w g} - \dfrac{p_{Va}}{\rho_w g} - H_s}{H} \tag{6-18}$$

式中 σ_Z——水轮机的装置空化系数。

由式（6-17）可知，当 $p_K = p_{Va}$ 时，$\sigma_Z = \sigma$，是水轮机开始产生空化的临界条件；当 $p_K > p_{Va}$ 时，$\sigma_Z > \sigma$，水轮机中不产生翼型空化；当 $p_K < p_{Va}$ 时，$\sigma_Z < \sigma$，水轮机便产生翼型空化。

（3）水轮机吸出高度。吸出高度是指在水轮机中所规定的空化基准面与尾水位的高差，常用 H_s 表示。而空化基准面通常是在转轮叶片中压力最低点 K 所在的位置，因此，为了避免转轮叶片上发生空化，必须使叶片上最低压力点 K 点的压力大于汽化压力，即：

$$\frac{p_K}{\rho_w g} \geq \frac{p_{Va}}{\rho_w g} \tag{6-19}$$

由式（6-16）和式（6-19）得：

$$H_s \leq \frac{p_a}{\rho_w g} - \frac{p_{Va}}{\rho_w g} - \sigma H \tag{6-20}$$

式中 $\dfrac{p_a}{\rho_w g}$——水轮机安装处的大气压力，海平面标准大气压力为 10.33mH$_2$O，在 0～3000m 内，平均高程每升高 900m，大气压力就要降低 1mH$_2$O，若电站所处的高程为 $\triangledown$m 时，则大气压为 $\dfrac{p_a}{\rho_w g} = 10.33 - \dfrac{\triangledown}{900}$ (m)；

$\dfrac{p_{Va}}{\rho_w g}$——当时水温下的汽化压力，水温在 5～20℃ 时，汽化压力 $\dfrac{p_{Va}}{\rho_w g} = 0.09 \sim 0.24mH_2$O，为安全和计算简便，通常取 $\dfrac{p_{Va}}{\rho_w g} = 0.33mH_2$O。

所以满足不产生空化的吸出高度为：

$$H_s \leq 10 - \frac{\triangledown}{900} - \sigma H \tag{6-21}$$

由于 σ 一般由模型试验得出，与原型水轮机的实际空化系数存在一定差别，为安全起见，需对空化系数进行修正。为减小电站厂房基础的开挖量，在保证空蚀不严重的条件下，应尽可能将水轮机安装在较高处。因此，实际计算吸出高度 H_s 时，式（6-21）修改为：

$$H_s = 10 - \frac{\triangledown}{900} - (\sigma + \Delta\sigma)H \tag{6-22}$$

或

$$H_s = 10 - \frac{\triangledown}{900} - K_\sigma \sigma H \tag{6-23}$$

式中 $\Delta\sigma$——空化系数修正值，在图 6-30 中根据水头 H_r 查得；

K_σ——空化安全系数，对轴流式水轮机 $K_\sigma = 1.1 \sim 1.2$；对混流式水轮机一般取 $K_\sigma = 1.1 \sim 1.5$，若转轮采用不锈钢，则 $K_\sigma =$

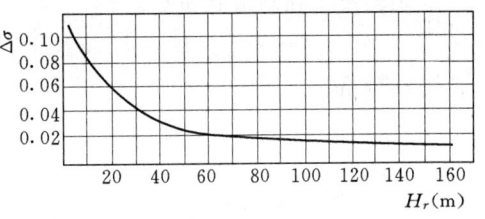

图 6-30 空化系数修正值

1.1~1.2，若易空化部位采用抗空化措施，则 $K_\sigma=1.2\sim1.4$，若采用碳钢，则 $K_\sigma\geqslant1.4$。

吸出高度有正、负之分：当下游水面高程低于叶片最低压力点高程时，吸出高度为正；当下游水面高程高于叶片最低压力点高程时，吸出高度为负。但是，转轮叶片上最低压力点的位置是难以准确确定的，而且该点也随工况而改变，为统一起见，工程实践中对不同装置型式的水轮机（图6-31）作了如下规定：

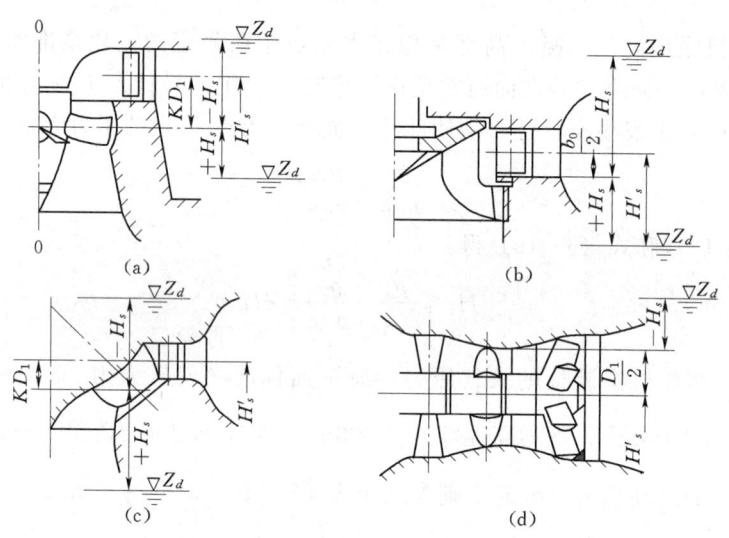

图6-31 不同型式水轮机的吸出高度
(a) 轴流式；(b) 混流式；(c) 斜流式；(d) 卧轴反击式

1) 立轴轴流式水轮机：H_s 为下游水面至转轮叶片中心线的距离。

2) 立轴混流式水轮机：H_s 为下游水面至导叶下环平面的垂直距离。

3) 立轴斜流式水轮机：H_s 为下游水面至转轮叶片旋转轴线与转轮室内表面相交点的垂直距离。

4) 卧轴混流式、贯流式水轮机：H_s 为下游水面至转轮叶片最高点的距离。

工程上为了机组安装时标记基准的方便，将各类水轮机的标高统一定在导叶的水平中线处（图6-31），相应于水轮机标高的吸出高度值 H'_s 规定如下：

立轴混流式机组：

$$H'_s = H_s + \frac{b_0}{2}$$

立轴轴流式和斜流式机组：

$$H'_s = H_s + KD_1，一般取系数 K=0.41$$

卧轴机组：

$$H'_s = H_s - \frac{D_1}{2}$$

式中 b_0——导叶高度；

D_1——转轮公称直径。

3. 水轮机的安装高程

水轮机的安装高程是指水轮机的标高所在的高程。对于立轴反击式水轮机安装高程是指导叶中线高程；对于立轴冲击式水轮机安装高程是指射流中心的高程；对于卧式水轮机安装高程是指主轴中心线高程。不同装置方式的水轮机的安装高程（图6-31）计算方法如下：

(1) 立轴混流式水轮机：

$$Z_s = Z_w + H_s + \frac{b_0}{2} \tag{6-24}$$

式中　Z_s——安装高程，m；
　　　Z_w——电站下游尾水位，m；
　　　b_0——导叶高度，m。

(2) 立轴轴流式和斜流式水轮机：

$$Z_s = Z_w + H_s + KD_1 \tag{6-25}$$

式中　K——水轮机结构高度系数，见表6-3。

表6-3　　　　　　　　轴流式水轮机结构高度系数

水轮机型号	ZZ360	ZZ440	ZZ460	ZZ560	ZZ600
K	0.3835	0.3960	0.4360	0.4085	0.4831

(3) 卧轴反击式水轮机：

$$Z_s = Z_w + H_s - \frac{D_1}{2} \tag{6-26}$$

(4) 立轴水斗式水轮机：

$$Z_s = Z_w + h_p \tag{6-27}$$

式中　h_p——排水高度，取 $h_p \approx (1 \sim 1.5) D_1$，m。

(5) 卧轴水斗式水轮机：

$$Z_s = Z_w + h_p + \frac{D_1}{2} \tag{6-28}$$

确定水轮机安装高程的尾水位通常称为设计尾水位。设计尾水位可根据水轮机的过流量从下游水位与流量关系曲线中查得。一般情况下水轮机的过流量可按电站装机台数参照表6-4选取。

表6-4　　　　　　　　确定设计尾水位时水轮机过流量的选择

电站装机台数	1台或2台	3台或4台	5台以上
水轮机过流量	1台机50%的额定流量	1台机的额定流量	1.5~2台机的额定流量

6.1.5　水轮机调速设备

1. 水轮机调节的任务和途径

水轮发电机组把水能转变为电能，供用户使用。用户除要求供电安全可靠外，还要求电能的频率及电压保持在额定值附近的某一范围内，如频率偏离额定值过大，就会影响用户的电能质量。我国规定电能质量的标准：电力系统的频率应保持在50Hz，对电力网容量在3000MW及以上者其允许偏差为±0.2Hz；对容量在3000MW以下的地方电力网其允许偏差为±0.5Hz；用户端电压变动幅值的允许范围是：35kV及以上的用户为额定电压的±5%；10kV及以下的用户为额定电压的+5%～－10%。

电力系统的频率稳定主要取决于系统内有功功率的平衡，即系统内的有功功率与有功负荷的平衡。然而电力系统的负荷是不断变化的，其变化幅值可达系统总容量的2%～3%，而且是不可预见的；此外，一天内系统负荷有上午、晚上两个高峰和中午、深夜两个低谷，这种变化是可以预见的，但其变化速度不可预见。电力系统负荷的不断变化必然导致系统频率的变化。

因此，必须根据用户有功负荷的变化所引起机组转速变化的偏差，不断调节水轮发电机组的有功功率输出，使之与用户的有功负荷平衡，并维持机组转速（频率）在规定范围内，这就是水轮机调节的任务。可见，供电频率的稳定是通过发电机的有功调节，即由调速器来调节。

供电电压的稳定是通过发电机的励磁装置来调节，即调节水轮发电机组的无功功率输出，使之与用户的无功负荷平衡，以保持发电机的端电压变幅在允许范围内。可见，供电电压的稳定是通过发电机的无功调节，即励磁装置来调节。

既然电力系统要求能够调节水轮发电机组的功率输出，那么采用什么方法和途径来完成这一任务呢？下面以单机带负荷运行机组为例说明这一问题。

如图6-32所示，水轮发电机的运动方程可由刚体绕固定轴转动的微分方程得出：

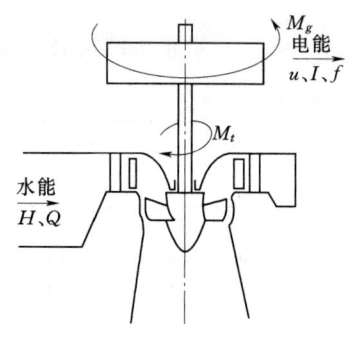

图6-32 水轮发电机组示意图

$$J\frac{d\omega}{dt}=M_t-M_g \qquad (6-29)$$

式中　　J——机组转动部分的转动惯量，机组型号确定后，则J为定值；

ω——机组转动角速度，$\omega=\dfrac{2\pi n}{60}$；

$\dfrac{d\omega}{dt}$——机组转动角加速度；

M_t——水轮机动力矩，由水流对水轮机叶片作用形成，推动机组转动，$M_t=\dfrac{\gamma_w QH\eta}{\omega}$；

M_g——发电机阻力矩，发电机定子对转子作用力矩，与M_t方向相反。

当$M_t=M_g$时，$\dfrac{d\omega}{dt}=0$，则转速稳定，机组稳定运行。当电力系统负荷变化时，则引起发电机M_g变化，$M_t\neq M_g$，$\dfrac{d\omega}{dt}\neq 0$：

（1）$M_g<M_t$，减负荷，则$\dfrac{d\omega}{dt}>0$，水轮机转速升高。

(2) $M_g > M_t$，增负荷，则 $\dfrac{d\omega}{dt} < 0$，水轮机转速降低。

由此可见，当发电机阻力矩发生变化时，要使机组转速维持在额定值，就必须对水轮机的动力矩进行调节；而水轮机动力矩与水轮机的工作水头、流量（导叶开度）和效率等有关，在实际工程中通过改变工作水头和效率来改变动力矩是十分困难的，因此只有通过改变导叶的开度，调节进入水轮机的流量来改变水轮机的动力矩。

随着外界负荷的改变，相应改变导叶开度（或针阀行程），使水轮发电机组的转速维持在某一额定值，或按某一预定的规律变化，这一过程就称为水轮机调节。

由于外界负荷是不断变化的，因而水轮机调节也要不断进行，为此大多数电站都装有能自动进行水轮机调节的调速器。

2. 水轮机调节系统组成及功用

图 6-33 所示为水轮机调节系统框图，从该图可见，水轮机调节系统由引水系统、水轮发电机组、电力系统、调速器等 4 个部分组成，并构成了一个封闭的调节系统。引水系统的作用是将上游水库或河道中的

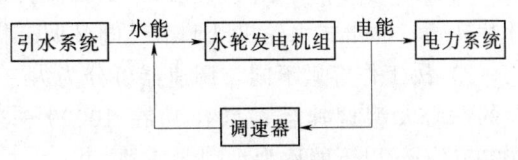

图 6-33 水轮机调节系统框图

水引入水轮机，做功后再排至下游；水轮发电机组的作用是由水轮机将水流能量转换为旋转的机械能，再经发电机将机械能转换为电能并输送到电力系统；电力系统的作用是将发电机输出的电能输送给用户；调速器的作用是根据电力系统频率的变化和用户的给定值调整进入水轮机的水能。调速器由自动调节机构、操作控制机构和指示仪表等组成。

(1) 自动调节机构。自动调节机构是调速器的核心部分，它由测频元件、放大元件、反馈元件和执行元件等组成。

1) 测频元件。在运行中测量机组的转速或输出电能的频率，并将其与给定值相比较，再根据偏差的大小和方向发出指令，控制下一级元件工作。

2) 放大元件。它将测频元件传来的频差信号和反馈元件传来的反馈信号综合后进行放大，以推动下级元件工作。

3) 反馈元件。它起校正作用，包括硬反馈和软反馈元件，或增加的其他反馈元件。反馈一般采用负反馈形式，反馈信号的方向与输入信号的方向相反，起到削弱输入信号作用的目的。其中硬反馈元件属于起定量作用的校正元件，它将执行元件（接力器）输出信号按比例地引回输入端，以实现预计的调节规律；软反馈元件属于起稳定作用的校正元件，它将执行元件（接力器）输出信号的微分值引回输入端，以确保调节的稳定性和调节品质。

4) 执行元件。它是调速器的输出接力器，它接受放大后的调节信号，并通过控制水轮机导水机构，调整进入水轮机的流量。

(2) 操作控制机构。操作控制机构主要有转速调整机构、开度限制机构、手自动切换装置、紧急停机电磁阀和手动操作机构等，以便调整机组转速、增减负荷、开机、停机和手动控制运行等。

(3) 指示仪表。为了便于监控调速器的运行状况，对运行中出现的问题能及时了解和

处理，在调速器上安装有油压表、转速表、开度表等。

3. 调速器的分类、组成、型号和系列型谱

（1）调速器的分类。

1）按元件结构的不同，调速器可分为机械液压型和电气液压型两大类。机械液压型调速器的控制部分为机械元件（离心摆、调差机构、局部反馈等），操作部分为液压系统（配压阀、接力器、缓冲器等）。电气液压型调速器的控制部分为电气回路（测频回路、缓冲回路、放大回路等），操作部分为液压系统。

2）按执行机构数目不同，可分为单调节和双调节调速器。单调节只有一个执行机构，以导水机构为唯一调节对象，适用于混流式和轴流定桨式水轮机。双调节有两个执行机构，具有双重调节对象的调节器，如轴流转桨式水轮机，除调节导水机构外，还调节转轮叶片转角；冲击式水轮机既调节针阀又调节折向器。

3）按工作容量不同，调速器可分为大、中、小、特小型。主配压阀直径在 80mm 以上的称为大型调速器；操作功在 10000～30000N·m 的称为中型调速器；操作功在 10000N·m 以下的称为小型调速器。

4）按调节规律不同，可分为 PI 型（比例—积分规律）和 PID 型（比例—积分—微分规律）调速器。

5）按供油方式不同，可分为通流式和压力罐式调速器。通流式调速器是指由油泵直接向调速器系统供油的调速器，主要用于特小型调速器。压力罐式调速器是指由压力罐向调速器供油的调速器。按压力罐及接力器布置方式不同，压力罐式调速器可分为：①不带压力罐及接力器的调速器，其调速器与接力器、油压装置均分别独立设置，主要用于大、中型调速器；②带压力罐及接力器的调速器，其调速器与接力器、油压装置组合成一体，主要用于中、小型调速器。

（2）调速器的组成。调速设备一般由调速柜、接力器（作用筒）、油压装置三部分组成，三部分之间用管路和传动设备联成一体。

1）调速柜（操作柜）。单机容量不同，机型不同，调速系统也不一样。调速柜的外形尺寸变化不大，一般为方形，尺寸为 800mm×800mm×900mm，如图 6-34 所示。因接力器多布置在机墩的上游侧，所以调速柜也多布置在发电机的上游侧。调速柜在布置时应尽量靠近接力器，以缩短油管，并便于安排回复装置。同时，操作柜应尽可能靠近机旁盘，使值班人员在调速柜旁能通视机旁盘上的各种仪表，以便在开机或停机以及试验时进行手动操作。

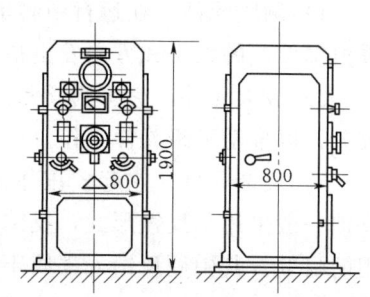

图 6-34 调速柜外形图
（单位：cm）

2）接力器（作用筒）。接力器是个油压活塞，大中型机组都采用两个，是直接控制水轮机导叶开度，调节进入水轮机流量，以保持机组转速稳定的机构，因蜗壳上游断面尺寸较小，接力器一般布置在上游侧机墩内，如图 6-35 所示。

3）油压装置。油压装置是由压力油罐、储油槽和油泵组成，如图 6-36 所示。油罐内油压为 2.5MPa，供推动活塞用。油压靠压缩空气维持，所以油桶内上部为压缩空气。

6.1 水　轮　机

工作后的油回到储油槽，罐内油量不足时，由油泵将油槽中的油打入罐内。油泵一般为两台，一台工作，一台备用。油压装置应尽可能地靠近操作柜并布置在同一高程，以缩短油管。

调速柜和油压装置均应布置在桥式吊车吊钩的工作范围之内，周围还应留1m左右的通道，以便安装、检修。

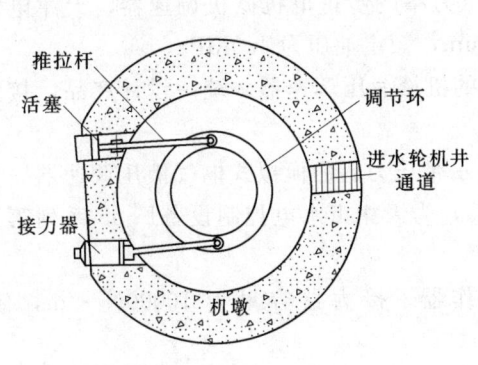

图6-35　接力器示意图

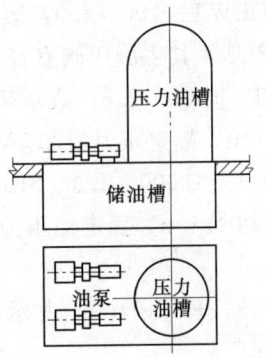

图6-36　油压装置示意图

（3）调速器型号。

1）编制方法。根据我国机械行业标准《水轮机调速器及油压装置型号编制方法》（JB/T 2832—2004）规定，调速器产品型号由产品类别代号、规格代号、额定油压及制造厂代号四部分组成，各部分用横线分开。

$$\boxed{1\ 2}-\boxed{3}-\boxed{4}-\boxed{5\ 6}$$

各方框中数字的含义如下：

a）第一部分为产品类别，由两部分构成：

1——Y 表示带压力罐；
　　T 表示通流式。

2——T 表示调速器；
　　ST 表示双调速器；
　　DC 表示电动操作器；
　　YC 表示液压操作器；
　　DF 表示电子负荷调节器；
　　CJT 表示冲击式调速器；
　　DT 表示集成电路模拟型调速器；
　　WT 表示微机型调速器。

b）第二部分为规格代号：

3——不带接力器调速器表示主配压阀直径（mm）/许用输油流量（L/s）；
　　带接力器调速器表示接力器容量（N·m）。

c）第三部分为额定油压：

4——额定油压 2.5MPa、4.0MPa、6.3MPa。

d）第四部分为制造厂代号、各厂表征产品特性或系列代号及改型代号：

5——制造厂代号。如 SK 表示天津水电控制设备厂；HDJ 表示哈尔滨电机厂等。

6——各厂产品特性或系列代号及改型代号。

2）型号示例。

a）TDBWT—100—4.0：表示不带压力罐的步进电机微机调速器，天津电气传动设计研究所产品，其主配压阀直径为 $\phi 100$mm，额定油压为 4.0MPa。

b）YT—6000—2.5：表示带压力罐的机械液压调速器，统一设计产品，接力器容量为 6000N·m，额定压力为 2.5MPa。

c）YDT—18000—4.0—SK05A：表示带压力罐的模拟式电气液压调速器，其接力器容量为 18000N·m，额定油压为 4.0MPa，为天津市水电控制设备厂 05 系列第一次改型产品。

d）YC—10000—4.0：表示液压操作器，接力器容量为 10000N·m，额定油压为 4.0MPa。

3）调速器的系列型谱。根据我国机械行业标准《水轮机调速器及油压装置系列型谱》（JB/T 7072—2004）规定，调速器型谱按容量可分为大型、中型、小型和特小型四个基本系列，见表 6-5。

表 6-5　　　　　　　　　　调速器容量划分系列

类别	不带压力罐及接力器的调速器①	带压力罐及接力器的调速器	通流式调速器	液压操作器	电动操作器	电子负荷调节器
系列	接力器容量范围（N·m）					配套机组功率（kW）
大型	>50000					
中型	>10000～50000②	>10000～50000		>10000～50000	>10000～50000	
小型	>3000～10000②	>1500～10000	>3000～10000	>3000～10000		40，75，100
特小型	170～3000②	170～1500③	170～3000	170～3000	350～3000	3，8，18

① 指调速器能配置的接力器容量。

② 指单喷嘴冲击式水轮机调速器。

③ 特小型不推荐采用电调。

6.2　发　电　机

6.2.1　发电机的类型及传力方式

立轴水轮发电机就其传力方式可分为两大类。

1. 悬挂式发电机

如图 6-37 所示，推力轴承位于转子上方，支承在上机架上。悬挂式发电机组转动部

6.2 发 电 机

分(包括发电机转子、水轮机转轮、主轴和作用于转轮上的水压力)的重量,通过推力头和推力轴承传给上机架,上机架传给定子外壳,定子外壳再把力传给机墩,整个机组好像在上机架上挂着一样,因此称为悬挂式。

下机架的作用是支撑下导轴承和制动闸,下导轴承是防止主轴摆动的。当机组停机时,需用制动闸将转子顶起,以防烧毁推力头和推力轴承。制动闸反推力、下导轴承自重等通过下机架传给机墩。发电机层楼板自重和楼板上设备重量通过通风道外壳传到机墩上。悬挂式发电机的转子直径小、高度大、重心高,其稳定性比伞式好,故转速大于150r/min的高转速发电机则多做成悬挂式。

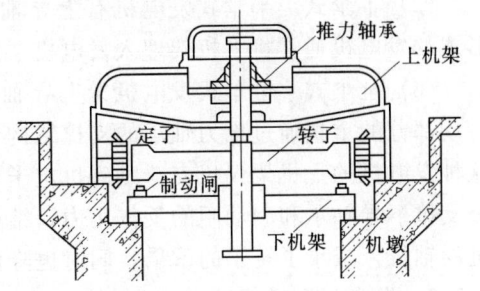

图 6-37 悬挂式发电机示意图

2. 伞式发电机

如图 6-38 所示,伞式发电机推力轴承位于转子下方,设在下机架上。整个发电机像把伞,推力头像伞柄,转子像伞布,故称伞式发电机。

(1)普通伞式。普通伞式发电机有上、下导轴承,如图 6-38(a)所示。

机组转动部分的重量通过推力头和推力轴承传给下机架,下机架再把力传给机墩。上机架只支撑上导轴承和励磁机定子。由于利用水轮机和发电机之间的轴安放推力头,上机架的高度可减小,轴长可缩短,因而降低了厂房高度。发电机的重量比悬挂式要小,发电机转子可单独吊出,不需卸掉推力头,安装检修都比较方便。

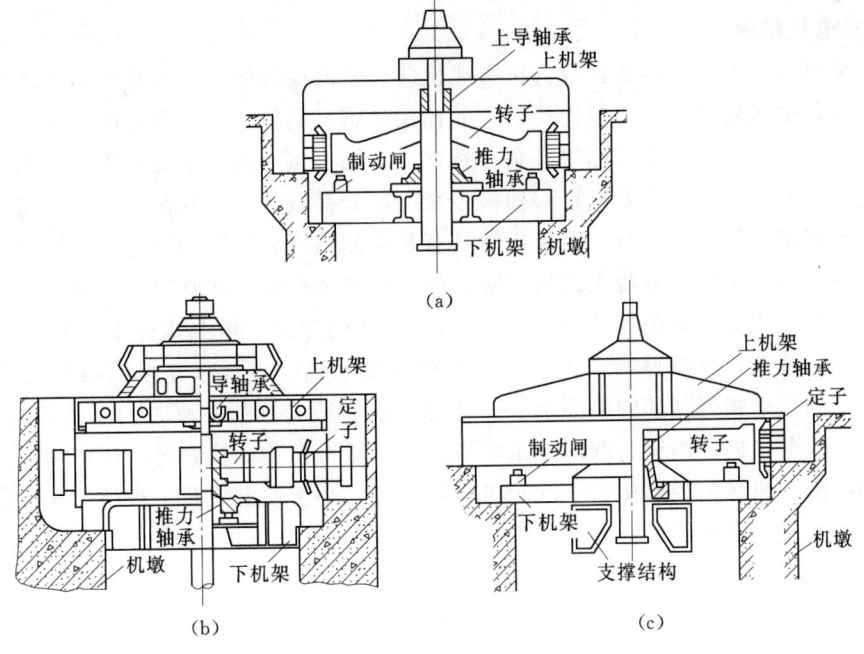

图 6-38 伞式发电机剖面图
(a)普通伞式;(b)半伞式;(c)全伞式

伞式发电机转子重心在推力轴承之上，重心较高，运转时容易发生摆动，应用范围受到限制。对于大容量、转速小于150r/min的发电机，由于转子直径大、高度小、重心低，多做成伞式。

(2) 半伞式。半伞式发电机有上导轴承，无下导轴承，如图6-38（b）所示。此种形式的发电机通常将上机架埋入发电机层地板以下。

(3) 全伞式。全伞式发电机无上导轴承，有下导轴承，如图6-38（c）所示。机组转动部分的重量通过推力轴承的支撑结构传到水轮机顶盖上，通过顶盖传给水轮机座环。这种发电机的上机架仅仅支撑励磁机定子和上导轴承的重量，结构简单，尺寸小。下机架只支撑下导轴承和制动闸的反作用力，结构尺寸也较小。这种传力方式进一步缩短了发电机的轴长，减小了转子的重量，同时也降低了厂房的高度。

6.2.2 发电机励磁系统

励磁系统是向发电机转子提供形成磁场的直流电源。如果中断励磁，发电机立刻全甩负荷，因此必须十分可靠。一般每台发电机都设备自独立的励磁系统。励磁系统包括励磁机和励磁盘。

(1) 励磁机。实际上是直流发电机，其励磁方式有采用与水轮发电机同轴的励磁机的直接励磁系统；采用直流发电机，有水银整流器组成的离子励磁系统和半导体整流等非直接励磁系统。大型水轮发电机多采用静电可控硅励磁方式。

(2) 励磁盘。它是装设水轮发电机励磁回路的控制设备和自动调整装置的配电盘，其作用是控制和调整水轮发电机的励磁电流。每台发电机一般有3~5块励磁盘，包括电压校正器盘、复励盘、自动灭磁盘和自耦变压器架等，一般布置在发电机层的上游侧或下游侧。

6.2.3 发电机机墩

立轴发电机的支承结构通常称为机墩或机座，它的底部固结在水轮机层大体积混凝土上，上部与发电机层楼板或风罩连接。它的作用是将发电机支承在预定的位置上，并为机组的安装、运行、维护、检修创造有利的条件。立轴机组的机墩承受水轮发电机组的全部动、静荷载，有时还要承受发电机层楼板传来的部分荷载并将这些荷载传给厂房的下部块体结构。为保证机组正常运行，要求机墩具有足够的强度、刚度和稳定性，同时具有良好的抗震性能，一般为钢筋混凝土结构。常见的机墩有如图6-39所示几种型式。

(1) 圆筒式机墩。如图6-39（a）所示，其结构形式一般为上、下直径相同的等厚的钢筋混凝土圆筒，其壁厚在1m以上，上端与发电机层楼板相连接或与发电机风罩相连，下端则固结于蜗壳顶部的混凝土上。外部形状一般为圆形，有时为了施工立模便利，也有做成正八角形的。内壁为圆形的水轮机井，水轮机安装、检修时，转轮和顶盖可由井中吊进和吊出。机墩内径要按大于水轮机转轮直径、小于发电机转子直径，并考虑下机架支承等要求而定。根据经验，圆筒式机墩内径 D_c 可按以下方法选定。

对于悬式水轮发电机：

$$D_c \leqslant D_i - (0.6 \sim 1.5) \text{m}$$

对于伞式水轮发电机：

$$D_c \geqslant (1.3 \sim 1.5) D_1$$

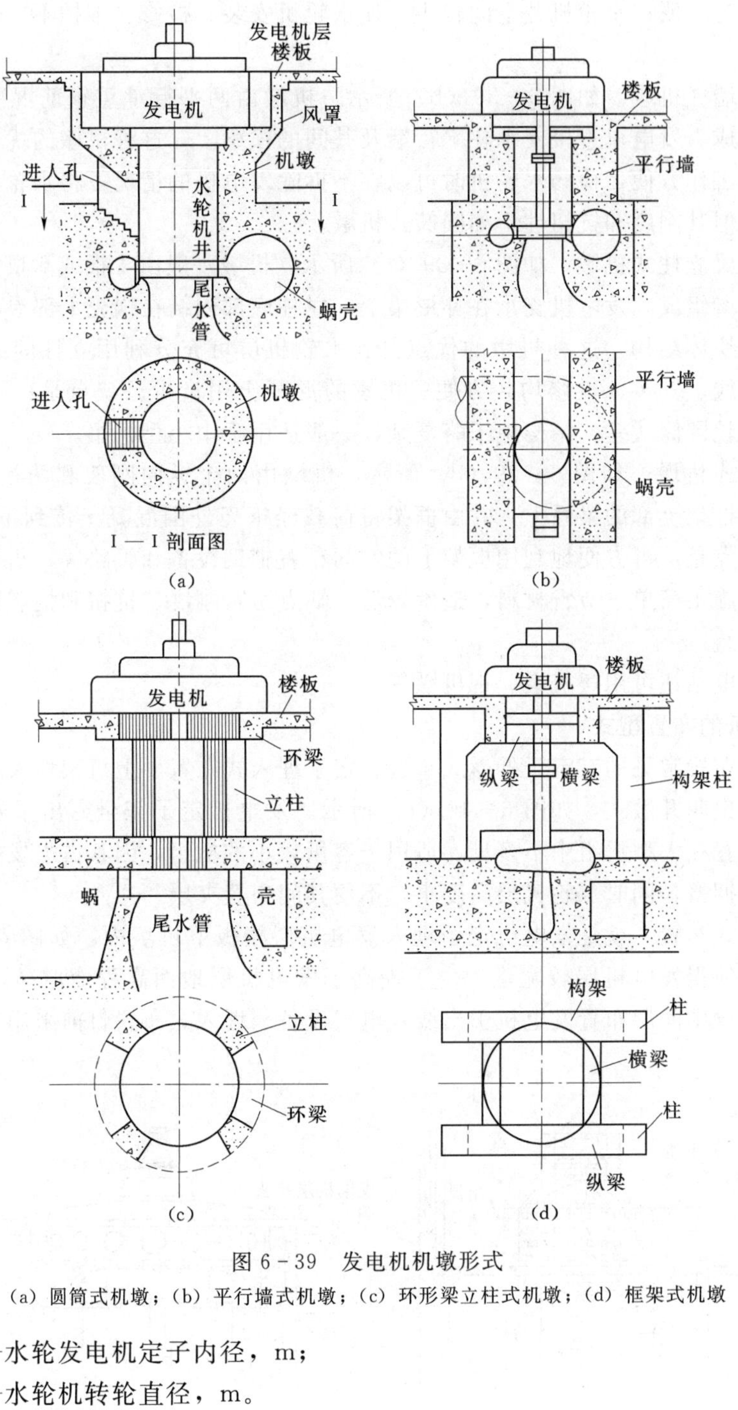

6.2 发 电 机

图 6-39 发电机机墩形式
(a) 圆筒式机墩；(b) 平行墙式机墩；(c) 环形梁立柱式机墩；(d) 框架式机墩

式中 D_i——水轮发电机定子内径，m；
   D_1——水轮机转轮直径，m。

这样可使机墩荷载的一部分经水轮机座环传至下部块体结构。机墩的一侧需布置接力器，另一侧布置机墩进人孔，其尺寸一般为 2m×1.2m 左右。

圆筒式机墩广泛应用于各种水头和容量的机组，其优点是：刚度较大，抗压、抗扭、抗震性能较好；结构简单，施工方便。缺点是：占水轮机层空间较大，使辅助设备布置和预埋管路等较为不便；水轮机井空间较小，使水轮机安装、检修、维护不方便。一般适用于大中型机组。

(2) 平行墙式机墩。如图 6-39 (b) 所示，机墩由两平行承重钢筋混凝土墙及其间的两横梁所组成。发电机直接支承在平行墙及其间的横梁上。这种机墩的优点是：水轮机顶盖处宽敞，工作方便，检修水轮机时可以在不拆除发电机的情况下将水轮机转轮从两平行墙间吊出，但其刚度和抗扭性不如圆筒式机墩。

(3) 环形梁立柱式机墩。如图 6-39 (c) 所示，机墩一般由 4 根或 6 根立柱以及固结于柱顶的环形梁组成，发电机支承在环形梁上，立柱底部固结在蜗壳上部混凝土上，并将荷载传到下部块体结构。这种机墩的优点是：水轮机层可充分利用立柱间的净空布置设备；机组的出线、安装、检修均较方便；机墩的混凝土用量少。缺点是：结构刚度及抗扭、抗震性能较圆筒式差，结构施工略复杂，一般适用于中小型机组。

(4) 框架式机墩。如图 6-39 (d) 所示，机墩由两个纵向刚架和两根横梁所组成。发电机支承在框架上部的梁系上，并由框架将荷载经蜗壳外围混凝土传到下部块体结构。这种机墩的优点是：可方便地利用框架下的空间布置辅助设备和管路等；机组的安装、检修都较方便；施工简单，节省材料，造价较低。缺点是：刚度、抗扭和抗震性较差。一般适用于小型机组。

对大型水电站还可用矮机墩、钢机墩等。

6.2.4 发电机的布置型式

发电机的布置常见的有定子外露式布置、定子埋入式布置、上机架埋入式布置三种。

外露布置也叫开敞式，如图 6-40 (a) 所示。发电机定子完全露出于发电机层地面以上。此种布置在大型机组中不多见，适用于容量较小的机组，因其占去发电机层地板很多位置，显得拥挤，同时水轮机层高度小，不便其间布置夹层。

所谓埋入式布置，就是发电机定子埋入发电机层楼板下机坑内，如图 6-40 (b) 所示。此种布置使得发电机层较宽敞，由于提高了发电机层地面高程而增高了水轮机层高度，可利用增设中间层布置发电机引出线及电气设备。埋入式布置目前采用较多，适用于大中型机组。

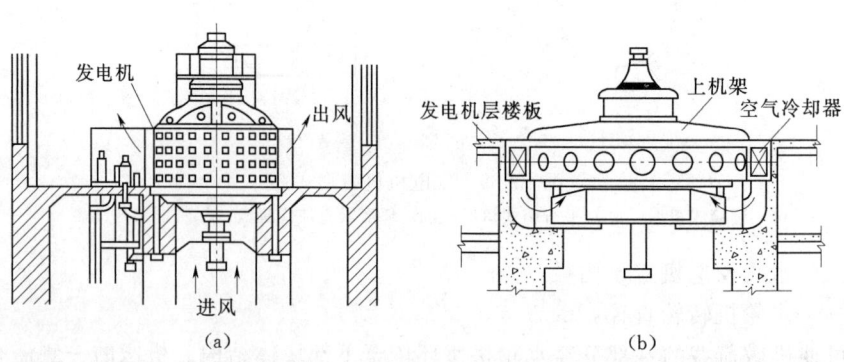

图 6-40 发电机的布置方式
(a) 定子外露式布置；(b) 定子埋入式布置

单机容量在 100MW 以上的大型机组常采用上机架埋入布置，即发电机定子及上机架全部埋设在发电机层楼板之下，发电机层只留有励磁机。这样要增加一些厂房的高度，但发电机层较宽敞，检修场地大，利于各种控制设备和辅助设备的布置，有利于减小厂房的宽度。

6.3 主变压器

主变压器（升压变压器）的功用是将水轮发电机发出的电能由发电机的低电压升到输电线的高电压，是水电站的重大电气设备。

6.3.1 主变压器的选择

主变压器的选择主要需考虑如下因素：

(1) 由于水电站的厂用电较少，地区负荷不大，故从容量上看，一般主变压器的额定容量应与所连接的水轮发电机额定容量相匹配，而且应当符合相关规范规定的容量系列。

(2) 主变压器应优先采用三相式。如运输条件和布置场地均受限制时，宜选用三相组合式变压器；如运输条件受限制但布置场地不受限制时，可选用单相变压器组。

(3) 主变压器冷却方式应根据枢纽布置、环境等条件通过技术经济比较确定。在地下、户内布置或布置空间狭小、散热不利时，宜采用水冷却方式。水冷却方式的选型应考虑防止油、水渗漏和锈蚀的措施。当冷却水压大于油压时，应选用双重管水冷却器；当冷却水含有杂质时，应采取防堵措施或选用防堵型冷却器。

6.3.2 主变压器场地的布置

主变压器场地的布置应考虑以下因素。

(1) 地面厂房主变压器宜靠近主厂房布置，并应根据变压器冷却方式考虑通风散热、维护和检修方便，便于分期施工，以及避免泄洪时水雾的影响等条件。

地下厂房主变压器布置应根据电厂枢纽布置和地质条件等，对主变压器地面或地下布置方案，或布置在与主厂房平行的洞室等方案进行技术经济比较确定。

(2) 根据场地条件，变压器冷却器可安放在变压器箱体上，也可在变压器附近集中布置。

(3) 变压器应设泄压装置，泄压油应避开运行巡视工作的部位，应避免压力释放装置动作后喷出的油污危及人身和其他设备安全。

(4) 油浸变压器布置在配电装置室上部时，变压器基础应采取防止油、水渗漏的结构。

(5) 主变压器布置应考虑卸车、就位、检修、试验、运行维护等必要的通道、空间和搬运条件。检修设施和搬运通道应满足对运行设备的安全距离要求。

(6) 布置在地下洞室或坝体内的主变压器室，应为一级耐火等级。防火隔墙应封闭到顶，大门采用甲级防火门或防火卷帘，且不应直接开向主厂房或正对进厂交通道。地下主变压器廊道应设有两条安全通道，并设有独立的事故排烟系统。

(7) 干式变压器无需布置在单独封闭的小间内，但应设置防护围栏或一定防护等级的防护围罩，并应考虑通风防潮措施。高、低压出线外露时也应设置围栏。

(8) 主变压器室顶部应设置安装、检修用的钩钩或其他起吊设施。

6.4 起 重 设 备

6.4.1 常用起重设备

水电站动力设备的零部件重量大，安装和检修工作都要使用起重设备。安装工作具有安装工期短，要求速度快、质量高，起重设备在安装期间利用率高，而在正常运行期间利用率又很低；起吊大部件时要求速度慢、持续时间相应地较长，起吊小部件时速度可以快等特点。动力设备检修范围及项目大致可分为定期检修和临时性检修两大类。定期检修是有计划地进行维护与检修，包括定期检查、小修、中修和大修，一般安排在枯水期发电任务较少的时候进行；临时性检修的时间及范围往往不可预估，是在设备发生事故后对损坏的设备及时修复。

在水电站设备的安装与检修工作中，常使用的起重设备有：

(1) 千斤顶。分机械式千斤顶和液压千斤顶两类。前者包括 LQ 型螺旋千斤顶和齿轮齿条千斤顶，起重量不大于 50t；后者最大起重量可达 500t。

(2) 起重葫芦。分手拉葫芦和电动葫芦两类。前者工作时必须悬挂在厂房天花板上、或另设三脚支架的吊环上、或与之配套的手动单轨小车的吊环上，最大起重量可达 20t；后者悬挂在厂房内的工字钢轨上，常与电动单梁、电动悬挂、悬臂等起重机配套使用，其重量在 10t 以内。

(3) 悬臂式起重机。可以靠墙装设，能绕立柱旋转，主要用于有固定位置且设备重量较小的场合，如电站辅助设备的吊装，起重量为 0.5～1t。

(4) 桥式起重机、门式起重机等。

6.4.2 起重机

1. 起重机的形式

水电站厂房的起重设备形式和台数取决于厂房类型、最大起重量和机组台数等，通常有：

(1) 桥式起重机。水电站厂房内的桥式起重机常为电动桥式吊车（桥吊），桥式吊车由大梁（移动桁架式）、小车、驱动操纵机构和提升机构等部分组成，如图 6-41 所示。桥吊大梁可在吊车梁的轨道上沿厂房纵向行驶，吊车梁则支承于主厂房上下游两侧的钢筋混凝土排架柱上。

桥式吊车大梁上的小车有单小车和双小车两种：单小车设有主钩和副钩；双小车是桥架上设有两台可以单独和联合运行的小车，每台小车只有一个起重吊钩，藉手动变速做主钩或副钩使用。小车可沿大梁在厂房内横向移动，这样桥吊上的主、副吊钩就可以到达发电机层的绝大部分范围。桥式吊车多用于地面式厂房。

(2) 门式起重机。由水平桁架和两个刚性支架组成；也可以只有一个刚性支架支承于地面的轨道上，而另一个支架支承在坝顶或梁的轨道上。后一种情况的起重机又称为半门式起重机。在露天式和半露天式厂房使用。

6.4 起 重 设 备

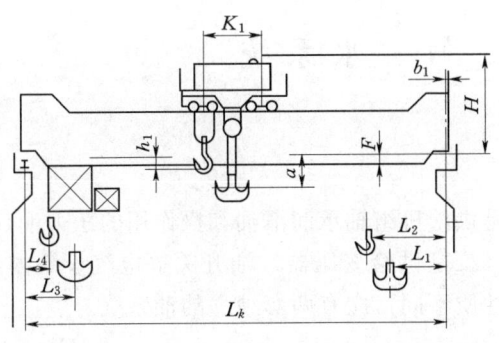
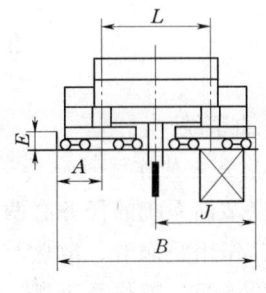

图 6-41 单小车桥式吊车构造型式

L_k—桥吊跨度;L_1、L_2、L_4—主、副钩至轨道中心极限距离;a、h_1—主、副钩中心至轨顶的极限距离;F—桥吊大梁底面至轨顶的距离;K_1—桥吊小车轮距;H—轨顶至桥吊顶端的距离;b_1—轨道中心至桥吊外端的距离;B—桥吊最大宽度;J—桥吊宽度的一半;L—小车轨距;A—车轮中心至缓冲器外端的距离;E—轨顶至缓冲器的距离

2. 起重机形式和台数的选择

(1) 吊件的重量少于 100t,机组台数少于 4 台时,选用一台单小车桥式起重机,机组台数多于 5 台时,选用 2 台单小车桥式起重机。

(2) 吊件的重量为 100~600t,机组台数少于 4 台时,选用一台双小车或单小车桥式起重机;机组台数多于 5 台时,选用两台起重量各为最重吊件一半的单小车桥式起重机,或设一台双小车桥式起重机,另设一台起重量较小的单小车桥式起重机辅助吊运。

(3) 吊件重量大于 600t 时,可选用一台或两台单小车桥式起重机。

总之,选择时应以经济合理、安全可靠、使用方便为原则。

3. 起重设备的工作参数

(1) 起重量。起重机额定起重量是根据起吊最重部件(通常为发动机转子带轴)加上平衡梁和吊具的重量,并参照起重机技术确定。如果用一台双小车桥式起重机(或两台单小车桥式起重机)联合起吊最重件,每台小车的额定起重量为总起重量的一半;同时,一台小车的起重量最好能满足起吊变压器或转桨式水轮机转轮带轴的要求。

(2) 跨度。它指起重机大车轨道中心线的间距。可根据在吊钩活动极限范围内能吊运主设备定出的主厂房宽度来选定。如不符合起重机制造厂的起重机标准跨度时,可按每隔 0.5m 选取。

(3) 起升高度。它指吊钩上限位置与下限位置之间的距离。主钩的上限位置通常根据吊运水轮机转轮带轴或发电机转子带轴所需要的高度来确定。主钩的下极限位置要满足从机坑(水轮机井)内吊出发电机转子和水轮机转轮,或从进水阀吊孔内吊出进水阀,并运至装配场的要求。副钩的下限位置,应满足水轮机埋设部件的安装、检修的要求。双小车起重机每台仅有一套吊钩,它的下极限位置应满足发电机转子或水轮机转轮从机坑吊出和吊运进水阀、水轮机埋设部件及安装要求。

6.5 油、气、水系统

6.5.1 油系统

1. 油系统的作用及分类

水电站油系统的任务有两方面,一是供给机组轴承润滑油和操作用的压力油,称为透平油,其作用是润滑、散热及传递能量;二是供给变压器、油开关等电气设备的绝缘油,其作用是绝缘、散热及灭弧。两种油的性质不同,应有两套独立的油系统。

2. 油系统的布置

透平油的用油设备均在厂内,故透平油库一般布置在厂内,只有在油量很大时才在厂外另设储存新油的油库。绝缘油用量大的主变压器和开关站都在厂外,所以绝缘油库常布置在厂外主变压器和开关站附近。油库在厂房内,可以布置在安装间下层、水轮机层或副厂房内。油库要特别注意防火,储量大于100t时应设在厂外。油处理室一般设在油库旁。补给油箱常设在主厂房的吊车梁下。当设备中的油有消耗时,补给油箱自流补给新油。当不设补给油箱时,可利用油泵补给新油。当变压器、油开关、油库发生燃烧事故时迅速将油排入事故油槽中,以免事故扩大。事故油槽应布置在便于充油设备排油的位置,并便于灭火。油的输送及控制设备,一般布置在水轮机层一侧。进油管一般涂红色,排油管涂黄色。

6.5.2 气系统

1. 压气系统的用途

压缩空气分为低压压缩空气和高压压缩空气。

(1) 低压压缩空气系统。其作用是:机组制动;调相运行压水;蝶阀关闭时,将压缩空气通入阀上的空气围带,使其膨胀而减少漏水;检修时清扫设备,供风动工具使用;通向拦污栅,防冻清污等。额定气压为 0.5~0.8MPa。

(2) 高压压缩空气系统。其作用是为厂房中所有调速器油压装置的压力油箱充气。调速器压力油箱中约有 2/3 的体积为压缩空气,以保证调速器用油时无过大的压力波动。额定气压为 2.5MPa 及 4MPa。配电装置如空气断路器的灭弧和操作用气,以及开关和少油断路器的操作用气,额定气压为 2~5MPa。

2. 压气系统的布置

压气系统的组成有空压机、储气罐、输气管、测量控制元件。用气设备如远离厂房(如高压开关站及进水口),则在该处另设压气系统,厂房内高低压气系统均要设置。空气压缩机室一般布置在水轮机层的安装间下面,其噪声很大,要远离中央控制室,并满足防火防爆要求。输气管及阀门,一般与油、水管道一起布置在水轮机层的上游侧或下游侧。输气管一般涂白色。

6.5.3 水系统

水系统按其用途可分为供水系统和排水系统两大类。

1. 供水系统

水电站厂房内的供水包括技术供水、生活供水和消防供水。技术供水主要提供冷却及润滑用水，供水对象如发电机的空气冷却器、机组导轴承和推力轴承的油冷却器、水润滑导轴承、空气压缩机气缸冷却器、变压器的冷却设备等。用量最大的是发电机和变压器的冷却用水，可达技术用水的80%左右，要求水质清洁，不含对管道和设备有害的化学成分。

一般供水系统的取水方式包括从压力管道取水、从上游水库取水、从下游水泵取水和从地下水源取水。供水系统由水源、供水设备、水处理设备、管网和测量控制元件组成。管路应尽可能靠近机组，以缩短管线并减少水头损失。供水泵房应布置在水轮机层或以下的洞室内。供水系统中的水管、阀门及过滤设备等一般均与油、气系统管路一起布置在水轮机层的一侧。水电站中的技术供水管一般涂蓝色。

消防供水要求水流能喷射到建筑物的最高部位，流量一般为15L/s。消防供水可从上游压力管道、下游尾水渠或生活用水的水塔取水，并且应设置两个水源。生活用水根据工作人员的多少决定。消防供水管一般涂橘黄色。

2. 排水系统

厂房内的生活用水、技术用水，阀门、建筑物及其他设备的渗漏水，均需及时排走。发电机冷却用水等均自流排往下游。不能自流排除的用水和渗水，则集中到集水井，再用水泵排到下游。这个系统称为渗漏排水系统。

机组检修时常需要排空蜗壳和尾水管，为此需设检修排水系统。检修时，将机组前蝴蝶阀或进水闸门关闭，蜗壳及尾水管中的水自流经尾水管排往下游。当蜗壳和尾水管中的水位等于下游尾水时，关闭尾水闸门，利用检修排水泵将余水排走。检修排水可采用下列几种方式：

（1）集水井。各尾水管与集水井之间以管道相连，并设阀门控制，尾水管的积水可自流排入集水井，再用水泵排走。

（2）排水廊道。在厂房最低处沿纵轴线设一廊道，各尾水管的积水直接排入廊道，再由水泵排走。由于廊道体积大，尾水管中积水排除迅速，可缩短检修时间。

（3）分段排水。在每两台机组之间设集水井和水泵，担负两台机组的检修排水。

（4）移动水泵。需检修某台机组时，临时移动水泵装在该处进行排水。

水泵集中在水泵房内，集水井设在水泵房的下层。集水井通常布置在安装间下层、厂房一端、尾水管之间或厂房上游侧。集水井的底部高程要足够低，以便自流集水。每个集水井至少设两台水泵，一台工作，一台备用。排水管一般涂绿色，污水管则涂黑色。

6.6 电气二次设备

水电站电气设备可分为电气一次设备和电气二次设备。电气一次设备是指直接用于生产、输送、疏导、分配和消耗电能的电气设备。它包括发电机、变压器、断路器、隔离开关、自动开关、接触器、刀开关、母线、输电线路、电力电缆、电抗器、电动机、接地、避雷器、滤波器等。电气二次设备是指对一次设备的工作进行监测、控制、调节、保护以及为运行、维护人员提供运行工况或生产指挥信号所需的低压电气设备，如测量仪表、继电保护装置、自动装置和操作电源等。电气二次系统是保证水电站安全经济运行、实现水电站自动化、满足电网和水库调度管理的要求所必需的。

(1) 测量仪表。它是用以测量一次回路中的电流、电压、功率等的表计，如电流表、电压表、功率表等。

(2) 自动装置。它指用以自动调整水轮发电机的电压、功率、频率或自动开、停某些设备的自动控制设备。它们能提高电站运行的可靠性和经济性，保证电力系统和水电站的安全运行水平和供电质量，改善运行人员的劳动条件，减少运行人员。自动化元件和设备应能适应电磁干扰和湿度高的工作环境。大中型电站都装设了计算机监控系统，可完成全站监视控制和自动化的任务。

(3) 继电保护装置。它是用以保护水轮发电机、主变压器和输电线路等。电气设备因超过运行条件、操作不当、雷击、绝缘老化损坏等会出现异常或发生事故，如短路、断线、接地、过负荷、振荡及非同步运行等，因此需要装设继电保护装置，并提出了可靠性、选择性、灵敏性和速动性的要求。这些装置或自动报警，或是断路器跳闸，断开事故回路，避免事故扩大。

(4) 操作电源。它指供给厂房内的继电保护装置、自动装置、信号装置和断路器操作回路用的电源。大中型水电站多采用独立的蓄电池组作为直流操作电源，由硅整流器或充电机组进行充电。

小　　结

本章主要介绍了水电站主要机电设备，包括水轮机、水轮发电机、主变压器、起重设备、油、气、水系统以及电气二次设备，其中重点是水轮机及油气水系统。在学习过程中应着重掌握以下几点。

(1) 水轮机的基本类型、工作参数、主要过流部件、调速设备的作用和组成。
(2) 水轮机吸出高度、安装高程的含义、规定、相互关系。
(3) 水轮发电机的类型。
(4) 主变压器的选型、场地要求。
(5) 桥式起重机的选型、台数的选择、工作参数的确定。
(6) 油、气、水系统的组成和功用。

习题及思考题

1. 水轮机的类型有几种，各种类型水轮机有何优缺点？反击式和冲击式水轮机在能量转换上有何区别？
2. 反击式、冲击式水轮机的主要组成部件及作用是什么？
3. 什么是水轮机的吸出高度？各型水轮机允许吸出高度和安装高程如何确定？
4. 试说明下列水轮机型号各代表什么含义：

HL240—LJ—180，ZZ560—LH—800，XLN200—LJ—300，CJ26—W—$\dfrac{125}{1\times 12.1}$。

5. 悬式与伞式发电机组的传力特点各是什么？

6. 如何选择桥式起重机的类型、台数及其工作参数？

7. 油、气、水系统的分类及其功用有哪些？

第 7 章　水电站厂房布置设计

7.1　水电站厂房的任务、组成及基本类型

7.1.1　水电站厂房的任务

水电站厂房是水能转变为电能的生产场所，也是运行人员进行生产和活动的场所。其任务是通过一系列的工程措施，将水流平顺地引进水轮机，使水能转变成可供用户使用的电能，并将各种必需的机电设备安置在恰当的位置，创造良好的安装、检修及运行条件，为运行人员提供良好的工作环境。

水电站厂房是水工建筑物、机械及电气设备的综合体。在厂房的设计、施工、安装和运行中需要各专业人员的通力协作。水工建筑专业人员主要从事建筑物的设计、施工与运行管理。因此，本章着重从水工建筑的观点来讲述各种厂房建筑物。

7.1.2　水电站厂房的组成

水电站厂房的组成可从不同角度划分。

1. 根据设备布置和运行要求的空间划分

（1）主厂房。水能转变为机械能是由水轮机实现，机械能转变为电能是由发电机来完成的，二者之间由传递功率装置连接，组成水轮发电机组。用来安装水轮发电机组及各种辅助设备的房间称为主厂房，是水电站厂房的主要组成部分。

（2）副厂房。布置各种运行控制设备和检修管理设备的房间以及运行管理人员工作和生活的用房，统称副厂房。

（3）主变压器场。安装升压变压器的地方称为主变压器场。水电站发出的电能经主变压器升压后，再经输电线路送给用户。

（4）开关站（户外高压配电装置）。安装高压配电装置的地方称为开关站。为了按需要分配功率及保证正常工作和检修，发电机和变压器之间以及变压器与输电线路之间有不同电压的配电装置。发电机侧（低压侧）的配电装置，通常设在厂房内，而其高压侧的配电装置一般在户外，称为高压开关站。开关站装设高压开关、高压母线和保护设施，高压输电线由此将电能送给电网和用户。

水电站主厂房、副厂房、主变压器场和高压开关站及厂区交通等，组成水电站厂区枢纽建筑物，一般称为厂区枢纽。厂区是完成发电、变电和配电的主体。

2. 根据设备组成的系统划分

按设备组成系统的作用可分为五个系统。

（1）水流设备系统。它是指将水能转变为机械能的水轮机及其进出水设备系统，包括压力管道、主阀（如蝴蝶阀）、水轮机引水室（如蜗壳）、水轮机、尾水管及尾水闸门等。

(2) 电流设备系统。它是指水电站进行发电、变电、配电的电气一次回路系统,包括发电机及其主引出线、发电机母线、发电机中性点引出线、发电机电压配电装置(户内开关室)、主变压器、高压配电装置(户外开关站)及各种电缆等。

(3) 电气控制设备系统。它是指操作、控制水电站运行的电气二次回路设备系统,包括机旁盘、励磁设备、中央控制室的各种电气设备,各种控制、监测及操作设备等。这些控制及操作设备如各种互感器、表计、继电器、控制电缆、自动及远动装置、通信及调度设备等直流系统。

(4) 机械控制设备系统。它是指操作、控制厂房内水力机械的一系列设备系统,包括水轮机的调速设备(如接力器及操作柜)、事故阀门的控制设备,以及主阀、减压阀、进水口拦污栅和各种闸门的操作控制设备等。

(5) 辅助设备系统。它是指水电站安装、检修、维护、运行所必需的各种电气及机械辅助设备系统。它包括厂用电系统(厂用变压器、厂用配电装置、直流电系统等);油系统(透平油和绝缘油的存放、处理及流通设备等);气系统(高压和低压空气压缩机、储气筒、输气管及阀门等);水系统(技术供水、生活供水、消防供水等供水系统以及渗漏和检修排水等排水系统等);起重设备(厂房内外的桥式及门式起重机、各种闸门的启闭机等);交通运输通道(门、运输轨道、过道、廊道、楼梯、斜坡、吊物孔、进人孔等);各种机电维修和试验设备,以及采光、通风、取暖、防潮、防火、防尘、保安、生活卫生等设备。

上述五大系统各有其不同的作用和要求,在布置时必须注意它们的相互联系,使其相互协调地发挥作用。水电站厂房的组成及其配合关系如图7-1所示。

3. 根据水电站厂房的结构组成划分

(1) 水平面上,可将厂房分为主机室和安装间(又称装配场)。主机室是运行和管理的主要工作场所,水轮发电机组及辅助设备布置在主机室;安装间是水电站机电设备卸货、拆箱、组装和机组检修时使用的地方。

(2) 垂直面上,根据工程习惯将主厂房以发电机层楼板地面为界分为上部结构和下部结构两部分。

1) 上部结构。它包括主机室和安装间,与工业厂房相似,基本上是板、梁、柱结构系统。

2) 下部结构。它为大体积混凝土的整体结构,是厂房的基础,主要布置水轮机的过流系统,其特点是:尺寸大、结构复杂、防渗要求严格、基础深厚。

7.1.3 水电站厂房的基本类型

由于水电站的地形、地质、水文等自然条件和水能的开发方式、动能参数、机组型式、枢纽总体布置不同以及技术、经济和国防等因素的影响,水电站厂房的类型是多种多样的,并且各有其优缺点和适用条件。

1. 按厂房结构特征分类

按照水电站厂房的结构特征,厂房可分为下列几种基本类型。

(1) 引水式厂房。发电用水来自较长的引水道,厂房远离挡水和进水建筑物,厂房上游不承受水压力,厂房布置在引水系统末端的河岸上,称为引水式厂房,它通常布置在地

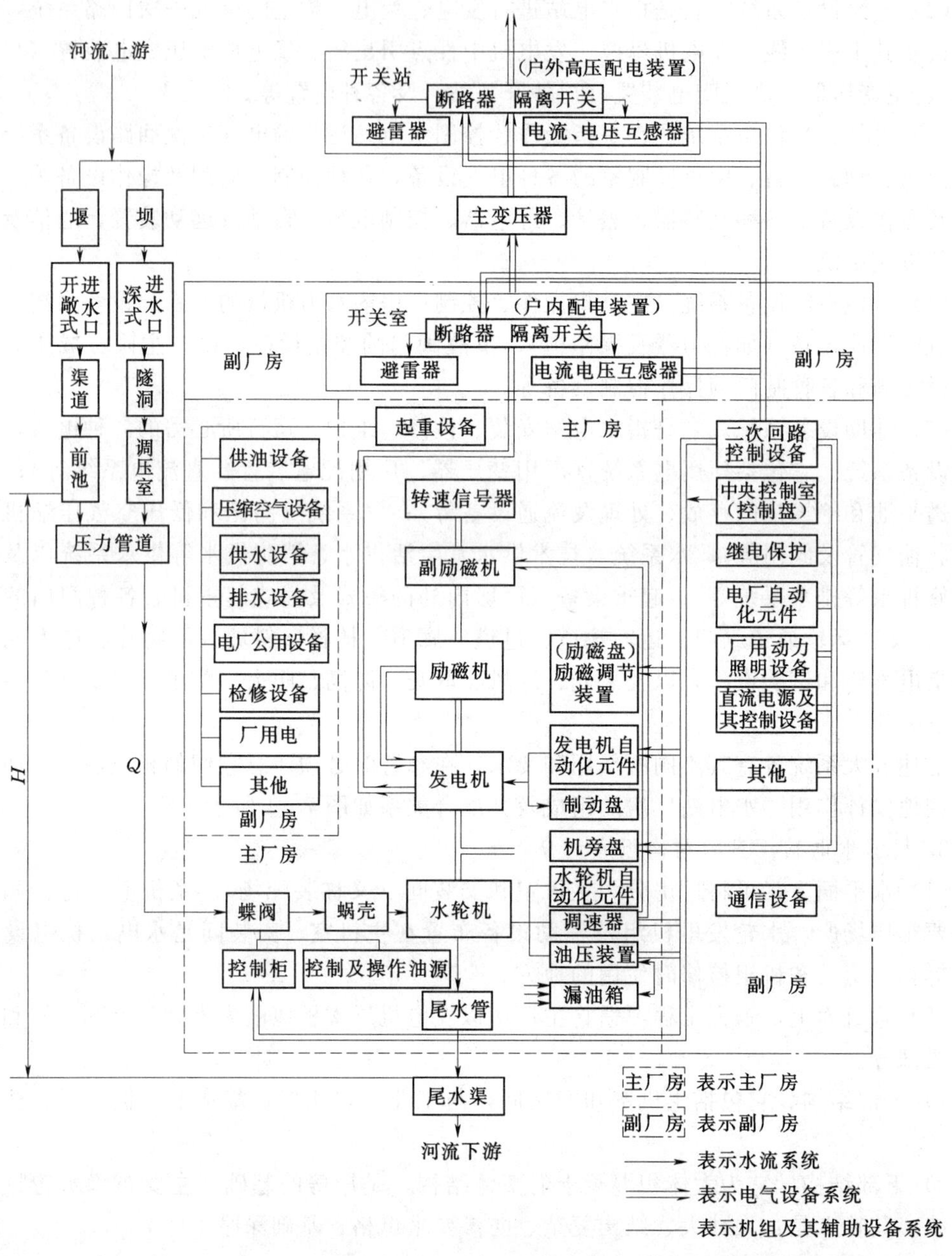

第7章 水电站厂房布置设计

图 7-1 水电站厂房组成图

面上称为地面式厂房，也称河岸式厂房。为了减少开挖，这种厂房的纵轴常平行于河道，当有支汊、冲沟可以利用时，也可将厂房垂直河道布置，但要注意防止山洪危害问题。引水式地面厂房的水头变化范围大（10多 m 到 2000 多 m），可以装置混流式水轮机，也可装置冲击式水轮机，机组布置有立式和卧式两种，因此厂房结构型式和尺寸变化较大，如图 1-1 和图 1-4 所示。当河谷狭窄，岸坡陡峻，或有人防要求，布置地面厂房有困难时，将厂房建在地下山体内则称为地下式厂房，如图 7-2 所示。福建棉花滩水电站厂房属于

7.1 水电站厂房的任务、组成及基本类型

地下式厂房。

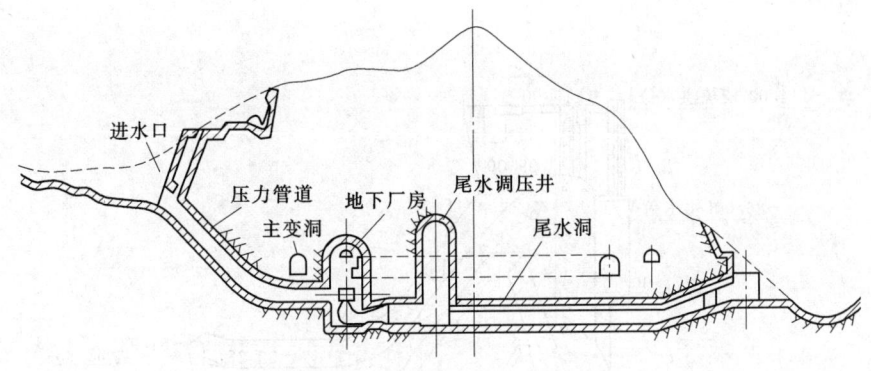

图 7-2 地下式厂房剖面图

(2) 坝后式厂房。厂房布置在非溢流坝后，与坝体衔接，厂坝间用永久缝分开，厂房不起挡水作用，不承受上游水压力，发电用水由穿过坝体的高压管道引入厂房，称为坝后式厂房，如图 7-3 所示。这种厂房独立承受荷载和保持稳定，厂坝连接处允许产生相对变位，因而结构受力比较明确，压力管道穿过永久沉陷缝处应设置伸缩节。坝址河谷较宽，河谷中布置溢流坝外还需布置非溢流坝时，通常采用这种厂房。闻名世界的三峡水电站厂房是目前世界上装机容量最大的坝后式厂房。

有时，当河谷狭窄、泄洪流量大，又需采用河床泄洪方案时，为了解决河床内不能同时布置厂房建筑物和泄水建筑物之间的矛盾，可将厂房布置成以下形式。

1) 溢流式厂房。将厂房布置在溢流坝段下游，厂房顶作为溢洪道，称为溢流式厂房，如图 7-4 所示。溢流式厂房适用于中、高水头的水电站。坝址河谷狭窄，洪水流量大，河谷只够布置溢流坝，采用坝后式厂房会引起大量土石方开挖，这时可以采用溢流式厂

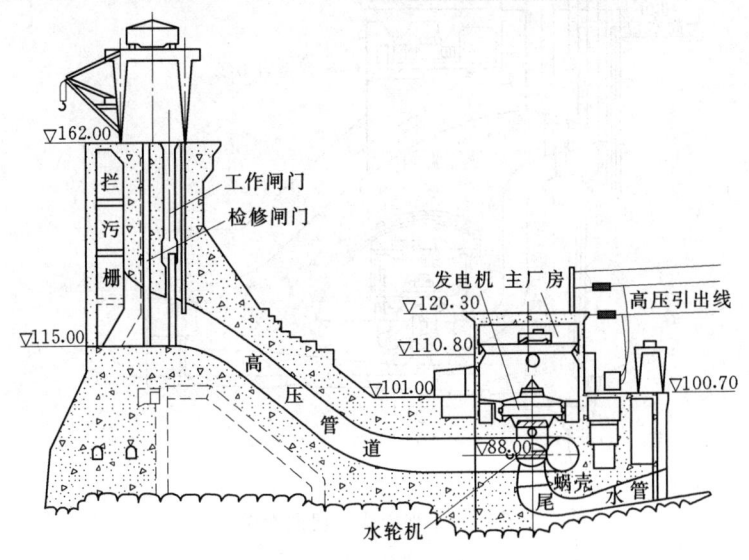

图 7-3 坝后式厂房剖面图

房，其缺点是厂房结构计算复杂，施工质量要求高。浙江新安江水电站厂房是我国第一座溢流式厂房。

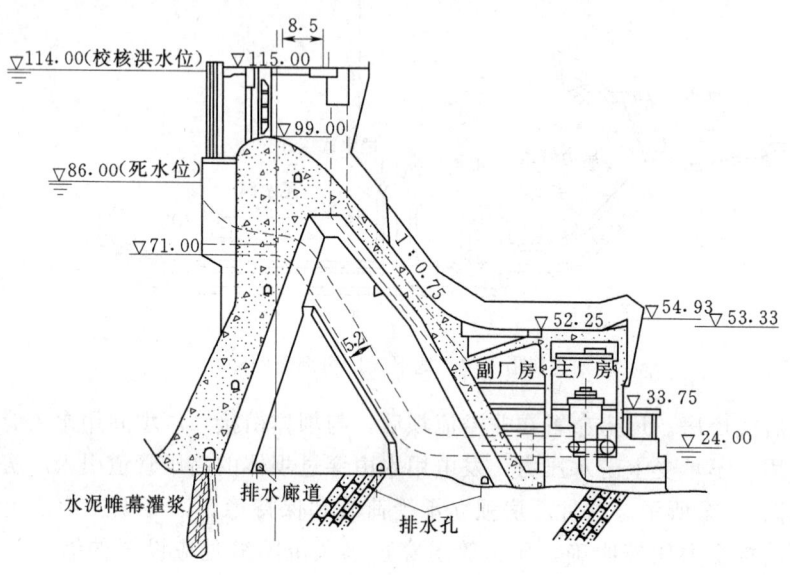

图 7-4　溢流式厂房剖面图（单位：m）

2）坝内式厂房。将厂房布置在坝体空腹内，坝顶设溢洪道，称为坝内式厂房，如图 7-5 所示。河谷狭窄不足以布置坝后式厂房，而坝高足够允许在坝内留出一定大小的空腔布置厂房时，可采用坝内式厂房。江西上犹江水电站厂房是我国第一座坝内式厂房。

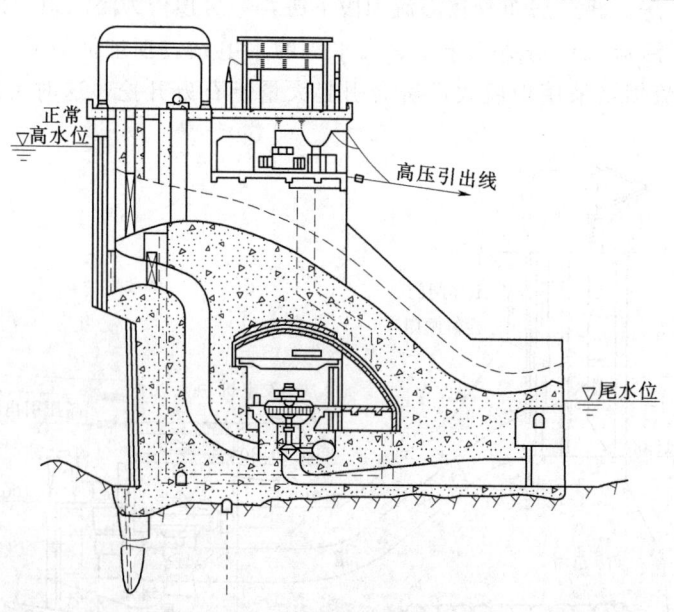

图 7-5　坝内式厂房剖面图

坝内式厂房布置在溢流坝内，泄洪以及洪水期的高尾水位不直接作用于厂房。但坝内空腔削弱了坝体，使坝体应力复杂化。空腔的大小和形状应结合坝型、坝高、厂房布置的要求，选择优化断面。坝内式厂房机组容量的确定，机电设备的选择和布置，必须与坝内空腔的大小相适应。应采取一定的措施尽量减小主厂房的高度或宽度，例如采用双小车桥吊或双桥吊吊运转子以降低桥吊轨顶高程，采用伞式发电机以缩短水轮发电机的轴长等。

坝内式厂房布置需特别注意防渗、防潮、通风、照明等问题。坝内空腔周围须设有隔墙，空腔壁与隔墙间布置排水沟管，主厂房顶部设有顶棚，上铺防水层。坝内厂房应有完善的通风、照明系统。

(3) 河床式厂房。厂房位于河床中，厂房与整个进水建筑物连成一体，厂房本身起挡水作用，称为河床式厂房，如图7-6所示。当电站水头低、流量大、单机容量较大、河床较宽，能同时布置厂房及泄水建筑物时可采用河床式厂房。葛洲坝水电站厂房是目前我国装机容量最大的河床式厂房。

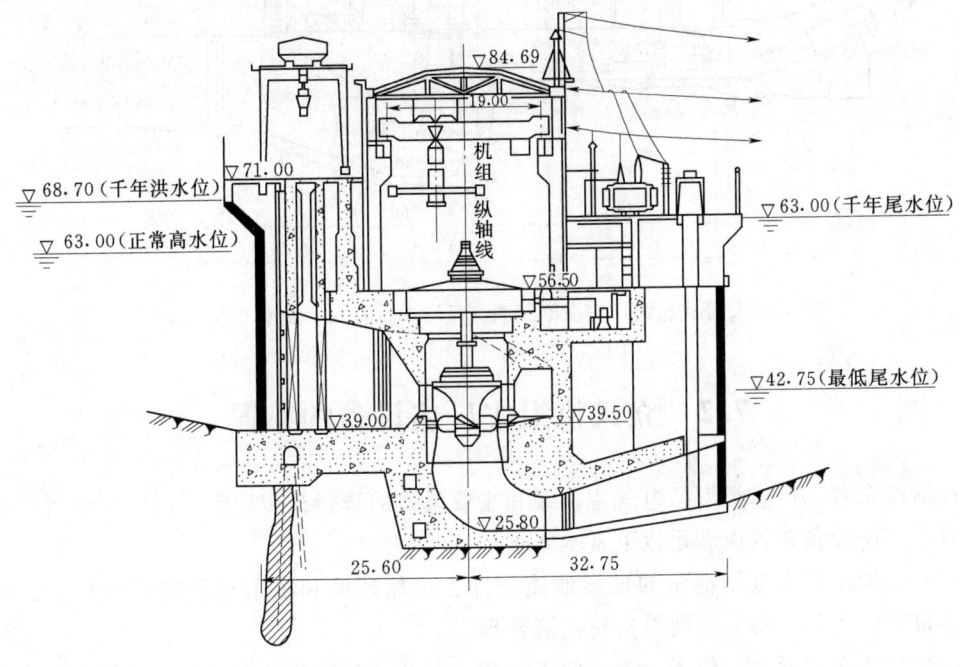

图7-6 河床式厂房剖面图（单位：m）

2. 按机组主轴布置方式分类

(1) 立式机组厂房。水轮发电机组主轴呈垂直向布置的厂房称为立式机组厂房。立式机组厂房的高度较大，设备在高度方向可分层布置，厂房较宽敞整齐，平面面积较小，厂房下部结构为大体积混凝土，整体性强，运行、管理方便，振动、噪音较小，通风、采光条件好，但厂房结构较复杂，造价较高。适用于下游水位变幅大或下游水位较高的情况，如图7-3和图7-6所示。目前，装设流量较大的反击式水轮机（贯流式机组除外）的水电站，几乎都采用立式机组厂房。机组尺寸较大的冲击式水轮机，喷嘴数多于2～6个时，水电站厂房也采用立式机组厂房。

(2) 卧式机组厂房。水轮发电机组主轴呈水平向布置且安装在同一高程地板上的厂房称为卧式机组厂房。卧式机组厂房的高度较小，设备布置紧凑，结构简单，造价较低，厂内大

157

部分机电设备集中布置在发电机层，平面占用面积较大，但设备布置较拥挤，安装、检修、运行不便，噪音、振动较大，散热条件较差。中高水头的中小型混流式水轮发电机组、高水头小型冲击式水轮发电机组及低水头贯流式机组均采用卧式机组厂房，如图7-7所示。

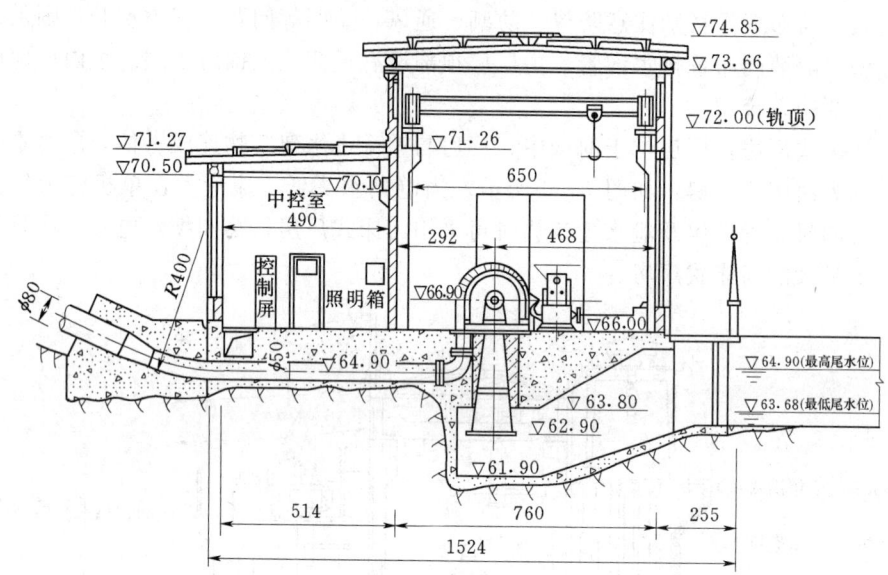

图7-7 卧式机组厂房横剖面图（尺寸单位：cm；高程单位：m）

7.2 立式机组主厂房设备的布置

在枢纽布置、厂房类型、电气主接线和主要设备的选择初步确定后，即可进行厂房设备布置。厂房设备布置应满足以下基本要求：

（1）必须结合水电站枢纽的地形地质条件、自然环境和水工建筑物在布置上的特点等，尽量减少土建工程量，使总造价经济合理。

（2）设备布置紧凑，位置合理，便于安装、运行、检修和操作管理，尽量减少安装工程量。

（3）能满足劳动保护、自动化管理、防空等特殊要求，以及防火、防淹、防潮等要求，并能适应水电站分期建设和提前发电的需要。

（4）应能满足水工结构和建筑施工方面的要求，力求布置整齐美观。

7.2.1 主厂房的结构轮廓

水电站主厂房是安装水轮发电机组及其辅助设备的场所，根据设备布置的需要通常在高度方向上分为发电机层、水轮机层、蜗壳尾水管层等，如图7-8所示。通常以发电机层楼板高程为界，将主厂房分为上部结构和下部结构两部分。上部结构包括屋顶结构、围墙、门窗、楼板、吊车梁以及支承屋顶结构和吊车梁的构架柱等，这些构件在水电站中多为钢筋混凝土结构。下部结构是混凝土块体结构，体积比较庞大，基础开挖和工程量都比较大，并且下部结构中埋设部件很多，使施工变得复杂。上下部结构高度之和（即由尾水

7.2 立式机组主厂房设备的布置

管基底至屋顶的高度）就是主厂房的总高度。水轮机轴中心的连线称为主厂房的纵轴线，与之垂直的机组中心线称为横轴线。每台机组在纵轴线上所占的范围为一个机组段，各机组段和安装间长度的总和，就是主厂房的总长度，厂房在横轴线上所占的范围，就是主厂房的宽度。

厂房内部布置应根据机电布置、设备安装、检修及运行要求结合水工结构布置统一考虑。图 7-8 为某水电站厂房横剖面图。

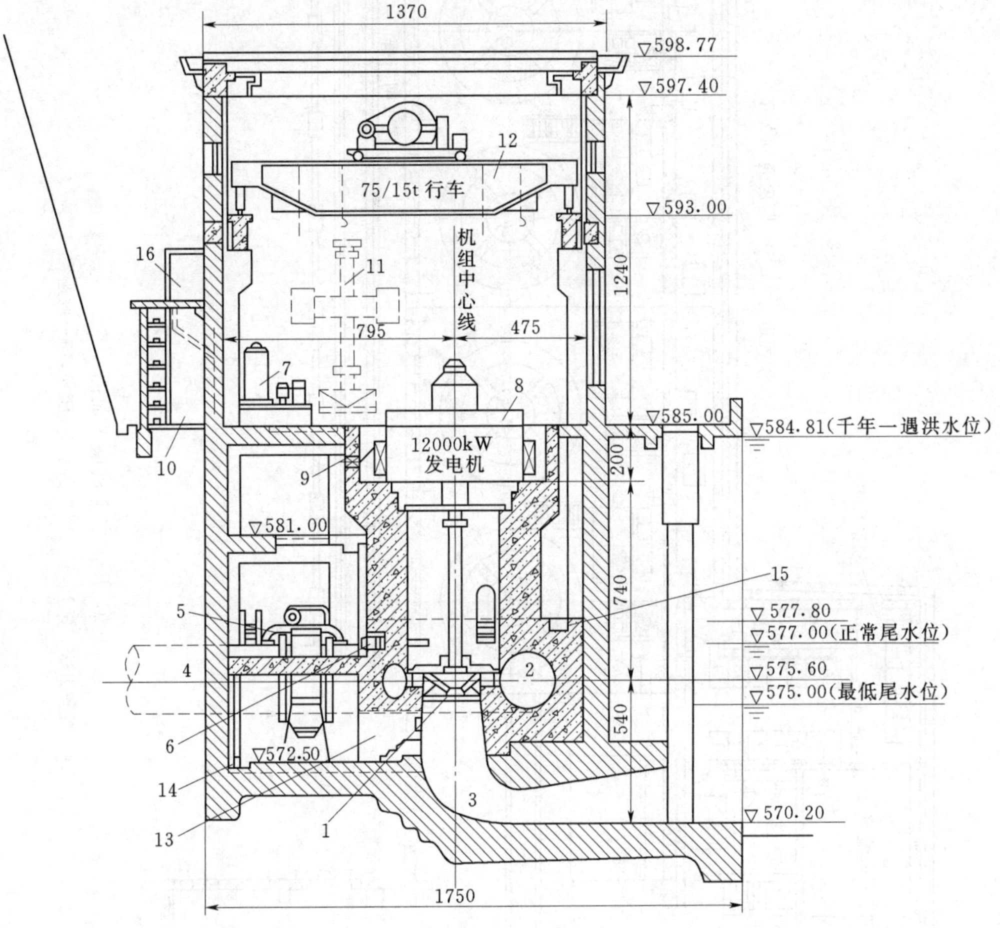

图 7-8　某水电站厂房横剖面图（尺寸单位：cm；高程单位：m）
1—水轮机；2—蜗壳；3—尾水管；4—压力钢管；5—蝴蝶阀；6—调速器接力器；7—调速器；8—发电机；9—发电机母线；10—母线廊道；11—吊运的发电机转子或水轮机转轮（带轴）；12—桥式吊车；13—尾水管进人孔；14—排水沟；15—管路沟；16—通风道

7.2.2 发电机层的设备布置

发电机层是安放水轮发电机组及辅助设备和仪表盘柜的场地，也是运行人员巡回检查机组、监视仪表的场所。发电机层楼板以上布置有发电机上机架、调速器操作柜、油压装置、机旁盘、励磁盘、桥式吊车等主要设备以及主阀孔、楼梯、吊物孔等厂内交通设施，如图 7-9 所示。

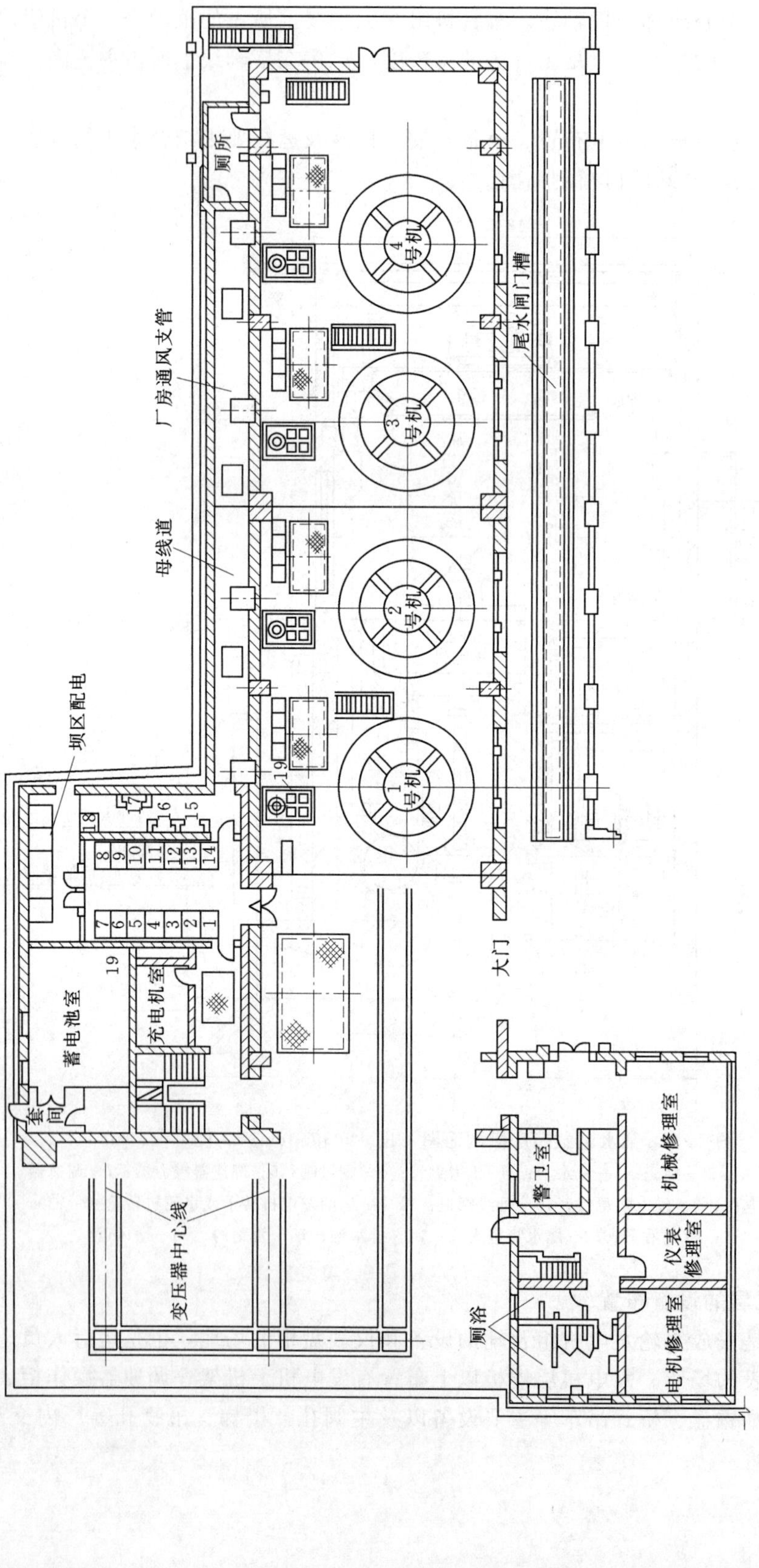

第 7 章 水电站厂房布置设计

图 7-9 厂房发电机层平面图

1~14—各种开关；15,16,17—母线井；18—爬梯；19—调速器

7.2 立式机组主厂房设备的布置

1. 水轮发电机

水轮发电机一般有定子外露、定子埋入和上机架埋入三种布置型式。外露式布置使发电机层显得拥挤，增加上部结构部分的高度，影响厂房的采光和通风，目前已很少采用。定子埋入式和上机架埋入式使发电机层宽敞，同时由于提高了发电机层高程而增加了水轮机层高度，可增设一层作为出线层。这两种布置型式被广泛采用。

2. 调速系统设备

调速系统设备有调速器操作柜、油压装置和接力器，操作柜和油压装置通常均布置在发电机层，尽量靠近，避免跨机组段布置，并应与布置在水轮机层的接力器位置相适应。当布置有困难时，允许将操作柜和油压装置布置在起重机起吊范围线以外。电液调速器的电气柜，一般都和机旁盘布置在一起。

3. 机旁盘

它包括机组自动操作盘、机组继电保护盘、机组测温盘、机组动力盘等，每台机组的机旁盘约为3~5块。一般应布置在发电机层的上游或下游墙，并尽可能靠近调速器操作柜且在同一侧，以便运行人员在机组启动时能观察到盘上的仪表。此外，还要考虑到节省电缆和布线方便，机旁盘通常靠近副厂房。如果机组的测温仪表不多，而主机室地方有限时，也可以将测温仪表布置在发电机上部机架上，不另设测温盘；当发电机层空间显得较拥挤时，也可以将机组动力盘与其他盘分开而另行布置在水轮机层或其他适当位置。

4. 励磁机和励磁盘

励磁机布置随发电机容量而异，有的直接布置在同步发电机转子轴顶，也有与发电机转子轴相联接的单独布置方式。励磁盘最好布置在发电机近旁，如果太拥挤，也可布置在水轮机层，但需用通风设备以保证该层不致太潮湿。

5. 主阀孔

进水阀设在主厂房内时，可利用厂内起重设备进行进水阀的安装和检修。为此发电机层楼板要设主阀孔。主阀孔一般为矩形，其尺寸要比阀体外形尺寸每侧加0.25m。对高水头和有长引水道或地下式厂房的电站，因受地质条件的限制，如果增加厂房的跨度会给工程带来困难，可将进水阀布置在单独的阀室内，另设起重设备。

6. 楼梯

为运行人员经常从发电机层到水轮机层检查巡视提供方便，通常每两台机组之间设钢筋混凝土楼梯一个。由发电机层到水轮机层至少设两个楼梯，便于运行人员到水轮机层巡视和操作，及时处理事故。楼梯不应破坏发电机层楼板的梁格系统。大型水电站厂房的机组段较长时，每台机组设一个楼梯。楼梯净宽1.2m，坡度以34°~38°为宜。

7. 交通道

在水轮发电机的上、下游侧应留有2.0~2.5m的交通道，各种设备间也必须保持运行巡视和检修需要而留的1.5~2.0m的距离。

8. 吊物孔

在吊车起吊范围内应设供安装检修的吊物孔，以沟通上下层之间的运输，一般布置在既不影响交通，又不影响设备布置的地方，其大小与吊运设备的大小相适应，平时用铁盖板盖住。

9. 起重设备

有关起重设备的技术数据，可参阅制造厂家提供的资料，起重机的主、副吊钩极限位置离厂房四周墙壁之间有一定的距离，因此决定了起重机在厂房内的工作范围（图7-10）。厂房内所有需要利用它来吊运的较重设备和部件，都应该布置在它的工作范围内。

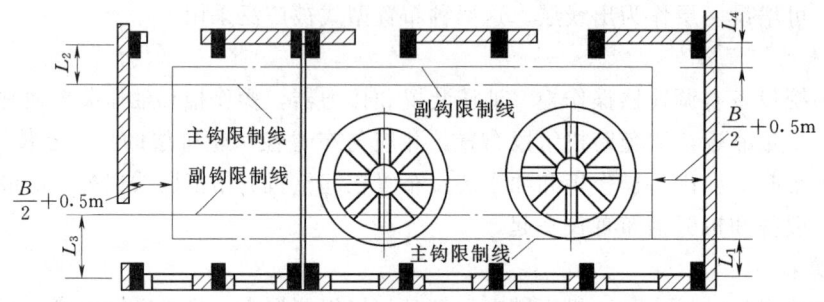

图7-10 起重设备主、副钩工作范围限制线

7.2.3 水轮机层设备布置

水轮机层是指发电机层以下，蜗壳大块体混凝土以上的这部分空间。在水轮机层一般布置有发电机转子和定子、水轮机顶盖、调速器的接力器、水力机械辅助设备（如油、气、水管路）、电气设备（如发电机主引出线，中性点接线、接地、灭磁装置等）、厂用电的配电设备等，如图7-11所示。

（1）调速器的接力器。它位于调速器操作柜的下方，与水轮机顶盖连在一起，并布置在蜗壳最小断面处，因为该处的混凝土厚度最大。

（2）电气设备。发电机主引出线和中性点侧都装有电流互感器，一般安装在风罩外壁或机墩外壁上。小型水电站一般不设专门的出线层，引出母线敷设在水轮机层上方，而各种电缆架设在其下方。水轮机层比较潮湿，对电缆不利。对发电机引出母线要加装保护网。

（3）油、气、水管道。一般沿墙敷设或布置在沟内。管道的布置应与使用和供应地点相协调，同时避免与其他设备相互干扰，且与电缆分别布置在上、下游侧，防止油、气、水渗漏对电缆造成影响。

（4）水轮机层上、下游侧应设必要的过道。主要过道宽度不宜小于1.2~1.6m。机墩壁上要设进人孔，进人孔宽度一般为1.2~1.8m，高度不小于1.8~2.0m，且坡度不能太陡。

7.2.4 蜗壳尾水管层的布置

图7-12为某水电站厂房蜗壳尾水管层平面布置，蜗壳尾水管层除过流部分外，均为大体积混凝土，布置较为简单。

（1）主阀。当引水式电站采用联合供水或分组供水时，在蜗壳进口前设置阀门，一般称为主阀。单元供水的高水头长管道，也需在每台机组前设置阀门，以策安全。水头高时装设球阀，水头低时装设蝴蝶阀。

主阀的布置方式一般有两种：一种是将主阀布置在主厂房内的上游侧，并位于桥吊工作范围之内，阀上各层楼板都设有主阀吊物孔，可利用主厂房内的桥式吊车来安装和检修

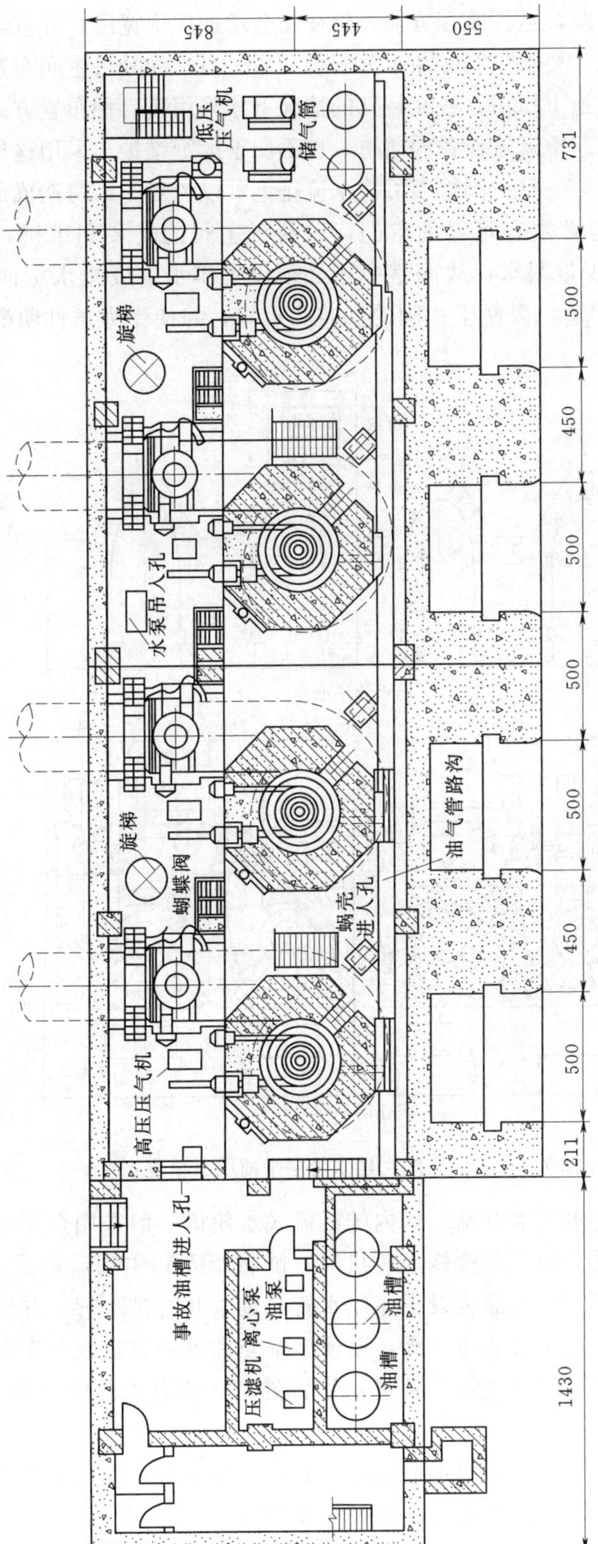

7.2 立式机组主厂房设备的布置

图 7-11 厂房水轮机层平面图（单位：cm）

主阀。这种布置比较紧凑，运行管理方便，但往往会增加厂房宽度，并且万一主阀爆裂，水流会淹没主厂房。因此，要求主阀必须十分安全可靠。另一种是将主阀布置在厂房外专设的阀室中，对于高水头的地下厂房，或在特殊的情况下才采用第二种布置方式。这时主阀的运输、安装、检修需专起重运输设备和通道，也不便于运行维护。采用这种布置时，主阀室要设置专门的水流出口，一旦主阀爆裂可将水流排走，以免对主厂房造成危险。

主阀室或主阀廊道必须有足够的空间，以利于主阀的安装和维护，净宽一般为4~5m。由于主阀室常有少量漏水，故阀室中还必须设置排水沟或排水管向集水井排水。主阀的上游侧常设置伸缩节，以便于主阀的安装和检修，并使受力条件明确。

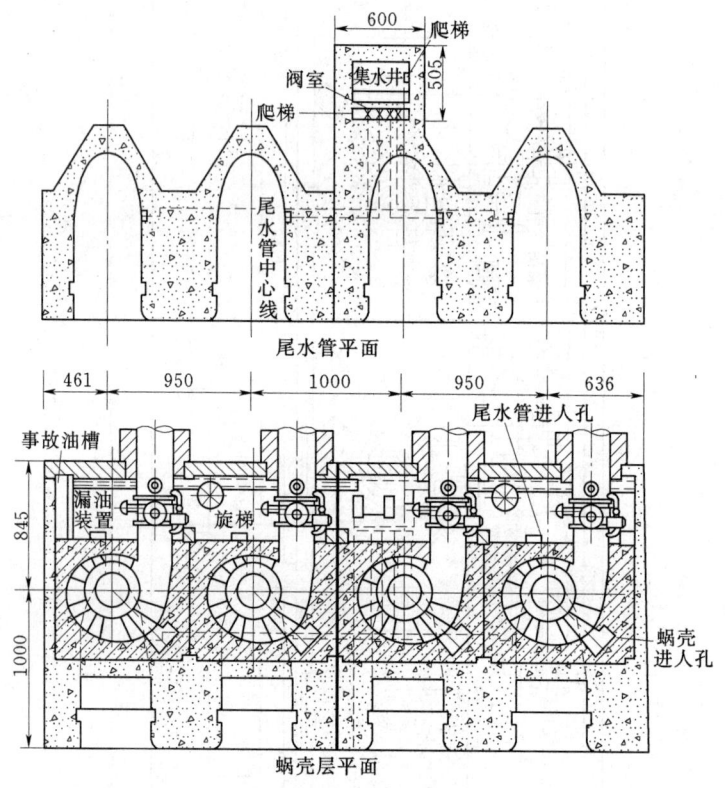

图7-12 厂房蜗壳尾水管层平面图（单位：cm）

（2）蜗壳。中、高水头水电站厂房内的混流式水轮机一般采用金属蜗壳，其具体尺寸由水轮机制造厂家提供。为了在检修水轮机时，能将蜗壳和主阀后面进水管中的水放空，通常在紧靠主阀下游钢管的底部装设通往尾水管或集水井的排水管，并装设控制阀门。同时，在进水钢管的顶部还应安装通气阀，以便于蜗壳和钢管放空或充水时，能自动充气和排气。蜗壳进人孔一般可设在主阀下游进水钢管处。一般进人孔的直径为60cm，进人孔通道尺寸不小于1m×1m。

低水头的水电站厂房，可采用钢筋混凝土蜗壳，放空蜗壳和引水管的排水管，常设在进口处底部并通向尾水管，蜗壳进人孔多设在前半段。

（3）减压阀。高水头水电站在厂房下部块体中，有时要装设减压阀，以减小水锤压

7.2 立式机组主厂房设备的布置

力。减压阀一般安装在压力管道末端的蜗壳旁边。厂房内装设有减压阀时,机组段长度和厂房的总长度会增加。

(4) 集水井、集水廊道和水泵室。主厂房内常在最低部位设置集水井或集水廊道,并在上方设水泵室,以便及时利用水泵排除基础渗水、厂内技术用水和生活用水的废水以及蜗壳、尾水管检修时排水。一般蜗壳有水管通到尾水管,尾水管将水引入集水井或集水廊道,然后由水泵抽水向下游排出。出口高程一般设在下游水位以上,有时也可以设在下游水位以下,但需在出口处装单向阀(逆止阀),以防水倒灌入厂房的下部结构部分。

一般电站在蜗壳层以下的上游侧或下游侧均设有检查、排水廊道,作为运行人员进入蜗壳、尾水管检查的通道,有的电站还同时兼做到水泵室集水井的过道。

7.2.5 安装间的布置

1. 安装间的位置

水电站对外交通运输道路可以是铁路、公路或水路。大型或特大型水电站,对于超大超重部件,且运输量又大的,应建设专用的铁路线;一般情况下水电站均采用公路运输。对外交通通道必须直达安装间,以便利用主厂房内桥吊装卸设备,因而安装间一般均布置在主厂房有对外道路的一端。

2. 安装间的面积

安装间与主厂房同宽以便桥吊通行,所以安装间的面积就取决于它的长度。安装间的面积可按一台机组扩大性检修的需要确定,一般考虑放置四大部件,即发电机转子带轴、发电机上机架、水轮机转轮、水轮机顶盖。四大部件要布置在主钩的工作范围内,其中发电机转子应全部置于主钩起吊范围内。发电机转子和水轮机转轮周围要留有 1~2m 的工作场地。在缺乏资料时,安装间的长度可取 1.25~1.5 倍机组段长。多机组电站,安装间面积可根据需要增大或加设副安装间。

3. 安装间的平面布置

安装间平面布置如图 7-13 所示。安装间的大门尺寸要满足运输车辆进厂要求,如通行标准轨距的火车,其宽度不小于 4.2m,高度不小于 5.4m。通行载重汽车的大门宽度不小于 3.3m,高度不小于 4.5m。

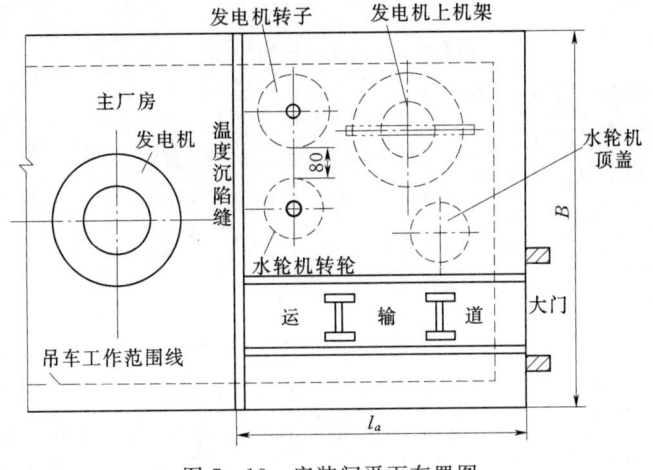

图 7-13 安装间平面布置图

发电机转子放在安装间上时轴要穿过地板,因而须在地板上相应位置设主轴孔,面积要大于主轴法兰盘。为了组装转子时使轴直立,在轴下要设主轴承台,并预埋地脚螺栓。

主变压器有时也要推入安装间进行大修,这时要考虑主变压器运入的方式及停放的地点。因为主变压器的重量很大,尺寸也很大,故常常需对安装间的楼板进行专门加固,地板应设专门轨道,大门也可能要放大。

主变压器大修时常需吊芯检修,所以要在安装间上设尺寸相当的变压器坑,先将整个变压器吊入坑内,再吊铁芯,以免增加厂房高度。目前大型变压器常做成钟罩式,检修时吊芯改为吊罩,起重量和起吊高度大为减小,安装间不再设变压器坑。

4. 安装间下层布置

安装间的下面一般有一层至二层可作辅助生产车间,下面一层的地面高程与水轮机层相同,便于交通。这两层通常布置有油库、油处理室、油化验室、压气机室、机修间和电工维修车间等。

7.2.6 尾水平台布置

中、高水头的水电站厂房,尾水平台一般仅布置尾水启门机。而低水头的水电站厂房,由于流量较大,尾水管长度较长,尾水平台相应地也较宽,可以在尾水平台上布置主变压器,并留有交通道。如果为了后期发电而必须利用尾水平台作为施工通道,尾水平台还要适当加宽。

7.3 主厂房的轮廓尺寸的确定

水电站主厂房布置设计就是确定主厂房的轮廓尺寸。其设计原则是在满足设备布置和安装、维护、运行、管理的前提下,合理确定厂房尺寸,以降低造价。

水电站主厂房的轮廓尺寸是指主厂房的长度、宽度和高度,其中长度和宽度称为厂房的平面尺寸。

7.3.1 主厂房长度的确定

主厂房的长度取决于机组台数 n、机组段长度 L_c、安装间长度 L_a 及边机组段长度 ΔL,即:

$$L = nL_c + L_a + \Delta L \text{(m)} \tag{7-1}$$

式中 L——主厂房的总长度,m;

n——机组台数,m;

L_c——机组段长度,m;

L_a——安装间长度,m;

ΔL——边机组段加长,m。

1. 机组段长度 L_c

机组段长度 L_c 是指相邻两台机组中心线之间的距离,也称机组间距,如图 7-14 所示。当机组等距离布置时,机组间距等于一个机组段长度。一般中、低水头大流量机组,L_c 常取决于水轮机蜗壳或尾水管的最大宽度;而高水头小流量机组,常取决于发电机风罩外缘直径和通道宽度。另外,辅助设备的布置和厂房的分缝,对机组间距也有影响。

7.3 主厂房的轮廓尺寸的确定

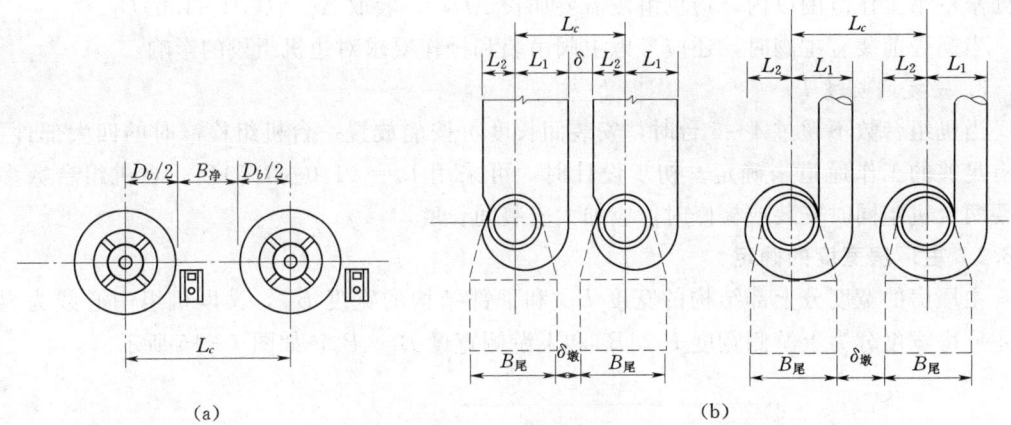

图 7-14 机组间距
(a) 发电机尺寸控制的机组间距；(b) 蜗壳及尾水管尺寸控制的机组间距

(1) 当机组间距由发电机尺寸控制时 [图 7-14 (a)]：

$$L_c = D_b + B_净 \text{(m)} \tag{7-2}$$

式中　D_b——发电机风罩外缘直径，m；

　　　$B_净$——相邻两机组的通道净宽，应满足调速器及机旁盘的布置要求，一般应不小于 2m。

(2) 当机组间距由蜗壳尺寸控制时 [图 7-14 (b)]：

$$L_c = L_1 + L_2 + \delta \text{(m)} \tag{7-3}$$

式中　δ——两蜗壳间混凝土厚度。混凝土蜗壳一般取 0.8~1.0m，金属蜗壳一般取 1~2m；

　　　L_1+L_2——蜗壳最大宽度，m。

若蜗壳旁设有调压阀时，则还应考虑布置调压阀所需增加的机组长度。

(3) 当机组间距由尾水管控制时 [图 7-14 (b)]：

$$L_c = B_尾 + \delta_墩 \text{(m)} \tag{7-4}$$

式中　$B_尾$——尾水管出口宽，m；

　　　$\delta_墩$——尾水闸墩厚度，m。

尾水闸墩厚 $\delta_墩$ 由尾水闸门槽深度及设备布置决定，一般为 2~3m，大、中型机组可达 3~4m。当有调压阀时，则 $L_c = B_尾 + \delta_墩 + B_阀$，$B_阀$ 为调压阀泄水道宽度。

确定机组段长度时，一般应先根据上述三种情况分别拟定出机组段长度，从中选出最大者作为采用数据，然后再校核是否能满足其他各方面的要求，并进行必要地修正。各机组段长度最好布置成等距的并与厂房构架柱间距一致，以简化厂房结构。

对于坝后式厂房，机组段分缝常和大坝分缝一致，机组间距将受大坝分缝的影响。

2. 边机组段长度 ΔL

与安装间相邻的边机组段长度，必须满足发电机层设备布置要求，下部块体结构尺寸应考虑蜗壳外围或尾水管边墙的混凝土厚度在 0.8~1.0m 以上；而与安装间相对一端边机组段长度（指远离安装间的机组段），除满足设备布置外，为了保证机电设备和辅助设备处于桥吊工作范围以内,边机组段需要加长 ΔL,一般取 $\Delta L=(0.2\sim1.0)D_1$。

当蜗壳前装有主阀时,还应考虑主阀吊装和操作要求对边机组段的影响。

3. 安装间长度 L_a

当机组台数不超过 4~6 台时,安装间长度可按能放置一台机组检修时的四大部件并留有足够的工作通道来确定。初步设计时,可采用 $L_a=(1.0\sim1.5)L_c$。当机组台数多、需要两台机组同时安装或检修时,应加大安装间长度。

7.3.2 主厂房宽度的确定

主厂房的宽度分上部结构的宽度 $B_上$ 和下部结构的宽度 $B_下$,又以机组中心线为界,将主厂房宽度分为上游侧宽度 B_1、B_3 和下游侧宽度 B_2、B_4,如图 7-15 所示。

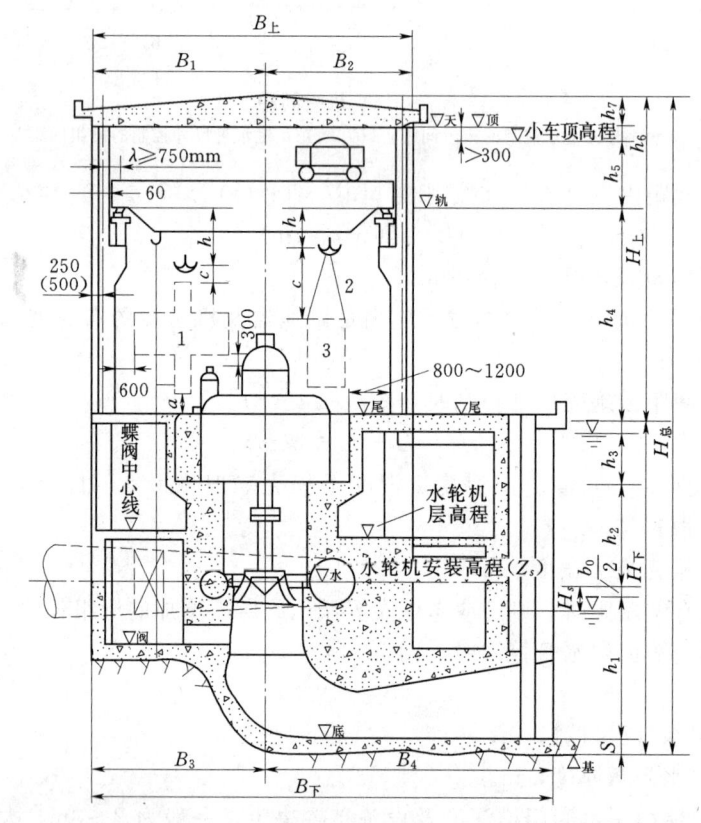

图 7-15 主厂房尺寸示意图(单位:mm)
1—发电机转子带轴;2—吊索;3—变压器

在确定上游侧和下游侧宽度时,应分别考虑发电机层、水轮机层和蜗壳层的布置要求。

在发电机层中,首先决定吊运发电机转子带轴的方式,即是由上游侧吊运还是由下游侧吊运。若由上游侧吊运,则厂房上游侧宽度主要由发电机风罩外半径、机电设备(如机旁盘、调速器等)和主阀吊孔的布置以及吊运水轮机转轮和发电机转子的要求来决定。若由下游侧吊运,则厂房下游侧宽度主要由吊运转子宽度、发电机风罩外半径加通道宽及构架柱厚度决定。一般主要通道宽 2~3m,次要通道宽 1~2m,并应保证吊车外缘距构架柱

7.3 主厂房的轮廓尺寸的确定

内边空隙不小于 6cm，与墙内面间距不小于 60cm。在机旁盘前还应留有 1m 宽的工作场地，盘后应有 0.8~1.0m 宽的检修场地，以便于运行人员操作。

在水轮机层中，一般在上、下游侧分别布置水轮机辅助设备（即油、水、气管路等）和发电机辅助设备（电流电压互感器、电缆等）。以这些设备布置后，能满足水轮机层交通要求来确定水轮机层的宽度。一般情况下水轮机层的上游侧宽度与发电机层的上游侧宽度基本相等，即 $B_1 = B_3$。

蜗壳层宽度一般由设置的检查廊道、进人孔等确定。要保证蜗壳和尾水管进人孔交通通畅，集水井水泵房设置应有足够的位置，以此确定蜗壳层平面宽度。

当各层上游侧和下游侧所需宽度确定后，再分别找出各层上、下游侧宽度的最大值之和作为主厂房的宽度。

发电机层总宽度 $B_上 = B_1 + B_2$。选择 $B_上$ 时，应与吊车的标准跨度 L_k 相符合，即主厂房宽度必须满足吊车标准跨度，以便选用吊车系列产品，争取提前供货和节约费用。

一般在高水头电站中，常由发电机层布置要求确定厂房的宽度，而在低水头水电站中常由下部块体结构确定厂房宽度。

主机房基础宽度等于上部结构宽度加尾水平台宽度。尾水平台的宽度，主要由尾水管长度、尾水闸门启闭机的型式和尺寸、是否布置变压器以及有无交通要求等因素确定，一般为 3~4m，大中型水电站有时达 4~8m。

7.3.3 厂房各层高程及高度的确定

水电站厂房的各层高程中，起基准、控制作用的高程是水轮机安装高程。水轮机的安装高程确定以后，其他高程就可逐个确定下来。各主要高程如图 7-15 所示。

1. 水轮机的安装高程 Z_S

水轮机安装高程是水电站的控制性高程，与水轮机的型式、允许吸出高度和电站下游尾水位等有关。具体计算方法详见第 6 章所述。水轮机的安装高程确定以后，就可以依据结构和设备的布置要求确定各层高程。

2. 尾水管底板高程 $\nabla_底$

$$\nabla_底 = Z_S - \frac{b_0}{2} - h_1 \quad (\text{m}) \tag{7-5}$$

式中　b_0——导叶高度，m；

　　　h_1——尾水管高度，m。

3. 厂房基础开挖高程 $\nabla_基$

$$\nabla_基 = \nabla_底 - S \quad (\text{m}) \tag{7-6}$$

式中　S——尾水管底板厚度，m。

初设阶段，岩基 $S = 1 \sim 2$m；土基 $S = 3 \sim 4$m。

4. 水轮机层地面高程 $\nabla_水$

水轮机层设计的原则是要保证蜗壳顶部混凝土的强度。因此要求蜗壳顶部混凝土要有足够的厚度，一般不低于 1.0m。水轮机层地面高程一般取 100mm 的整倍数。

$$\nabla_水 = Z_S + \rho + \delta_1 \quad (\text{m}) \tag{7-7}$$

式中　ρ——金属蜗壳为进口断面半径，混凝土蜗壳为进口断面在水轮机安装高程以上的高度，m；

δ_1——蜗壳进口顶部混凝土厚度，决定于结构的强度和接力器的布置，初步计算可取 0.8~1.0m，大型机组可达 2~3m。

5. 主阀廊道地面高程 $\nabla_{阀}$

$$\nabla_{阀} = Z_S - \frac{1}{2}D_f - (0.8 \sim 1.0)(m) \tag{7-8}$$

式中　　D_f——主阀外径，m；

0.8~1.0——阀底至廊道地面的安装检修空间。

6. 发电机层地面高程 $\nabla_{发}$ 和安装间地面高程 $\nabla_{安}$

在确定发电机层地面高程时，一般要考虑以下几方面的因素：

(1) 当机组选定后，水轮机安装高程至发电机定子壳基础安装高程（发电机装置高程）之间的主轴长度 h_2 和定子高度 h_3（图 7-15）均为定值，不能任意增长或缩短。大中型水电站厂房总是希望将发电机层楼板设在下游设计洪水位以上 0.50~1.00m（由厂房等级而定）。

(2) 水轮机层净空高度必须满足发电机出线、布置机墩进人孔（孔高不小于 1.8m，一般为 2~2.5m，孔顶上机墩厚度不小于 1.0m）和运行管理要求，一般不小于 4~5m，否则发电机出线和油、气、水管道布置困难。如果发电机层楼板与水轮机层地面之间加设出线层，则出线层底面到水轮机层地面净高也不宜小于 3.5m。

(3) 发电机层地面高程最好高于下游最高洪水位，以便进厂公路（或铁路）在洪水期也能畅通，并使厂房上部结构保持干燥，有利于电气设备的运行和维护。若下游洪水位较高，按 (1)、(2) 两项条件确定的发电机层地面高程不能满足上述要求，而采用机组主轴加长既不经济又对机组运行稳定性带来不利时，可采取以下防洪措施使发电机层地面高程低于下游设计洪水位：①将洪水位以下的厂房围墙做成防水墙，进厂大门做成防洪门，洪水时关闭大门，工作人员由上游出入；②厂房大门不防洪，公路在接近厂房处下坡（坡度不大于 10%），厂房下游及公路靠水一侧做防洪墙，以保持洪水期通行；③使进厂公路由防洪廊道或隧洞进入厂房的安装间。

安装间地面最好能与发电机层地面和进厂道路同高程，且高于下游设计洪水位，如图 7-16 (a) 所示。这对机组安装检修、运行管理和对外交通均有利。若由于各种原因不能使三者同高时，可考虑采用如图 7-16 所示的几种布置方案。

当发电机层地面高程较高（机组尺寸决定）、进厂公路较低（地形条件限制）时，为便于对外交通，可使安装间地面高程与进厂道路同高，但低于发电机层的地面高程，如图 7-16 (b) 所示。这种布置将使主厂房长度和高度增加，并且机组检修时不能充分利用发电机层的场地，运行也不便。为了改善这种状况，有的安装间采用卸车场与进厂道路同高，安装间其余部分仍与发电机层地面同高，如图 7-16 (d) 所示。

发电机层地面高程较低，甚至低于下游设计洪水位，而安装间和进厂道路根据最高洪水位和地形条件布置得较高，并位于同一高程，如图 7-16 (c)、(e) 所示。这时，主机房应单独防洪，但由于桥吊安装高程取决于在安装间吊运最长部件的要求，主厂房的高度和长度将增加。为了不致造成太大的不便，安装间与发电机层地面高程差，一般不宜大

7.3 主厂房的轮廓尺寸的确定

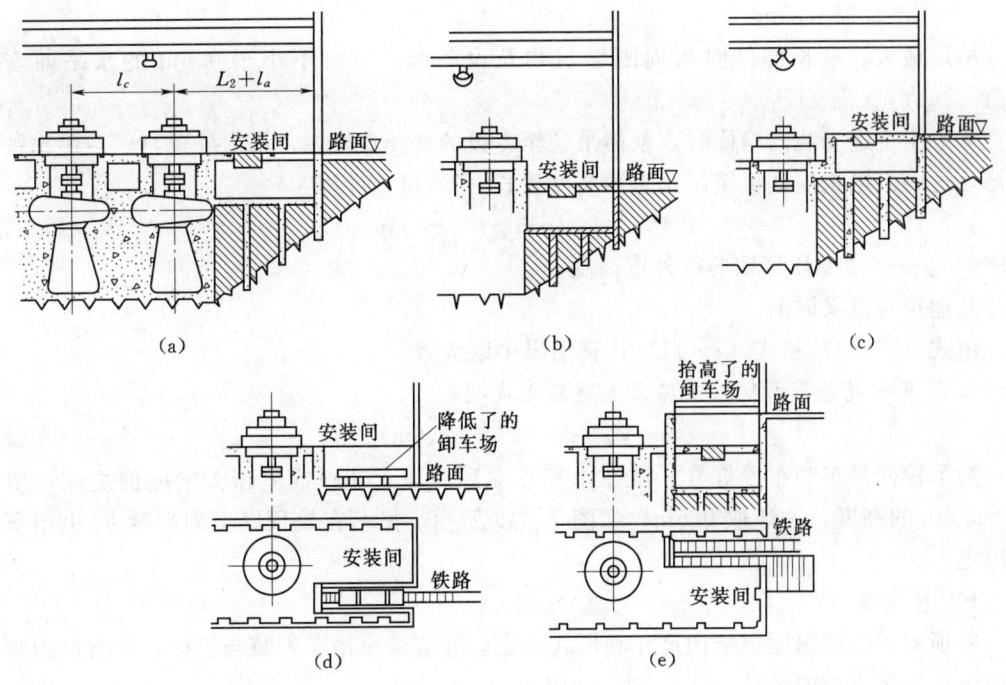

图 7-16 安装间高程布置方案

于 2m。

7. 尾水平台高程 $\nabla_尾$

尾水平台是布置尾水闸门及启闭机的地方,也是主厂房的外部通道,在施工期还可能是重要的运输道路。其高程最好与安装间地面高程相同,但也有根据下游洪水位以及设备布置和交通要求,使尾水平台高于或低于安装间地面高程的。当尾水平台上布置有主变压器时,为了防洪宜采用较高的高程。

8. 吊车轨顶高程 $\nabla_轨$

$$\nabla_轨 = \nabla_发 + h_4 \text{(m)} \tag{7-9}$$

式中 h_4——发电机层楼板至吊车轨顶高度,m。

发电机层楼板至吊车轨顶高度 h_4,根据吊车吊运最长部件的方式、外形尺寸及与机电设备、墙柱、地面的安全距离确定。

当发电机层地面与安装间地面同高时,发电机层楼板至吊车轨顶高度 h_4 可按下式确定:

$$h_4 = a + H_m + C + h \text{(m)} \tag{7-10}$$

式中 a——吊运部件与固定的机组或设备间的垂直向安全距离,一般为 0.6~1.0m,采用刚性吊具时可减少为 0.25~0.5m;

H_m——最大最长部件长度,m;

C——吊钩吊索连接距离,一般为 1.2~1.5m,使用钢性吊具时可缩短至 0.8~1.0m;

h——吊钩极限位置时,吊钩中心至吊车轨顶的高度,由产品目录查得,一般为

1.2~1.3m。

吊运最大、最长部件时与周围建筑物及设备间，应有不小于 0.6m 的水平向安全距离。

考虑主变进安装间检修时，整体吊装至专设的变压器坑内，吊出外罩，然后吊出铁芯检修，这时发电机层楼板至吊车轨顶高度按式（7-11）计算：

$$h_4 = 0.2 + h_{变} + C + h \text{（m）} \tag{7-11}$$

式中 $h_{变}$——主变压器铁芯或外罩高度；

其他符号意义同前。

由式（7-10）和式（7-11）计算结果中取大者。

9. 厂房天花板高程 $\nabla_{天}$（或屋顶大梁底面高程）

$$\nabla_{天} = \nabla_{轨} + h_5 + h_6 \text{（m）} \tag{7-12}$$

为了检修吊车和布置灯具，需在小车顶端到厂房天花板或屋顶大梁底面之间，留出 $h_6 > 0.3$m 的高度，一般取 0.5m，如图 7-15 所示。吊车在轨顶以上的高度 h_5 由吊车规格决定。

10. 屋顶高程 $\nabla_{顶}$

屋顶高程应根据屋顶结构尺寸和形式确定，并应满足吊车安装与检修、厂房吊顶和照明设施布置等方面的要求。

$$\nabla_{顶} = \nabla_{天} + h_7 \text{（m）} \tag{7-13}$$

式中 h_7——屋顶结构高度，包括屋面大梁的高度、屋面板厚度、屋面保温防水层的厚度等。

11. 主厂房总高度 $h_{总}$

$$h_{总} = \nabla_{顶} - \nabla_{基} \text{（m）} \tag{7-14}$$

7.4 卧式机组厂房的布置

7.4.1 卧式机组地面厂房的特点

安装各种卧式机组的地面厂房，其共同特点是厂房一般只有两层。上部结构为单层结构，即主机房，主要布置水轮机、发电机以及大部分辅助设备和附属机电设备，平面上划分为主机室和安装间。下部结构为尾水室，主要布置水轮机的泄水设备。与相同容量的立式机组厂房相比，厂房高度较小，平面尺寸较大，结构简单，厂房施工与机电设备的安装、检修均方便，造价也较低，但机组振动、噪声较大。在我国，小容量混流式、冲击式和贯流式水轮机，大都采用卧轴装置。一般适用于下游洪水位较低的中小型水电站。

7.4.2 卧式反击式机组厂房布置

1. 卧式机组的排列方式

现代水轮发电机组，大都采用直接传动，卧式机组在厂房内的排列有如图 7-17 所示的几种方式。

（1）横向排列（机组轴线垂直于厂房纵轴线）。如图 7-17（a）所示，其厂房宽度较大而机组间距和厂房长度较小；进水管轴线多采用垂直于厂房的纵轴线，在蜗壳前需转

7.4 卧式机组厂房的布置

90°弯才能将水流送入蜗壳，但有利于水轮机闸阀的布置；尾水从厂房下游侧排出，尾水渠将从发电机下面经过，对机座结构不利，但可设法使尾水从厂房一端排出；厂房宽度较大，需要跨度大的桥吊，对屋顶结构不利；当厂房所在的山坡较陡时，基础开挖量也较大。因此，在机组台数较多或厂房长度受到限制时，多采用这种排列方式。

(2) 纵向排列（机组轴线平行于厂房纵轴线）。如图7-17（b）所示，其厂房宽度较小，而机组间距及厂房长度较大；水轮机的进出水方向都比较平顺；尾水室较短，机组安装能避开尾水室的顶板，对机座结构有利；电气设备布置对称，有利于检修和运行管理；由于机组检修时需抽出发电机转子，机组之间的净距较大，且钢管的岔管可能较长，分岔角较大。当机组台数较少时多采用这种排列方式。

(3) 斜向排列（机组轴线与厂房纵轴线斜交）。如图7-17（c）所示，其厂房尺寸介于以上二者之间。当压力管道采用联合供水纵向引进布置时，管道进入厂房时转角较小，故水头损失也较小。但厂房内设备布置和运行巡视不便，厂房有效面积利用率较低。当机组台数较多、为缩小厂房尺寸及减少基础开挖或厂房位置受地形地质条件限制时，可考虑采用这种排列方式。

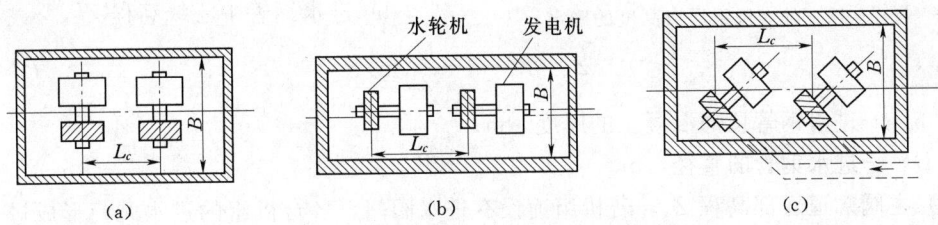

图7-17 卧式机组的排列方式
(a) 横向排列；(b) 纵向排列；(c) 斜向排列

2. 主厂房布置

(1) 厂房立面布置。以发电机层楼板为界，楼板以上的水上部分为上部结构，地板以下的水下部分为下部结构。水上部分为主机房与安装间，主要布置有水轮发电机组及其附属设备和调速器、机旁盘、吊车等主要设备。水下部分为尾水设施，主要布置有进水管、进水阀、尾水管、尾水槽等。

(2) 厂房平面布置。设备布置时宜将调速器沿厂房一侧布置，调速器旁布置机旁盘。机组之间、机组端部与墙面、机组上下游侧，均应留有运行通道及安装、维修空间。厂内设备均应布置在吊车吊钩工作范围之内。

3. 主厂房尺寸确定

卧式机组主厂房尺寸的拟定原则、方法与立式机组厂房基本相同。厂房高度的确定如图7-18所示。

(1) 主厂房高度的确定

1) 水轮机安装高程Z_S。可由第6章所述方法确定。

2) 发电机层地板高程Z_1。

$$Z_1 = Z_S - h_0 \text{(m)} \tag{7-15}$$

式中 h_0——机组主轴中心线至地面安装高度，由厂家机组安装图提供。

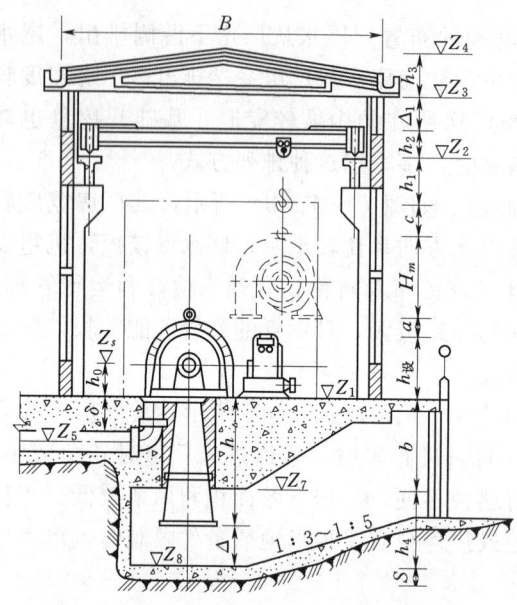

图 7-18 卧式机组厂房高度的确定

3) 吊车轨顶高程 Z_2。卧式机组需吊运的最大部件一般为水轮机蜗壳。吊运蜗壳通过设备顶部时，Z_2 按式（7-16）拟定：

$$Z_2 = Z_1 + h_{设} + a + H_m + c + h_1 \text{(m)} \tag{7-16}$$

式中 $h_{设}$——设备高度，m；

a——垂直向安全距离，不小于 0.3m；

H_m——蜗壳高度，m；

c——吊索连接距离，m；

h_1——吊钩极限位置高度，m。

上部结构天花板高程 Z_3 及屋顶高程 Z_4 的确定与立式机组厂房相同。

4) 进水钢管中心线高程 Z_5：

$$Z_5 = Z_1 - \delta - \frac{D}{2} \text{(m)} \tag{7-17}$$

式中 δ——进水钢管顶部混凝土的厚度，m；

D——进水钢管的直径，m。

5) 主阀廊道底部高程 Z_6。若机组前设有进水阀门，各台机组的进水阀门形成进水阀门廊道，其底高程为：

$$Z_6 = Z_5 - \frac{D_f}{2} - (0.6 \sim 0.8) \text{(m)} \tag{7-18}$$

式中 D_f——进水阀门的外径，m；

0.6~0.8——进水阀至地面的安装检修高度。

6) 尾水室顶板高程 Z_7。它取决于尾水室顶板厚度，根据具体荷载条件计算确定：

$$Z_7 = Z_1 - b \text{(m)} \tag{7-19}$$

式中 b——尾水室顶板厚度，m。

7) 尾水室或尾水管底板高程 Z_8。小型卧式机组常采用直锥形尾水管，出口需形成尾水室，以便尾水顺利泄往下游。尾水室尺寸应根据尾水管尺寸、水流条件、安装、检修及施工要求拟定。

尾水室的宽度及长度不小于 $4D_1$，尾水管中心距三侧边墙不小于 $(1\sim1.5)D_1$。为便于检修，尾水管出口距三侧墙面距离应不小于 0.5m。尾水管出口离底板距离应不小于 $1.3D_1$，以保证尾水稳定。为防止空气进入尾水管破坏真空，尾水管出口应淹没于下游最低尾水位下 0.3~0.5m，如图 7-19 所示。

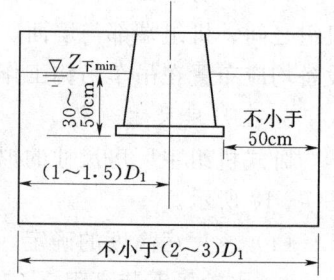

图 7-19 卧式机组厂房尾水室尺寸

7.4 卧式机组厂房的布置

尾水室底板高程按式（7-20）确定：

$$Z_8 = Z_1 - h - \Delta \text{（m）} \tag{7-20}$$

式中　h——直锥形尾水管高度，m，由厂家提供；

　　　Δ——尾水管出口至尾水室底板距离，应不小于 1.3 倍转轮直径 D_1，m。

尾水室深度过大，常使底板高程低于下游河床高程，底板末端可以 1:3～1:5 的倒坡与下游河床连接，如图 7-18 所示。

通过以上计算，即可确定主厂房的高度。

（2）主厂房平面尺寸确定。主厂房平面尺寸（长度和宽度）主要取决于机组的排列方式和设备布置的情况。

1）机组为横向排列，如图 7-20 所示。

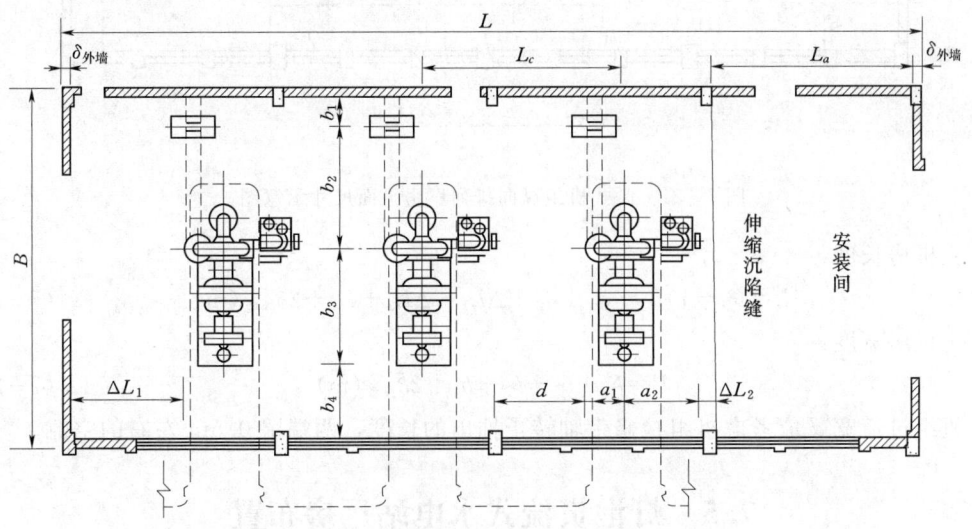

图 7-20　卧式机组横向排列厂房平面尺寸示意图

主厂房长度：

$$L = (n-1)L_c + a_1 + a_2 + \Delta L_1 + \Delta L_2 + L_a + 2\delta_{外墙} \text{（m）} \tag{7-21}$$

式中　L_c——机组段长度，L_c = 机组外形尺寸 + 工作通道宽（0.8～1.2m）；

　　　L_a——安装间长度，$L_a = (1～1.2)L_c$，m；

　ΔL_1、ΔL_2——边机组段长度，应考虑尾水室宽度及运行通道宽；

　　　$\delta_{外墙}$——外墙厚度。

若机组台数为 1～2 台，机组可就地检修，可缩小或取消安装间。厂房长度应与构架立柱布置相协调。

主厂房宽度：

$$B = b_1 + b_2 + b_3 + b_4 + 2\delta_{外墙} \text{（m）} \tag{7-22}$$

式中　b_1、b_2、b_3、b_4——由机组长度、设备布置和通道要求确定。

进水阀中心线至厂房上游侧边墙的宽度 b_1，应考虑进水阀外形尺寸和安装、检修空间，并留有 0.8～1.2m 的运行通道宽。

厂房宽度应与吊车标准跨度相协调。

2) 机组为纵向排列,如图 7-21 所示。

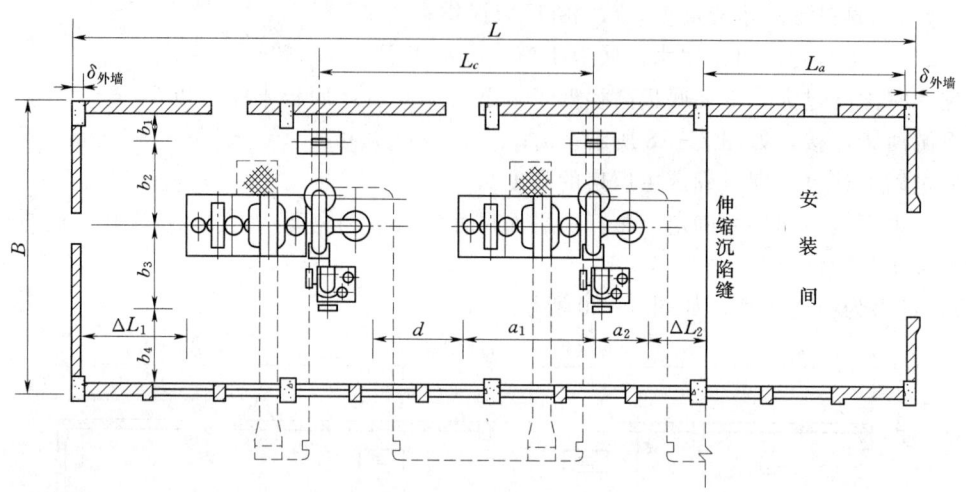

图 7-21 卧式机组纵向排列厂房平面尺寸示意图

主机房长度:
$$L=(n-1)L_c+a_1+a_2+\Delta L_1+\Delta L_2+L_a+2\delta_{外墙} \text{(m)} \tag{7-23}$$

主机房宽度:
$$B=b_1+b_2+b_3+b_4+2\delta_{外墙} \text{(m)} \tag{7-24}$$

机组过道宽 d 应考虑机组检修带轴转子抽出的长度,两端留 0.5m 左右的空隙。

7.5 灯泡贯流式水电站厂房布置

半贯流式水轮机主要包括灯泡式、轴伸式和竖井式,大中型水电站的半贯流式水轮机多采用灯泡式机组。灯泡式机组在低水头水电站的应用也越来越广泛,厂房位于河流中下游。例如福建永安的西门水电站和广东的飞来峡水电站。

7.5.1 进、出口与厂区布置

灯泡贯流式水电站的引水系统进水渠和尾水渠应因地制宜,根据工程具体情况妥善布置,并协调好与主、副厂房、变压器场、开关站、进厂交通线路等厂区建筑物的相互关系。

1. 进口建筑物布置

进口建筑物布置包括进水渠、拦(导)沙坎、拦(导)污排布置。

根据上游地形、河势及工程量等具体情况,灯泡式厂房的进水渠可采用正向进水或侧向进水方式,两种进水方式均可满足厂房发电运行要求。

灯泡式机组安装高程通常较低,流道进口一般在河床平均高程以下,并低于其他泄水建筑物底坎高程。为防止河床推移质泥沙进入流道磨损转轮,进水渠一般均设有拦沙设施以拦截河床的推移质泥沙。拦沙坎的高度通常比进水渠或河床底高 2～3m。如果河流中悬移质泥沙数量很大,应考虑拦截部分悬移质泥沙,此时其坎顶高程和剖面型式应经过计算

7.5 灯泡贯流式水电站厂房布置

和试验确定。拦沙坎的平面形状应有利于利用泄水闸下泄的水流将拦截的泥沙由泄水闸排往下游。拦沙坎的建基高程要考虑水库泄水时的冲刷影响，以保证其基础不被下泄水流淘刷而破坏。

河流中下游污物很多，大量污物随水流流到厂房进水口前，堵塞进水口会造成停机，影响发电效益。工程实践表明，在不断改进清污机的性能、做好清污工作的同时，库区设置拦污建筑物是一种有效的工程措施。库区拦污建筑物通常采用拦污排。拦污排的型式多样，可采用锚缆固定拦污排，也可采用两端可随水位升降的活动系缆装置固定浮排。浮排轴线与坝轴线交角以大于65°为宜，这样可利用泄水水流将污物排往下游。浮排材料可采用竹、木、钢铁桶、钢筋混凝土浮箱等。

2. 出口建筑物布置

出口建筑物主要是尾水渠。一般情况下，尾水渠底坡有一段反坡，逐渐升至下游河床。反坡段坡度不可过陡，应根据施工条件和水力计算确定。厂房尾水渠和泄水闸之间通常以导墙隔开，导墙大小应结合水工整体模型试验确定。

3. 进厂交通布置

灯泡式机组厂房多处于河流中、下游，流量大、尾水位高，厂房的进厂方式可分水平进厂和垂直进厂两大类，通常多采用水平直接进厂方式。如水平直接进厂有困难，可采用垂直进厂方式，即通过设在坝顶和进厂间的起吊设备进厂。在高尾水情况下若采用水平直接进厂须修建挡水墙或防洪门并有必要的排水措施。

4. 变压器场和开关站的布置

变压器场和开关站应就近布置，一般在紧靠厂房一侧布置主变压器场和开关站，母线由廊道接入，主变和开关站均布置在尾水平台或厂房屋面；也可将主变布置于尾水平台，开关站布置岸边。

7.5.2 厂房布置

灯泡贯流式机组厂房与地面立式机组厂房相似，特别是上部结构基本上相同，所不同的是立式机组厂房主要分为发电机层、水轮机层和蜗壳尾水管层，而灯泡贯流式机组厂房一般分为运行层和管道电缆层，灯泡式水轮发电机组布置在流道中。灯泡贯流式机组厂房布置如图7-22、图7-23所示。

1. 设备布置

（1）流道及进出口设备布置。灯泡贯流式机组过水流道通常分成进口段、中段和出口段，水轮发电机组放置在流道中段，流道外形由生产厂家根据试验确定并提供给设计部门。

流道进口的布置主要是确定拦污型式和拦污栅、检修闸门及坝顶公路的相对位置。垂直拦污栅在最上游，检修闸门在下游，坝顶公路位于两者之间。流道进口段通常设有拦污栅、工作闸门、启闭设备、进口闸墩、胸墙及桥面结构。

（2）主、副厂房设备布置。主、副厂房的水轮机附属设备及油、气、水系统包括调速器、油压装置、起重设备、防飞逸设备等。起重设备通常采用桥式吊机，其控制范围为主机间及安装间，根据需要设置一台或两台。调速器及油压装置一般布置在靠近水轮机的流道中段顶板上，也可布置在水轮机井下游侧的尾水管顶板上，有些电站的调速器及油压装

第 7 章 水电站厂房布置设计

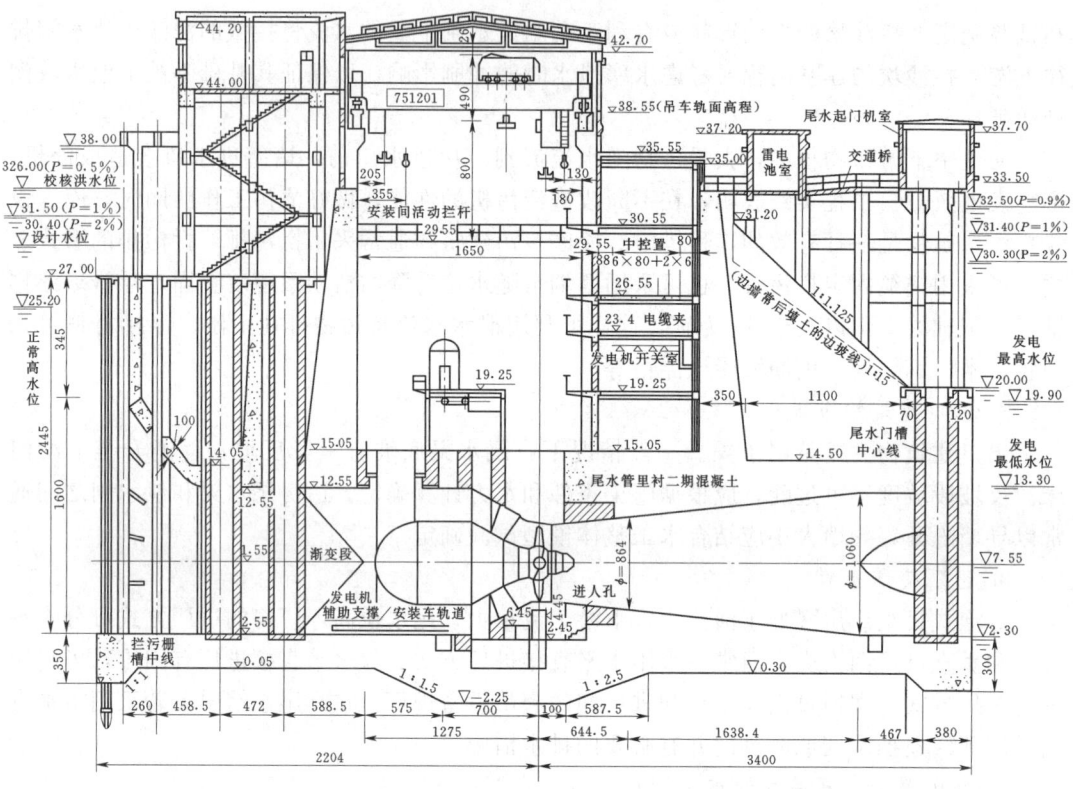

图 7-22 灯泡贯流式水电站厂房剖面图（尺寸单位：cm；高程单位：m）

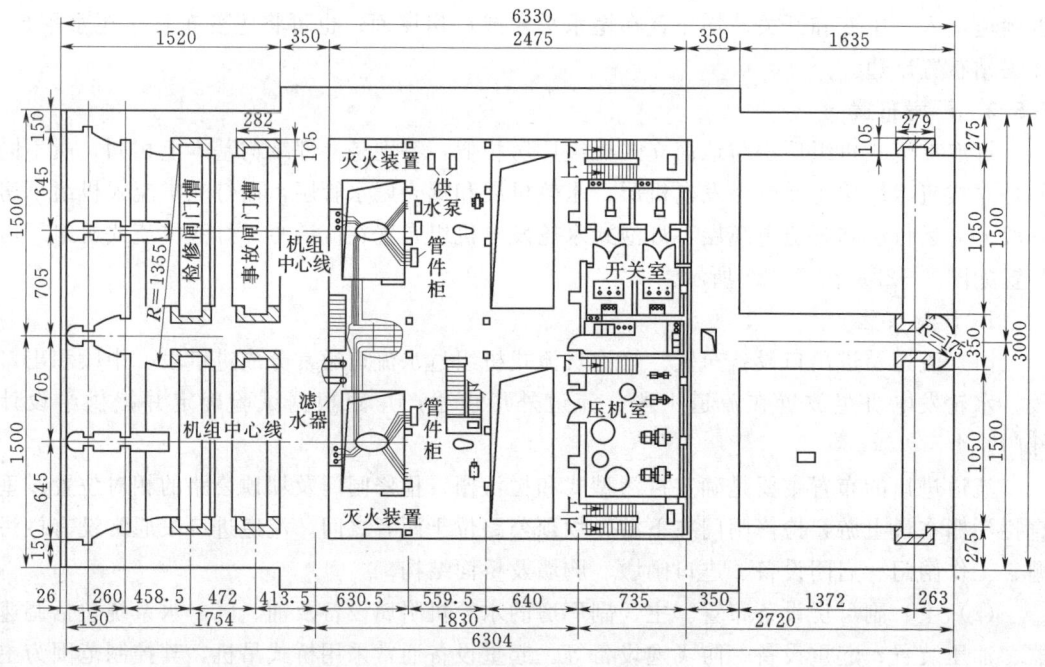

图 7-23 灯泡贯流式水电站厂房层 15.05m 高程平面图（单位：cm）

置布置在运行层上。灯泡式机组的防飞逸设备可采用重锤阀，布置在水轮机井内，不再另设事故配压阀。

排水井设置在厂房下部最低处，渗漏排水和检修排水通常分开设置，分别由排水廊道和排水沟连通各排水设备。排水泵室可与排水井布置在同一高程，也可布置在集水井正上方的尾水顶板上，通过设置在边墩的排水泵孔连通。排水泵的开启由水位控制。厂房的灌浆廊道排水和大坝灌浆廊道排水应统一布置，与厂房内排水分开。

供水系统根据水源位置、用水设备的位置统一考虑，一般供水系统布置在安装间副厂房的底层。

供气系统包括高压、低压两个系统，空压机室因震动和噪音大应布置在厂房最底层的尾水顶板上，并有隔墙等相应的减震和降低噪音的措施。

油系统承担机组操作油、润滑油、冷却用的透平油及电气使用的绝缘油等的储存和供应，并保证油的质量符合用油设备的要求。油系统通常布置在副厂房的下层，其中高位油箱根据机组使用要求可布置在厂房端墙或上游挡水墙顶部，也可布置在下游副厂房顶部，其机组回油箱通常布置在水轮机井下面。

（3）电气设备布置。一次回路包括厂用变、高压室、励磁变及机旁盘等，通常布置在副厂房的下面各层。二次回路包括继电保护室、电缆室、蓄电池室、中控室、计算机室等，通常布置在副厂房的上面各层。

2. 结构布置

（1）分缝。厂房永久缝一般采用一机一缝或两机一缝，根据机组尺寸大小、机组稳定、结构应力和施工要求确定。通常两道永久缝间构成一个独立结构体，但有的工程因尾水位很高，厂房的侧向水推力较大，为避免基底产生拉应力，在施工后期将永久缝灌浆，使几个机组段连成一体以抵抗侧向水推力。

（2）止水。厂房上、下游垂直止水一般位于上、下游挡墙处，其中上游垂直止水应与帷幕连接。厂房的水平止水一般布置在流道顶板，也可布置在流道底板，两种布置各有利弊。顶板处设止水可利用水压力平衡侧向水推力，同时机组正常运行期间边墩两侧水压力平衡，结构受力条件好，是采用较多的止水方法。

（3）挡水墙。灯泡式机组装置高程较低，厂房依靠设置较高的挡水墙挡水。上下游挡水墙以进、出口闸墩为支承组成挡水结构。左右两端墙跨度很大，通常设置中支撑墙和上下游挡水墙作为左右两端墙的支撑，共同组成侧向挡水结构。

进口平台和坝顶结构相连，其结构布置应与坝顶布置协调。出口平台若布置变压器、开关站，则其结构布置应统一考虑。

灯泡贯流式机组厂房多为封闭式，通风、采光大多采用人工方式。若利用下游挡水墙和副厂房之间的空间协助通风、采光，在结构布置上应考虑通风、采光的要求。

3. 厂房主要尺寸的确定

（1）长度。厂房长度应满足流道、吊车限制线、安装间平面尺寸、边墩结构厚度、左右两端墙结构厚度等的要求。

（2）宽度。厂房底宽按流道长度和进出口闸门布置要求确定。上部宽度除满足下部要求外还要满足启闭机布置、运行及出口平台布置的要求。

(3) 安装高程。灯泡式水轮机的安装高程是厂房最基本的参数。安装高程除应满足各种工况下防止空化和尾水淹没深度大于 0.5m 的要求外,还应考虑河床下切的影响,留有一定的余地。在基本高程确定后,为获得较大的发电效益,可进行降低安装高程的方案比较,最终确定安装高程。

(4) 建基高程。建基高程受流道和设备布置影响,通常将流道和设备布置外轮廓尺寸,减底板厚度即为厂房各部分的建基高程。管道电缆层高程为流道顶高程外加流道顶板厚度。

(5) 运行层高程。设置运行层的厂房,其运行层高程为管道电缆层高程外加 5m 左右。
进出口平台及挡水墙顶高程的确定应满足校核水位加安全超高的要求。

7.6 副厂房的布置

为了保证机组正常运行,在主厂房近旁布置着各种辅助机电设备,这种安装了辅助机电设备的房间以及提供控制、试验、管理和运行人员工作和生活的房间,称为副厂房。

7.6.1 副厂房的组成

副厂房的组成、面积和内部布置取决于电站装机容量、机组台数、电站在电力系统中的作用等因素。大中型水电站的副厂房,按性质可分为三类,即直接生产副厂房、检修试验副厂房和生活管理副厂房。

7.6.2 副厂房的位置

副厂房的位置应紧靠主厂房,基本上布置在主厂房的上游侧、下游侧和端部,可集中一处,也可分两处布置。

1. 副厂房设在主厂房的上游侧

这种布置方式的优点是布置紧凑,电缆短,监视机组方便,主厂房下游侧采光通风条件良好。缺点是电气设备线路与进水系统设备互相交叉干扰,引水道可能要增长。这种布置适用于引水式、坝后式水电站,坝后式厂房主要是利用厂坝之间的空间。如丹江口、密云水电站等。

2. 副厂房设在主厂房的下游侧

这种布置方式的优点是电气设备的线路集中在下游侧,与水轮机进水系统设备互不交叉干扰,监视机组方便。缺点是主厂房的通风和采光受到影响,且由于发电机主引出母线和变压器布置在主厂房的下游侧,尾水管的振动影响较严重,容易引起电气设备的误操作,运行人员难以忍受。另外,副厂房布置在下游侧需延长尾水管的长度,相应增加厂房下部结构尺寸和工程量,电气出线也较复杂。这种布置方式适用于河床式水电站,如葛洲坝、富春江水电站等。

3. 副厂房设在主厂房靠对外交通的一端

这种布置方式的优点是主、副厂房的总宽度较小,采光通风良好,给运行人员创造了良好的工作条件,能适应电站分期建设、分期发电的要求,运行与机电设备安装干扰小,可以减轻机组噪音对中央控制室的影响。缺点是母线与电缆线路较长,投资加大,当机组台数较多时,监视、维护距离较长。这种布置方式适用于引水式水电站及地下式厂房,如二滩、溪洛渡水电站等。

7.6 副厂房的布置

7.6.3 副厂房平面布置设计的原则和要求

1. 中央控制室（简称中控室）

中控室是整个水电站发电、配电、变电等设备以及水位和流量等集中控制和集中监视的地方，是电站运行、控制、监视的神经中枢。中控室一般布置有控制盘、直流盘、继电保护盘和信号盘、厂用盘、自动调频盘等。

中控室的位置要便于电站的控制、监视并迅速消除故障，电缆长度尽量短，一般布置在发电机层的中部且与发电机层同高。若不同高时，应设楼梯便于进出主厂房，且应设便于通视主厂房的窗口和平台。中控室不宜布置在主变压器场的下层或尾水平台上，因为出现的噪声和振动将会影响继电保护设备的整定值，并使值班人员过度疲劳和注意力分散。

中控室要求宽敞明亮、干燥舒适、安静，具有良好的工作环境。最好采用玻璃隔音墙与外界隔开，这样既便于观察，又可收到隔声效果。此外，还要求室内通风良好，光线均匀柔和，无噪声干扰，室内温度、湿度适当，避免阳光直射至仪表盘面并设有防晒的隔热遮阳措施，以保证仪表的灵敏度和准确性。中控室室内净高一般为 4～5m。

2. 集缆室

集缆室，又称电缆夹层，布置在中控室和继电保护盘室的下层，面积等于或稍小于中央控制室。室内只有电缆和电缆吊架，布置简单，室内净高一般为 2～3m，以满足维护、检修人员能站立工作为宜。该层汇集来自主厂房和变电站的各种操作电缆，然后通往中控室的控制盘、操作盘。集缆室的安全出口不少于两个，并应做好防潮设计。

3. 继电保护盘室

继电保护盘是当电气设备发生故障时，能自动断开故障部件，防止事故扩大，保护电气设备不受损坏的设备组合盘。一般布置在中控室附近，当开关站距主厂房较远，尤其是在高程相差很大的情况下，可将输电线路保护盘室布置在开关站。

4. 发电机电压配电装置室（低压开关室）

发电机电压配电装置室主要布置发电机电压母线和发电机电压断路器等设备，通常这些设备成套地集成于一个金属柜中，称为开关柜。这些开关柜布置在高度为 4～5m、宽度为 6～8m 的房间中。低压开关室布置在主变压器与发电机之间，与发电机层同高程的副厂房内。

开关室一般不设窗户，满足通风、防潮、防火、防爆的要求。开关室长度超过 7m 时，须两端设出口；长度超过 60m 或通向防爆间隔通道长度大于 40m 时，宜设三个出口。出口门朝外开，两个出口相距不宜超过 30m。开关室不应布置在浴室或厕所下面。耐火等级不应低于 2 级。采用自然通风，当不能满足温度要求或发生事故排烟困难时，可考虑增设机械通风装置。

5. 通信室及远动装置室

当输电电压在 110kV 以上时，为了便于电站与系统调度中心联系，由系统调度中心指挥电站运行，专设载波电话通信室、自动电话交换机室、微波或其他无线电通信室和远动装置室等。这些房间要与中控室毗邻且处于同一高程，室内最小高度为 3.2～3.5m。要求防尘防震，避免过大的噪声，不应与蓄电池室或强电设备邻近。微波或其他无线电通信室，应在其屋顶或附近设无线或微波发射塔。

6. 直流设备室

它包括蓄电池室、储酸室、充电机室、通风机室及套间等。这些房间作为整套布置在一起，一般布置在副厂房的一端，并靠近用电设备，以缩短直流配电盘的电缆长度。不允许布置在中控室、配电装置室（开关室）和通信室的上方，以免酸性残液渗到下面房间。

蓄电池室向厂房内电气设备提供直流电源，并作为备用电源。室内采用人工照明，不设窗户，避免硫酸气产生的氢气在阳光直晒下引起爆炸。门窗、墙壁、顶棚、蓄电池台架和调配池均应用耐酸材料铺设，地面和墙裙用白色瓷砖铺设（缝中填耐酸砂浆）或采用耐酸性沥青地面，并有适当的排水坡度。

储酸室储存电池所用的酸类，应尽量靠近蓄电池室。为了防止酸气外溢，酸室一般用套间与其他房间分开，墙壁要较厚，地板、墙壁、顶棚要考虑耐酸问题。

通风机室和套间的作用是排除有害酸气，防止有害气体扩散，应采用单独的通风系统。

充电机室是向蓄电池充电的，最好布置在与蓄电池室毗邻的房间内。

7. 厂用电设备室

厂用变压器可布置在厂外主变压器旁。如厂内有空间，也可布置在厂内，尽可能靠近开关室，以缩短连接母线的长度。每台厂用变压器应布置在防火、防爆的单独小间，并与水轮机层同高，且设专用走廊。厂用变压器一般就地检修，门朝外开，地面有2%坡度倾向集油槽（干式变压器可不设坡）。

厂用高压成套开关柜通常布置在水轮机层母线室附近，不宜布置在发电机层或距中控室太近。厂用低压配电装置，又称动力盘，一般应集中布置在单独房间。

8. 母线廊道、母线室或母线竖井

发电机与主变压器之间的母线，一般要经过母线廊道、母线室或母线竖井引到主变压器。布置应满足安装、维修的要求。发电机母线廊道宜布置在发电机出线方向的一侧，并靠近主变压器和厂用变压器，其面积和层高取决于母线的数量和带电安全距离的要求。母线竖井应设有巡视、检修用的电梯和楼梯，每隔4～5m设维修平台，平台和楼梯宽度均不应小于0.8m。

9. 各种试验室和车间

电气试验室的试验对象是二次回路的设备和500V以下的电气设备，最好布置在中控室附近。电气试验室要求采取通风、防尘和防潮措施，不宜布置在尾水管上部。

高压试验室的试验对象是3kV以上的电气设备，这些设备一般比较笨重，搬运不便，因此高压试验室应布置在与发电机同高程的安装间附近或副厂房内。

电工修理间和电气工具间应布置在靠近发电机层的交通方便处。机修车间可单独布置在厂外，尽量靠近厂房。

10. 办公室及生活用房

值班室和调度室一般与中控室邻近，并与主厂房联系快捷、方便。行政办公及生活用房可单独建在厂外，要求布置在较安静的地方。副厂房内一般只布置运行人员必须的工作和休息房间。

11. 电子计算机室

电子计算机室一般布置在中央控制室近旁的同一高程上的单独房间里，室内应基本保

7.6 副厂房的布置

持恒温、恒湿,要求装设自动空调装置。进入电子计算机室应通过一个套间,防止剧烈振动和腐蚀性气体进入。

12. 巡回检测装置室

为及时发现故障,减轻运行人员巡视和抄表的劳动而设巡回检测装置,布置在中央控制室和继电保护盘室内。即将主机柜、变换器柜、电动发电机组布置在继电保护盘室内,将远方操作台布置在中央控制室内。

副厂房可采用两层或两层以上的砖混结构,其尺寸可根据副厂房各层的平面布置要求,协调上下层关系,定出副厂房的长度和宽度。根据工程经验,副厂房的宽度一般为10m左右。各层高程应根据主、副厂房的联系方便、设备布置的要求、通风、采光的需要等原则来确定。

副厂房房间的面积和内部布置应根据机电设备布置、维修、试验及管理需要,结合厂房具体条件综合考虑确定。副厂房房间面积可参阅表7-1。

表7-1　　　　　　　　　副厂房房间及参考面积　　　　　　　　　单位:m²

序号	类别	房间名称	装机容量 P (MW)		
			1300>P≥200	200>P≥100	100>P≥25
1	直接生产副厂房	中央控制室	90~130	65~90	35~65
2		电缆室	90~130	65~90	35~65
3		继电保护盘室	80~120	50~80	30~60
4		通信室	25~30	25~30	20~25
5		蓄电池室	2×55	45	45
6		储酸室及套室	2×15	15	12
7		蓄电池通风机室	20~25	15~20	10~15
8		充电机室	30~35	30~35	15~20
9		电子计算机室	100~120	100~120	100~120
10		巡回检测装置室	15~30	25~30	15~30
11	检修试验副厂房	继电保护试验室	40~45	40~45	40~45
12		测量表计试验室	35~40	30~35	25~30
13		精密仪器试验室	30~35	25~30	20~25
14		高压试验室	40~45	35~40	25~35
15		电工修理间	25~35	25~35	25~35
16		电气工具间	20	15	15
17		机械修理间	60~100	40~60	40~60
18		油化验室	10~20	10~20	10~20
19	生活管理副厂房	总工程师室	20~25	20~25	20~25
20		运行分场	30~40	20~30	20~30
21		检修分场	30~40	20~30	20~30
22		水工分场	25~35	25~35	25~35
23		交接班室	20~25	20~25	15~20
24		生产技术科	25~30	25~30	20~25
25		厂长室	25	20	15
26		资料室	25~35	25~35	25~35
27		会议室	25~50	35~50	20~35
28		生活间(厕所,盥洗室)	10~15	10~15	10~15

单机容量小于500kW的小型水电站,属于低压机组,可不设专门的副厂房,而将各

台机组的配电屏设在主厂房的上游侧或下游侧，另设工具间或仓库即可。

7.7 厂房的采光、通风、交通及防火

水电站厂房必须妥善考虑采光、通风、取暖、防潮、防火、保安、交通运输等问题，以确保水电站的正常运行，并给运行人员提供良好的工作环境。

7.7.1 采光

地面厂房应尽可能采用自然采光，布置主副厂房时要考虑开窗的要求。主厂房自然采光主要靠厂房两侧的大窗，吊车梁以上的窗子主要起通风的作用。大窗开在构架柱之间的墙上，为长形独立窗。窗宽度不要太小，否则照明就不均匀。窗的高度一般不小于房间进深的1/4。窗下槛在发电机层楼板以上不宜超过1～2m，以保证窗子附近有足够的光线，并便于通风。

夜间及地下式、坝内式、溢流式厂房或地面厂房水下部分的房间，要设计人工照明。人工照明分为工作照明、事故照明（当交流电源中断时自动投入的直流电照明）、安全照明（设有防触电措施或采用36V及以下电压的照明）、检修照明及警卫照明。中央控制室及主机房内的照明不能使仪表盘面上产生反光，以保证运行人员能清晰地观察仪表。

7.7.2 通风

地面厂房应尽量采用自然通风。当自然通风达不到要求，或当下游水位过高而不能有效地采用自然通风时，或在产生过多热量的房间（如变压器室、配电装置室等），或在产生有害气体的房间（如蓄电池室、油处理室等），才装设人工通风装置。

主副厂房的通风量应根据设备的发热量、散湿量和送排风参数等因素决定。要合理安排进出风口的位置以达到最佳的通风效果。水轮机层、水泵室、主阀室等厂内潮湿部位采用以排湿为主的通风方式，对于产生有害气体的房间要设置专用的排风系统，以免有害气体渗入其他房间。主通风机室的位置除满足通风系统气流组织的合理性外，还应远离中央控制室、载波机室等安静场所，以免噪声干扰。

盛夏酷热地区或人工通风仍不能满足厂内温度湿度要求时，可采用局部或全部的空气调节装置。空气调节装置的冷源应尽量采用天然低温水或其他天然冷源。

7.7.3 取暖

冬天厂房内的温度不能过低，以保证机电设备的正常运行。冬季水电站若正常发电，发电机层、出线层、水轮机层、母线道等处靠机电设备发出的热量即可维持必需的温度。热量不足以维持必需温度的房间，可用电辐射取暖或电热取暖。中央控制室可装设空气调节器，以便冬季取暖、夏季降温。

7.7.4 防潮

地面厂房水下部分的房间要注意防潮，坝内及地下厂房的防潮问题更为突出。过分潮湿会造成电气设备的短路、误动作或失灵，可能使机械设备加速锈蚀，运行人员工作条件恶化。防潮的措施不外乎以下四项：

（1）防渗防漏。外墙混凝土要满足抗渗要求，必要时可加设防潮夹层；要减小设备漏水，伸缩缝及沉陷缝要加设止水；冷却水管、混凝土墙及岩石表面如有结露滴水则要用绝

热包扎。

(2) 加强排水。已渗漏进厂房或防潮夹层的水要迅速排除，不能让其积存。

(3) 加强通风。潮湿部位宜采用以排湿为主的通风方式，减小空气中的湿度。

(4) 局部烘烤。以电炉或红外线烘烤，防止设备受潮。

7.7.5 厂内交通

为了便于设备的安装、维护、检修和运行人员的巡视检查与操作，保证运行的正常和工作的安全，厂房内部必须布置一定的交通通道。

1. 厂房的水平通道

厂房的水平通道包括门、运输轨道、过道、廊道等。

(1) 门。厂房对外大门的高、宽应满足运输大部件的要求。可采用旁推门、上卷门或活动钢门。不运输大部件时大门应关闭，只开小门。有防洪要求时应做成防洪门。主机房至少应有两道进出的门。其他所有房间的门按需要和规范确定。有防火要求时门都应向外开，例如蓄电池室、油系统室等。某些可能产生负压的房间，门应向里开，以便出现负压时门可自动开启，如闸门室、排水操作廊道等。

(2) 运输轨道。它主要是为了设备的运输、安装、检修而铺设的，如进厂铁道、变压器轨道等。尾水平台上的门式起重机也应有专门的轨道。

(3) 过道。主厂房内各层及副厂房布置机电设备的房间内，都要有过道，以便运输设备，进行安装、检修并供工作人员通行。其宽度一般为 1～2m，狭窄处应不小于 0.8m。发电机层常设一条主要通道，纵贯全厂房。

(4) 廊道。它包括安装和操作设备的廊道，如排水操作廊道、主阀廊道等。

2. 厂房结构空间的上下交通

厂房空间的上下交通常设各种楼梯、吊物孔、进人孔等。

(1) 楼梯。为了各层不同高程的交通，必须布置足够的上下楼梯（普通楼梯、旋梯和爬梯），其位置以便于运行人员巡视和保证在发生事故时能迅速到达事故地点为原则。主厂房内至少每两台机组设一楼梯，并且全厂应不少于两道。楼梯的坡度为 20°～46°，以 34°为宜。单人楼梯宽 0.9m，双人楼梯宽 1.2～1.4m。旋梯可省场地，但只适用在不经常上下的地方。偶尔使用的楼梯可做成爬梯，其坡度为 60°～90°，宽 0.7m，在各层高差特别大时也有设电梯的。

(2) 吊物孔。为了吊运各楼层设备，在主厂房各层楼板上常需开设吊物孔。如主阀吊孔、水泵吊孔、空压机吊孔、公用吊孔等。这些吊孔应恰好位于需吊部件的上方，大小合适，且应位于桥吊吊钩工作范围内，平时用钢板或钢筋网盖住。

(3) 进人孔。为了检修和观察设备，常在某些部件上开设进人孔，如蜗壳、尾水管、机墩进人孔等。

7.8 厂区布置

厂区布置是指水电站的主厂房、副厂房、主变压器场、高压开关站、引水道、尾水道及厂区交通等相互位置的安排。厂区布置应根据地形、地质、环境条件、运行管理，结合整个枢纽的工程布局，按下列原则进行。

（1）合理布置主厂房、副厂房、主变压器场、开关站、高低压引出线、进厂交通、发电引水及尾水建筑物等，使电站运行安全、管理和维护方便。

（2）妥善解决厂房和其他建筑物（包括泄洪、排沙、通航、过竹木、过鱼等）布置及运用的相互协调，避免干扰，保证电站安全和正常运行。

（3）考虑厂区消防、排水及检修的必要条件。

（4）少占或不占用农田，保护天然植被，保护环境，保护文物。

（5）做好总体规划及主要建筑物的建筑艺术处理，美化环境。

（6）统筹安排运行管理所必需的生产辅助设施。

（7）综合考虑施工程序、施工导流及首批机组发电投运的工期要求，优化各建筑物的布置。

水电站厂区布置如图 7-24 所示。

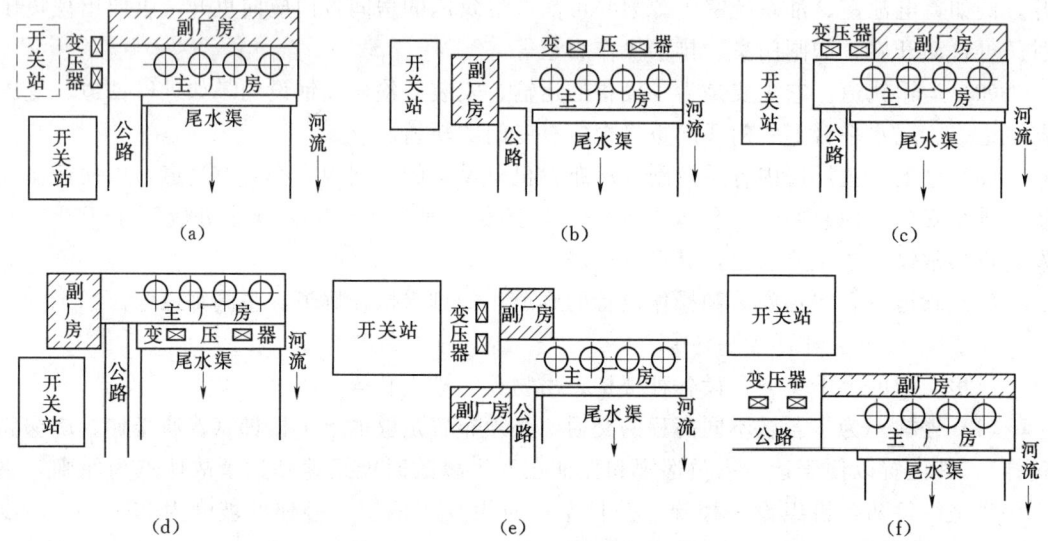

图 7-24 水电站厂区布置示意图

7.8.1 主厂房

主厂房是厂区的核心，对厂区布置起决定性作用，其位置的选择是在水利工程枢纽总体布置中进行，除了注意厂区各组成部分的协调配合外，还应考虑下列因素。

（1）尽量减小压力管道的长度。因此对坝后式水电站，主厂房应尽量靠近拦河坝；对于引水式水电站，主厂房应尽量靠近压力前池和调压室。

（2）尾水渠尽量远离溢洪道或泄洪洞出口，防止水位波动对机组运行不利。尾水渠与下游河道衔接要平顺。

（3）主厂房的地基条件要好，对外交通和出线方便，并不受施工导流干扰。

7.8.2 副厂房

副厂房可选的位置：

（1）主厂房的上游侧 [图 7-24（a）、（c）、（f）]。运行管理比较方便，电缆也较短，

7.8 厂 区 布 置

在结构上与主厂房连成一体,造价较经济。

(2) 尾水管顶板上。这种布置会影响主厂房的通风、采光,需加长尾水管,从而增加工程量。由于尾水管在机组运行时振动较大,不宜布置中央控制室及继电保护设备。

(3) 主厂房的一端 [图 7 - 24 (b)、(d)]。副厂房布置在主厂房一端时,宜布置在对外交通方便的一端。当机组台数多时,这种布置会增加母线及电缆的长度。

7.8.3 主变压器场

主变压器位于高、低压配电装置之间,起着连接升压作用,它的位置在很大程度上影响着厂房主要电气设备的布置,因此常先安置好主变压器的位置,然后再确定发电机主引出线及其他电气设备的布置。

1. 主变压器场的布置原则

主变压器场一般露天布置,布置原则如下:

(1) 尽量靠近厂房,以缩短昂贵的发电机电压母线长度,减小电能损失和故障机会,并满足防火、防爆、防雷、防水雾和通风冷却的要求,安全可靠。

(2) 便于运输、安装和检修。如考虑主变推运到安装间检修,变压器场最好靠近安装间,并与安装间及进厂公路布置在同一高程上,还应铺设运输主变的轨道。要注意将任一台主变运进安装间检修时不影响其余主变的正常工作。

(3) 便于维护、巡视及排除故障。为此,在主变四周要留有 0.8~1.0m 以上空间。

(4) 土建结构经济合理。主变基础安全可靠,应高于最高洪水位。四周应有排水设施,以防雨水汇集为害。

2. 升压变压器可能布置的位置

(1) 坝后式厂房,可以利用厂坝之间的空间布置升压变压器。

(2) 河床式厂房,由于尾水管较长,可将升压变压器布置在尾水平台上,这时尾水平台的宽度,应使升压变压器在检修移出时符合最小安全净距的要求。

(3) 引水式地面厂房,变压器场可能的位置是厂房的一端进厂公路旁、尾水渠旁、厂房上游侧或尾水平台上。引水式地面厂房一般靠山布置,厂房上游侧场地狭窄,若布置变压器场需增加土石开挖,且通风散热条件差;变压器布置在尾水平台上需增大尾水管长度。所以这两种布置一般较少采用。

(4) 由于受地形和场地的限制,个别水电站有可能将主变压器布置在厂房顶上。地下厂房的主变压器可布置在地下洞室内。

7.8.4 高压开关站

高压开关站布置各种高压配电装置和保护设备,如电缆、母线、各种互感器、各种开关继电保护装置、防雷保护装置、输电线路以及杆塔构架等。这些设备的规格、数量、布置方式和需要的场地面积,是根据电气主接线图、主变压器的位置、地形地质条件及运行要求而确定的。其布置原则为:

(1) 要求高压进出线及低压控制电缆安排方便而且短,出线要避免交叉跨越水跃区、挑流区等。

(2) 地基及边坡要稳定。

(3) 场地布置整齐、清晰、紧凑,便于设备运输、维护、巡视和检修。

(4) 土建结构经济合理，符合防火保安等要求。

高压开关站一般为露天布置，应尽量靠近主变压器和中央控制室，且在同一高程上，但由于地形限制，往往有一高程差。通常布置在附近山坡上，也有布置在主厂房顶上的。当地形较陡时，可布置成阶梯式和高架式，以减少挖方。当高压出线不止一个等级时，可分设两个或多个开关站。

7.8.5 尾水渠、对外交通线路布置及厂区防洪排水

水电站的尾水渠一般为明渠，正向将尾水导入下游河道，少数情况也可侧向导入下游河道。水轮机的安装高程较低，为与天然河道相接，尾水渠常为倒坡。尾水管出口水流紊乱，流速分布不均匀，需设衬砌加以保护。布置尾水渠时要考虑泄洪的影响，避免泄洪时在尾水渠中形成较大的雍高和漩涡，避免出现淤积。必要时要加设导墙，将电站尾水与泄洪分开，减少电站尾水波动而影响水电站的出力。在保证这些要求的同时，要尽量缩短尾水渠长度，以减少工程量。

坝后式或河床式厂房的尾水渠宜与河道平行，与泄洪建筑物以足够长的导水墙隔开。河岸式厂房尾水渠应斜向河道下游，渠轴线与河道轴线交角不宜大于45°，必要时在上游侧加设导墙，保证泄洪时能正常发电。

对外交通一般为公路，也有采用铁路或水路的。引水式厂房一般沿河岸布置，进厂公路可沿等高线从厂房一端进入厂房。坝后式及河床式厂房进厂公路一般从下游侧进入。

公路、铁路要直接通入主厂房的安装间，临近厂房一段应是水平的，长度不小于20m，并有回车场地，回车场应与安装间同高，并有向外倾斜的坡度，避免雨水流进厂内。厂区内公路线的转弯半径一般不小于35m，纵坡不宜大于9%，坡长限制在200m内，单行道路宽不小于6.0m。厂区内铁路线的最小曲率半径一般为200~300m，纵坡不大于2‰~3‰，路基宽度不小于4.6m，并应符合新建铁路设计技术规范的规定。铁路进厂前也要有一段较长的平直段，以保证车辆能安全、缓慢地进入厂房，并停在指定的位置。铁路一般应从下游侧垂直厂房纵轴进厂。

对厂区防洪排水应给予足够重视，保证厂房在各设计水位条件下不受淹没。当下游洪水位较高时，为防止厂房受洪水倒灌，可采取尾水挡墙、防洪堤、防洪门、全封闭厂房、抬高进厂公路及安装间高程，或综合采取以上几种措施加以解决。在可能条件下尽量采用尾水挡墙或防洪堤以保证进厂交通线路及厂房不受洪水威胁；对汛期洪水峰高量大、下游水位陡涨陡落的电站，进厂交通线路的高程可以低于最高尾水位，但进厂大门在汛期必须采用密封闸门关闭，而同时另设一条高于最高尾水位的人行交通道作为临时出入口。

主副厂房周围应采取有效的排水和保护措施，以防可能产生的山洪、暴雨的侵袭。邻近山坡的厂房，应沿山坡等高线设一道或数道截水沟。整个厂区可利用路边沟、雨水明暗沟等构成排水系统，以迅速排除地面雨水。位于洪水位以下的厂区，为防止洪水期的倒灌和内涝，应设置机械排水装置。

小 结

本章主要介绍了水电站厂房组成及基本类型、立式机组主厂房设备的布置、主厂房轮

廊尺寸的确定、卧式机组厂房的布置、副厂房布置和厂区布置等。在学习过程中应着重掌握以下几点。

(1) 水电站厂房的组成及基本类型。
(2) 立式机组主厂房各层设备的布置。
(3) 主厂房水轮机安装高程和各特征高程的确定。
(4) 水电站主厂房平面尺寸的确定和特征层的布置。
(5) 卧式机组厂房的尺寸确定及设备布置。
(6) 水电站厂区建筑物的组成和布置。

习题及思考题

1. 水电站厂房的任务、组成及功用是什么？厂房的类型有哪些？其特点是什么？
2. 水电站厂房内的设备分为哪几大系统？各包括哪些主要设备？
3. 主厂房一般分几层？各层布置哪些主要设备？
4. 安装间的作用是什么？其位置、高程及面积的确定要考虑哪些因素？
5. 立式机组主厂房的长、宽、高如何确定？
6. 卧式机组主厂房长、宽、高如何确定？
7. 副厂房的组成、作用及布置原则是什么？
8. 水电站厂区枢纽包括哪些建筑物？这些建筑物的布置原则及相互位置应如何考虑？
9. 水电站的类型与水电站厂房的类型有何区别？各有几大类？
10. 厂房的通风、采光、防潮和防火是如何考虑的？

第8章 地面厂房结构布置

8.1 厂房结构概述

8.1.1 厂房结构布置的任务

水电站厂房分为主厂房和副厂房。副厂房的结构与一般工业与民用建筑相似，在此不加以讨论。主厂房的组成构件多，结构复杂，各种结构与机电设备关系密切，在妥善安排各种机电设备时，必须同时进行厂房的结构布置。主厂房结构布置的任务是拟定主厂房及其主要构件的合理结构形式、构造和材料；拟定主厂房与地基及其他相邻建筑物的连接方式。

8.1.2 主厂房的结构组成及作用

水电站立式机组地面厂房主厂房的结构，由上部结构和下部结构组成。上部结构包括屋盖结构、吊车梁、厂房构架、发电机层和安装间楼板、厂房围护结构等，基本上与工业厂房相似，只是起吊部件的重量大，使吊车梁、构架截面较大。上部结构基本上属板、梁、柱系统，通常为钢筋混凝土结构。下部结构主要包括机墩及风罩、蜗壳、尾水管、尾水闸墩及平台、外墙等，河床式厂房还包括进口结构，为大体积水工钢筋混凝土结构。下部结构的特点是构件的截面尺寸大，形状不规则，受力复杂，结构布置应符合《水工混凝土结构设计规范》（SL 191—2008）。

(1) 屋盖结构。屋盖结构包括屋面板和屋架或屋面大梁，起着围护和承重双重作用。屋面板直接承受屋面荷载，如风荷载、雨荷载、雪荷载和屋面板自重等，并将它们传给屋架或屋面大梁。屋架或屋面大梁承受屋盖上的全部荷载（风、雨、雪荷载和屋面板自重等）及屋架或屋面大梁自重，并将其传到厂房构架柱或壁柱。

(2) 吊车梁。承受吊车荷载（包括起吊部件时的移动集中垂直荷载）以及吊车在启动或制动时产生的纵向、横向水平荷载，并将它们传给构架柱或壁柱。

(3) 构架柱或壁柱。承受屋架或屋面大梁、吊车梁、外墙传来的荷载和构架柱或壁柱自重，并将它们传给厂房下部结构。如果构架柱与屋面大梁刚接，称为刚架，其作用同构架柱。

(4) 发电机层和安装间楼板。发电机层楼板承受着自重、机电设备静荷载和活荷载，传给梁并部分传到厂房下部的发电机机墩和水轮机层的构架柱。安装间楼板承受自重、检修或安装时的机组荷载和活荷载，并将它们传给基础。当安装间设有下层时就传给构架柱。

(5) 厂房围护结构。外墙承受风荷载，并将它传给构架柱或壁柱。圈梁和联系梁承受梁上砖墙传下的荷载和自重，并传给构架柱或壁柱。

(6) 发电机机墩。承受从发电机楼板传来的荷载、水轮发电机组等设备重量、水轮机轴向水压力和机墩自重等，并将它们传给座环和蜗壳外围混凝土。

(7) 蜗壳和水轮机座环（固定导叶）。将机墩传下来的荷载通过座环传到尾水管上；另外，水轮机层的设备重量和活荷载通过蜗壳顶板也传到尾水管。

(8) 尾水管。承受水轮机座环和蜗壳顶板传来的荷载，经尾水管框架结构（由尾水管顶板、闸墩、边墩和底板构成）再传到基础上。

8.1.3 厂房结构的受力及传力系统

地面厂房结构的受力及传力过程如图8-1所示。

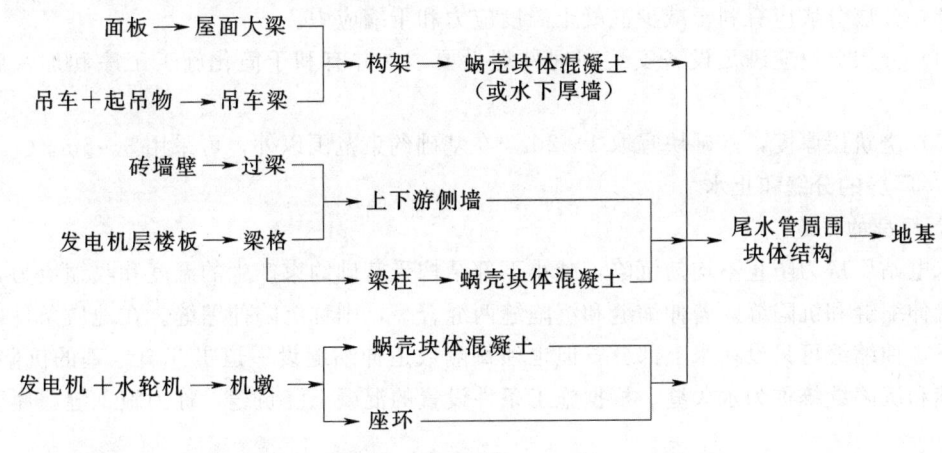

图8-1 地面厂房结构的受力及传力过程

8.1.4 厂房混凝土浇筑的分期和分块

1. 混凝土分期

为适应水轮发电机组的安装要求，厂房中的混凝土浇筑需要分期，通常可分为一期和二期混凝土。一般在机组安装前浇筑的混凝土称为一期混凝土，在机组安装时才浇筑的混凝土称为二期混凝土。一期混凝土包括：基础块体结构、尾水管（不包括锥管段）、尾水闸墩、尾水平台、混凝土蜗壳外围的混凝土、上下游围墙、厂房构架、吊车梁及部分楼层的梁、板、柱等，这些结构或构件首先浇筑，以便利用吊车进行机组安装。

二期混凝土是为了机组安装和埋设部件需要而预留的，待机组和有关设备到货，以及尾水管锥管段钢板内衬和金属蜗壳安装后再进行浇筑，一般包括：金属蜗壳外围混凝土、尾水管锥管段外围混凝土、机墩、发电机风道墙以及与之相连的部分楼板、梁等。

厂房一期、二期混凝土划分应遵循以下原则：

(1) 满足机电设备的安装和埋设的需要，金属蜗壳周围二期混凝土厚度不应小于0.5m。

(2) 机组分期安装时，预留后期安装的机组段，其一期混凝土结构应满足初期运行时稳定、强度和防渗等要求。厂房下游墙和构架在厂房二期混凝土未浇筑和厂房未封顶前，应具备承受相应工况荷载的能力。

2. 混凝土分层、分块

水电站厂房水下部分属于大体积块体混凝土结构，其特点是现场浇筑量大，结构几何形状复杂，基础高差大，对裂缝要求严格。为适应混凝土浇筑能力及厂房形状变化，每期混凝土要分层分块浇筑。厂房混凝土浇筑分层分块应根据厂房结构形式和尺寸、施工进度、浇筑能力及温控措施等情况按下列原则确定：

(1) 施工缝应不影响结构受力条件和整体性，宜避免设在应力较大的部位，并避免锐角和薄片。

(2) 施工缝宜采用错缝，避免上下层垂直缝贯通。错缝水平搭接长度一般取浇筑层厚度 $\frac{1}{3} \sim \frac{1}{2}$，且不宜小于 300mm。

(3) 分层分块应有利于减少混凝土温度应力和干缩应力。

(4) 分层分块应满足设备安装和埋件埋设要求，并有利于简化施工工序和加快施工进度。

(5) 浇筑层厚度，基础块宜取 1~2m，在基础约束范围以外，可采用 3~6m。

8.1.5 厂房的分缝和止水

1. 厂房的分缝

水电站厂房为防止不均匀沉陷，减小下部结构受基础约束产生的温度和收缩应力，必须设置伸缩缝和沉陷缝。若伸缩缝和沉陷缝两缝合一，则称沉陷伸缩缝。在地质条件好的情况下，伸缩缝可只设在水上部分，但也须每隔数道伸缩缝设一道贯穿至地基的沉陷缝。伸缩缝和沉陷缝统称为永久缝。根据施工条件设置的混凝土浇筑缝，称为施工缝，属于临时缝。

主厂房与安装间的荷载以及坝后式厂房中坝基与厂基的荷载，往往相差很大，易使软弱地基产生不均匀沉陷，通常需在机组段之间、厂坝之间、主机房与安装间之间设置沉陷缝，使它们各自成为独立的部分，结构受力明确，结构构造和结构计算可以简化。

沉陷缝间距一般为 20~30m，经论证后可放宽到 45~50m，主要视地质条件和厂房布置允许沉陷量而定。一般情况下，下部结构缝宽为 10~20mm，上部结构的缝宽可适当加大。沉陷缝将厂房分为若干段，每段一般包括 1~2 台机组，安装间常为单独的一段。在机组段分缝处，构架、吊车梁和楼板也要断开。

2. 厂房的止水

为防止厂房上、下游的压力水和地表水等通过永久变形缝进入厂房，在厂房上游面、下游最高洪水位以下部位、廊道和孔洞穿过分缝处的周围，以及有防水要求的接触面等处，均应设置可靠的止水。厂房止水的构造与一般水工建筑物相同。止水材料可采用紫铜片、不锈钢片、橡胶、塑料、沥青以及高分子合成材料等，可根据缝的变形、水压力、地区气温及缝的部位选定。承受水压的竖向施工缝应设止水。水平施工缝可不设止水，但水力梯度较大，且接缝处一旦漏水会影响电站的正常运行，宜设置止水。

厂房水上部分的永久缝中常填充一定弹性的防渗、防水材料，以防止在施工或运行中被泥沙或杂物堵塞和风雨对厂房内部的侵袭。

厂房水下部分的永久缝应设置止水，以防止沿缝隙的渗漏。重要的部位应设两道止水，中间设沥青井，次要部位可不设沥青井。止水与基岩连接时应埋入基岩内 300~500mm。

8.2 厂房的整体稳定分析

8.2.1 一般规定

(1) 厂房整体稳定分析应根据地基情况、结构特点及施工条件进行，具体内容可包括：

1) 建基面抗滑稳定计算。当厂房地基内部存在不利于厂房整体稳定的软弱结构面时，还应进行厂房沿软弱结构面的深层抗滑稳定计算。

2) 厂房基础面法向应力计算。

3) 厂房抗浮稳定验算（包括厂房二期混凝土未浇情况）。

4) 非岩基上厂房尚应进行地基承载力、变形和稳定性验算。

(2) 由于厂房设有横向永久变形缝，因此厂房整体稳定及地基应力计算应分别以中间机组段、边机组段及安装间段作为一个独立的整体，按荷载组合分别进行。边机组段及安装间段有侧向水压力作用时，还必须核算双向水压力作用下的整体稳定性及地基应力。

(3) 坝后式厂房采取厂坝整体连接时，应考虑厂坝联合作用。

(4) 厂房整体稳定及地基应力宜采用下列方法计算：

1) 一般情况下，采用材料力学法。

2) 位于复杂地基上的大型电站厂房，除用材料力学法计算外，可采用有限元法或其他合适的方法进行复核计算。

3) 计算情况应分正常运行、机组检修、机组未安装、非常运行和地震情况四种。

8.2.2 作用于厂房上的荷载及组合

1. 荷载

(1) 垂直荷载。

1) 结构自重 W_1。厂房各部分结构自重应按其几何尺寸及材料重度计算确定。一般常用材料重度按下列取用：厂房下部结构混凝土重度取 $24kN/m^3$，厂房上部结构混凝土重度取 $25kN/m^3$；浆砌石重度取 $21\sim25kN/m^3$。W_1 为永久荷载。

2) 永久设备重 W_2。只计算水轮机、发电机及进水阀门等主要固定设备重量，不计附属设备及非固定设备重量。W_2 为永久荷载。

3) 水重 W_3。计算部位包括进水口、蜗壳、尾水管、尾水闸墩等处，视厂房型式及布置情况确定。水重应按实际体积计算，水的重度可取 $10kN/m^3$，对于多泥沙河流的水重应考虑实际含沙量的影响。W_3 为可变荷载。

4) 回填土石重 W_4。W_4 为永久荷载，按实际体积计算，水上部分按实际容重计，水下部分按浮容重计。

5) 扬压力 W_5。河床式厂房挡水，相当于重力坝，扬压力分布图形按《混凝土重力坝设计规范》(SL 319—2005) 规定采用；坝后式及引水式厂房扬压力分布图形，应根据基础情况参照使用。W_5 为可变荷载。

6) 其他垂直荷载。

(2) 水平荷载。

1) 静水压力 P_1。根据建筑物等级,确定正常运用及非常运用情况的相应水位进行计算。P_1 为可变荷载。

2) 土压力 P_2。厂房一侧有堆土或堆渣,若对厂房稳定有利,按主动土压力计算;若对厂房稳定不利,应根据具体情况按主动土压力或静止土压力计算。P_2 为永久荷载。

3) 泥沙压力 P_3、浪压力 P_4、冰压力 P_5。在河床式厂房中考虑,计算按《混凝土重力坝设计规范》(SL 319—2005)规定采用。P_3 为永久荷载,P_4、P_5 为可变荷载。

4) 地震作用 P_6。属偶然荷载,按《水工建筑物抗震设计规范》(SL 203—97)设计,但仅计水平向作用。

5) 其他水平荷载。

2. 荷载组合

根据厂房运行及荷载出现情况,进行荷载组合。厂房在正常运行情况下的荷载组合为基本组合;厂房在非常运行情况下的荷载组合为特殊组合,分别按表 8-1 进行计算。

表 8-1　　　　　厂房整体稳定和地基应力计算荷载组合

荷载组合	计算情况		上游水位及下游水位	W_1	W_2	W_3	W_4	W_5	P_1	P_2	P_3	P_4	P_5	P_6
基本组合	正常运行	a_1	上游正常蓄水位 下游最低水位	√	√	√	√	√	√	√	√	√	√	
		a_2	上游设计洪水位 下游相应水位	√	√	√	√	√	√	√	√	√		
		b	下游设计洪水位					√		√	√			
特殊组合	机组检修	a	上游正常蓄水位 下游检修水位	√		√	√		√	√	√	√		
		b	下游检修水位					√		√	√			
	机组未安装	a	上游正常蓄水位 或设计洪水位 下游相应水位	√	√	√	√		√	√	√			
		b	下游设计洪水位					√		√	√			
	非常运行	a	上游校核洪水位 下游校核洪水位	√	√	√	√	√	√	√	√	√		
		b	下游校核洪水位	√	√	√	√	√		√	√			
	地震情况	a	上游正常蓄水位 下游最低水位	√	√	√	√	√	√	√	√	√	√	√
		b	下游满载运行水位	√	√	√	√	√	√	√	√			√

注　1. 表中 a 适用于河床式厂房,b 适用于坝后式及河岸式厂房。
　　2. 浪压力与冰压力不同时存在,可根据实际情况选择一种计算。
　　3. 施工期的情况应作必要的核算,可作为特殊组合。
　　4. 厂房基础设有排水孔时,如考虑排水失效情况,可作为特殊组合。
　　5. 正常运行 a_2 及机组未安装 a 中的下游相应水位,是指当上游发生正常蓄水位或设计洪水位时可能出现的对厂房建筑物最不利的水位(包括枢纽泄洪或不泄洪情况)。
　　6. 非常运行 a 的下游校核洪水位,是指上游发生校核洪水位时,下游可能出现的对厂房最不利水位(包括枢纽泄洪或不泄洪情况)。

8.2.3 厂房整体稳定校核

厂房整体稳定包括抗倾、抗浮、抗滑稳定。实际上，混凝土与基岩间存在一定黏结力，若地基应力为压应力，显然不存在倾覆与浮起问题，故只要控制地基上不出现拉应力，就能控制抗倾与抗浮稳定，整体稳定计算就归结为抗滑稳定计算。厂房整体抗滑稳定性可按下列抗剪断强度公式或抗剪强度公式计算。

1. 抗剪断强度的计算公式

$$K' = \frac{f' \sum W + C'A}{\sum P} \qquad (8-1)$$

式中 K'——按抗剪断强度计算的抗滑稳定安全系数；

f'、C'——滑动面的抗剪断摩擦系数及黏结力，应根据野外试验测定，结合工程经验分析确定，kPa；

$\sum W$——全部荷载对滑动面的法向分值，包括扬压力，kN；

$\sum P$——全部荷载对滑动面的切向分值，kN；

A——基础面受压部分的计算截面积，m^2。

2. 抗剪强度计算公式

$$K = \frac{f \sum W}{\sum P} \qquad (8-2)$$

式中 K——按抗剪强度计算的抗滑稳定安全系数；

f——滑动面的抗剪摩擦系数。

厂房整体抗滑和深层抗滑稳定安全系数应不小于表 8-2 规定的数值。

表 8-2　　　　抗滑稳定最小安全系数

地基类别	荷载组合		厂房建筑物级别			适用公式
			1	2	3	
非岩基上	基本组合		1.35	1.30	1.25	式（8-1）或式（8-2）
	特殊组合	Ⅰ	1.20	1.15	1.10	
		Ⅱ	1.10	1.05	1.05	
岩基	基本组合			1.10		式（8-2）
	特殊组合	Ⅰ		1.05		
		Ⅱ		1.00		
	基本组合			3.00		式（8-1）
	特殊组合	Ⅰ		2.50		
		Ⅱ		2.30		

注　特殊组合Ⅰ适用于机组检修、机组未安装和非常运行情况；特殊组合Ⅱ适用于地震情况。

8.2.4 地基应力计算

厂房块体结构整体刚度大，基础常为岩基，地质构造简单，地基面上法向应力 σ 按材料力学偏心受压公式计算。

中间机组段：

$$\sigma = \frac{\sum W}{A} \pm \frac{\sum M_x y}{J_x} \tag{8-3}$$

安装间和边机组段,受双向水压力作用,应计及两个方向弯曲应力:

$$\sigma = \frac{\sum W}{A} \pm \frac{\sum M_x y}{J_x} \pm \frac{\sum M_y x}{J_y} \tag{8-4}$$

式中　　σ——厂房地基面上的法向应力,kPa;

$\sum W$——作用于机组段(或安装间段)上全部荷载(包括或不包括扬压力)在计算截面上法向分力的总和,kN;

$\sum M_x$、$\sum M_y$——作用于机组段(或安装间段)上全部荷载(包括或不包括扬压力)对计算截面形心轴 X、Y 的力矩总和,kN·m;

x、y——计算截面上计算点至形心轴 X、Y 的距离,m;

J_x、J_y——计算截面对形心轴 X、Y 的惯性矩,m^4;

A——厂房地基计算截面受压部分的面积,m^2。如尾水管底板为分离式或厚度较薄,不能将荷载传递到其下地基时,则此部分底板不应计入计算截面中。

岩基上厂房地基面上的法向应力用材料力学法计算时,应符合下列要求:

(1) 厂房地基面上所承受的最大法向应力 σ_{max} 不应超过地基允许承载力。在地震情况下地基允许承载力可适当提高。

(2) 厂房承受的最小法向应力 σ_{min}(计入扬压力),应按规定严格控制,保证抗倾、抗浮稳定。对河床式厂房,不论正常运行或非常运行情况,σ_{min} 均应大于零,地震情况下允许出现不大于 98kPa 的拉应力;坝后式及引水式地面厂房,正常运行情况应大于零,机组检修、机组未安装及非常运行情况允许出现不大于 98~196kPa 的局部拉应力;地震情况如出现大于 196kPa 的拉应力,应进行专门论证。

(3) 为确保安全,应保证所有作用力的合力位置不得超出基础接触面范围。

非岩基上厂房地基面平均基底应力应不大于地基允许承载力;基底最大应力应不大于 1.2 倍地基允许承载力。

厂房整体稳定和地基应力计算不满足要求时,应在厂房地基中采取防渗和排水措施。

8.3　吊车梁和构架

8.3.1　吊车梁

1. 吊车梁的构造型式

水电站厂房大多采用电动桥式吊车,它与一般工业厂房吊车相比,具有以下特点:①起吊容量大;②工作间歇性大,使用率低,其操作时间百分数小于15%,属轻级工作制;③操作速度较慢。由于只有在机组安装和检修时才可能满载,故吊车很少在最大荷载下工作。

我国水电站厂房的吊车梁大多采用预制或现浇的钢筋混凝土结构(也有用钢结构的),其截面常用的有矩形、T形和工字形等。T形截面便于固定吊车轨道,并具有较大的横向刚度，适宜抵抗吊车的横向水平制动力，故应用较广。

吊车梁一般支承在构架柱的牛腿上，可为单跨简支梁、双跨或多跨连续梁。吊车梁的长度取决于厂房永久变形缝的间距，缝两边用双构架支承。对于地基条件较好的水电站，也有在分缝处采用单构架柱支承，梁作为铰接，以适应较小的地基沉陷变形。钢筋混凝土吊车梁的跨高比宜取 4～6。矩形梁的宽度为梁高的 $\frac{1}{3}\sim\frac{1}{2}$。T 形梁截面尺寸：梁腹宽约为梁高的 $\frac{1}{5}\sim\frac{1}{3}$，常取 20～40cm，翼缘高度常为梁高的 $\frac{1}{10}\sim\frac{1}{6}$，且不小于 12～15cm，翼缘宽度应考虑受力的需要，并有足够尺寸来布置钢轨和锚固钢轨的附件，通常宜取梁高的 $\frac{1}{2.5}\sim\frac{1}{1.5}$ 且不小于 50～80cm。在梁端部，肋板宜适当加大以利主钢筋的锚固。

2. 吊车梁的细部构造

(1) 吊车梁与轨道的连接。吊车轨道敷设在吊车梁上，其连接方法如图 8-2 所示。一般吊车轨道的型号、尺寸由制造厂家提供，吊车梁与轨道的连接则由设计部门考虑。通常的做法是在吊车梁翼板上沿梁长每隔 60cm 预留 ϕ25mm 的孔洞，一般预埋铁管作孔洞，轨道就位后用精制螺栓与压板压紧，或用局部电弧焊的方法将钢轨与压板间断地焊在一起。

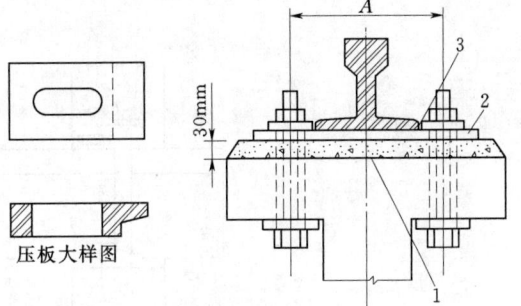

图 8-2 吊车梁与钢轨的连接方式
1—C30 细石混凝土找平；2—钢板（厚度大于 8mm）；3—局部电弧焊

(2) 吊车梁与构架柱的连接。吊车梁与构架柱的连接方式应根据吊车梁的型式确定。

1) 对现浇吊车梁，需在浇筑构架柱时预埋伸入吊车梁的水平和垂直插筋，并在梁柱之间的空隙灌注 C20 以上混凝土，如图 8-3（a）所示。

2) 对装配式吊车梁，吊车梁翼缘侧面和梁底部须与构架柱和牛腿的预埋件焊接，一般采用钢板焊接或螺栓连接固定。连接梁柱的钢板要承受吊车的横向水平制动力，应校核其强度，构造型式如图 8-3（b）所示。

3) 吊车起重量不大、构架柱间距较小的厂房，分缝处采用单构架，吊车梁与柱的连接应采用滑动支座。为减小摩擦力，梁下垫以钢板，避免温度变化伸缩时拉裂，如图 8-3（c）所示。

8.3.2 厂房构架

1. 构架的构造和布置要求

构架是厂房上部结构的主要承重结构，它上端支承屋顶，中间支承吊车梁和楼板，下端固结于下部块体结构上。厂房屋顶荷载、吊车梁重及吊车和吊重荷载、发电机层楼板的部分荷载、部分砖墙荷载及侧向风荷载等，都通过构架传给下部块体结构，传至厂房基础。各构架柱在纵向由联梁和吊车梁连接，构成一个空间结构，如图 8-4 所示。

整体空间构架一般分成横向及纵向构架。当构架立柱总数在七对以上时，纵向刚度已足够大，一般不必进行纵向构架计算。

第8章 地面厂房结构布置

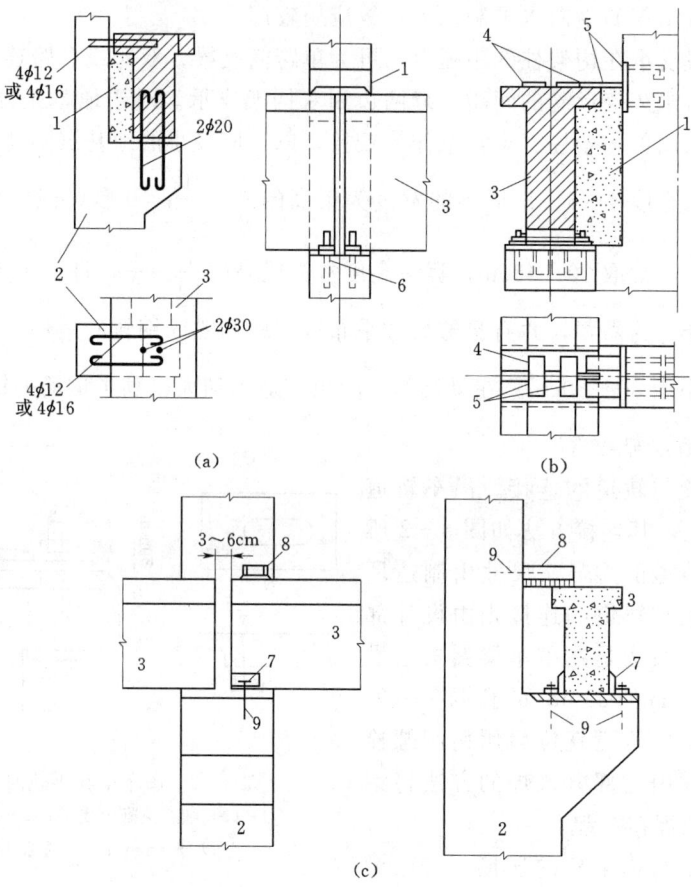

图 8-3 吊车梁与构架柱的连接方式
（a）整体式吊车梁；（b）装配式吊车梁；（c）滑动支座连接
1—灌注混凝土；2—柱；3—吊车梁；4—电弧焊；5—连接钢板或角钢；6—螺栓；7—角钢焊于吊车梁并开长圆孔；8—由钢板焊成槽形杆件并开长圆孔；9—不小于 $\phi25$ 螺栓，用双螺母，但不拧紧

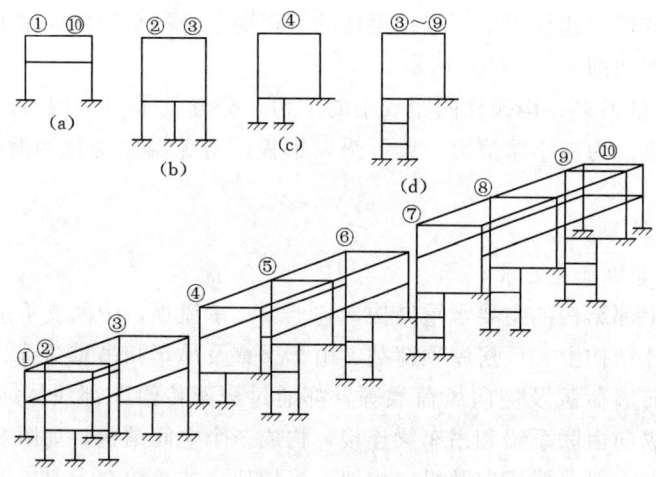

图 8-4 厂房构架结构布置示意图

8.3 吊车梁和构架

主厂房的构架可以是现场整体浇筑，也可以是预制装配式的钢筋混凝土结构，也有采用钢结构的。构架布置时应考虑下列要求：

(1) 构架柱不应布置在蜗壳顶板上，并应在蜗壳轮廓线以外 0.8～1.2m，以便安装蜗壳和浇筑二期混凝土。立柱也不应布置在尾水管顶板上，最好正落在尾水管的中墩和边墩上。

(2) 构架柱的纵向间距应与机组的布置、厂房分缝和其他结构布置统一考虑。最好是等跨布置，间距为 6～9m，以便采用标准的预制构件，且在分缝处采用双构架柱。

(3) 应保证构架在厂房下部结构一期混凝土完工后能立即施工，以便早装吊车，加快机组和二期混凝土施工。

2. 构架的支承连接方式和计算简图

构架与圈梁、纵向联系梁、吊车梁整体连接，整个结构实质上是一个空间构架，但由于其横向跨度大，作用的荷载也大，而构架柱纵向间距相对较小，荷载也小，且有多个横向构架并列，刚度很大，所以内力计算一般简化成平面问题处理，按横向构架进行计算，不考虑联系梁的作用。

构架柱自上而下分层承受屋顶结构、吊车梁和各层楼板传来的荷载，一般做成阶梯形变截面杆。现浇立柱多采用矩形截面，当吊车起重量大于 10t 时，构架柱截面高度 h 应大于 $\frac{H}{14} \sim \frac{H}{12}$，截面宽度 $b \geqslant \frac{H}{25}$，一般要求 $b \geqslant 40\text{cm}$，此处 H 为计算构架的下柱高。

构架柱计算简图的选取与它的连接方式和相对刚度比有关。

(1) 当厂房构架横梁采用预制大梁、桁架，或虽与柱刚接，但相对刚度较小时，视为与柱铰接。发电机层主梁与柱简支连接，或虽整体连接，但梁板刚度小于柱的刚度 10 倍以上时，可不考虑梁板对柱的支承约束作用，计算简图按平面构架计算，如图 8-5 (a) 所示。

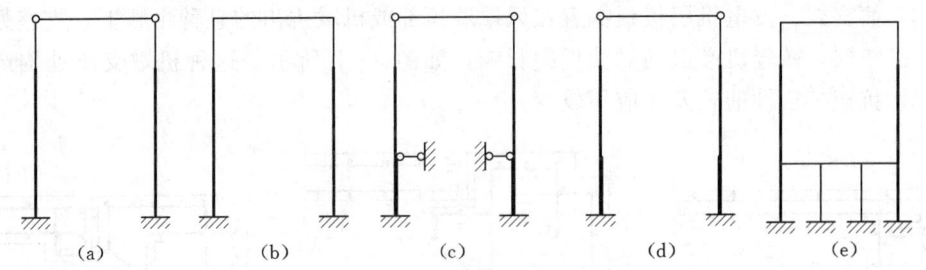

图 8-5 构架计算简图

(2) 当构架横梁与柱整体浇筑且刚度接近，横梁与柱视为刚接。若不考虑发电机及梁板对柱的支承约束作用，可按平面刚架计算，如图 8-5 (b) 所示。

(3) 构架横梁与柱铰接，发电机层梁板与柱整体连接且刚度接近时，支座按不动铰支座处理，计算简图如图 8-5 (c) 所示。

(4) 当构架立柱坐落在上、下游墙体上时，柱脚固定端高程取决于墙柱的刚度比。若墙体刚度小于柱刚度的 8 倍，应将墙体作为立柱的组成部分，计入墙体对立柱的影响，按三阶柱计算内力，计算简图如图 8-5 (d) 所示。

(5) 对安装间构架,由于梁柱间一般为整体浇筑,支座应视为刚接。若构架横梁也与柱刚接,计算简图为一双层刚架,如图 8-5(e) 所示。

(6) 计算简图中,下柱高取柱固定端至牛腿顶面的距离。上柱高度:铰接时,取牛腿顶面至柱顶面距离;刚接时,取牛腿顶面至横梁中心的距离。

(7) 计算简图横向跨度以轴线为准,对阶梯形变截面柱,轴线通过最小截面中点。

(8) 构架横梁两端设有加腋时,若加腋最大截面高度不超过跨中截面的 1.6 倍,可不考虑对横梁的刚度影响。

8.4 机墩和楼板

8.4.1 机墩的构造

1. 机墩的结构型式

机墩是立轴式发电机的支承结构,其底部固结于大体积混凝土或蜗壳顶板,顶部与风罩或发电机层楼板连接。机墩不直接承受水的作用,机组设备及发电机层楼板的部分荷载通过机墩传至基础。在机组正常运行、机组事故、飞逸及机组制动时,机墩要承受扭矩、水平推力、轴向力及振动荷载的作用,受力情况比较复杂,应从强度、刚度及抗震等方面选择机墩型式。

2. 机墩或风罩与发电机层楼板的连接

发电机周围的楼板必须支承在风罩上(发电机为埋入式布置时)或机墩上(发电机为开敞式布置时),其连接方式有以下几种。

(1) 整体式。机墩或风罩顶部与发电机层楼板整体浇筑,成刚性连接,如图 8-6 所示。整体连接可增加机墩抗扭和抗水平力刚度,改善机墩受力条件,应用最广。但机墩的振动及混凝土的干缩会造成楼板裂缝,并使楼板上仪表设备正常工作受到影响。

(2) 简支式。发电机层楼板搁置在风罩墙顶部或机墩挑出的悬臂牛腿上,支座处设置弹性防振垫层,减轻机墩振动对楼板的影响,如图 8-7 所示。这种机墩支座处构造较复杂,机墩抗扭抗震性能较差,应用较少。

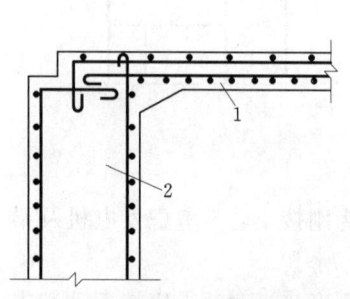
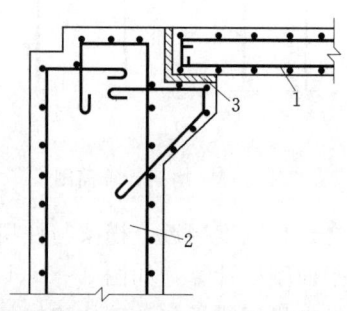
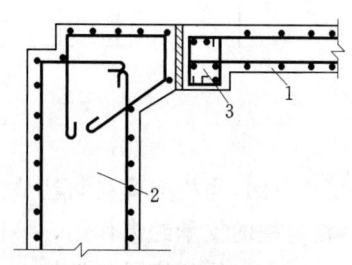

图 8-6 机墩与楼板的整体式连接 图 8-7 机墩与楼板的简支式连接 图 8-8 机墩与楼板的分离式连接
1—楼板;2—机墩或风罩　　　1—楼板;2—机墩或风罩;3—弹性垫层　　1—楼板;2—机墩或风罩;3—次梁

(3) 分离式。发电机层楼板与机墩或风罩墙完全分离,各自独立工作,互不影响。楼板荷载通过设在机墩或风罩墙周围的梁系传给主梁与立柱,再传至块体结构,不传给机墩,如图8-8所示。这种连接方式的优点是楼板施工与上面的设备安装均可在机墩施工前进行,可加快施工速度,广泛应用于中小型水电站厂房中。

3. 机墩与蜗壳的连接

机墩顶部与发电机层楼板或风罩相连,而底部则与蜗壳钢筋混凝土顶板连接。一般高、中水头小容量机组多采用高机墩(圆筒式、环形梁式、框架式机墩),其刚度与蜗壳顶板刚度相比较小,可将蜗壳顶板视为刚体,机墩固结其上。大型机组多采用矮机墩,其刚度比蜗壳顶板大得多,此时应将机墩与蜗壳顶板视为整体,不能将机墩视为独立结构。

8.4.2 发电机层与安装间楼板的结构布置与构造特点

发电机层与安装间楼板均为钢筋混凝土梁板结构,前者一般为二期混凝土,后者则常为一期混凝土。为了支撑楼板,在两机组之间、主机间与安装间之间以及厂房的两端要布置横梁,横梁两端支承在构架柱的牛腿上,支点可为刚接或铰接。楼板与厂房上、下游及端墙的连接,一般采用铰接或简支,以便于施工并简化计算。由于厂房上、下游围墙在发电机层以下常开始加厚,在该处形成自然支座,故支承楼板时无需增设牛腿。楼板与风罩或机墩的连接,可为简支式或分离式,也可为刚接。故发电机层楼板为周边支承在横梁、厂房围墙和机墩上的板。

发电机层楼板上一般布置有调速器、油压装置和机旁盘等机电设备,为了安装这些设备和布置楼梯孔及吊物孔,需要在楼板上开设许多大小不同的孔洞,楼板的一部分还支承在机墩上,这就使楼板的形状很不规则,各处的荷载也不一样,故楼板的结构布置是比较复杂的。由于楼板梁格的不规则,采用装配式有一定困难,因此水电站厂房的发电机层楼板大多采用现场浇筑,消耗木材也就较多。

厂房的机电设备重量很大,安装时可能有冲击作用,故发电机层楼板的厚度都取得较大。大、中型厂房楼板厚度在20cm以上,主梁的跨度不宜过大,一般多在4~6m以内。当厂房跨度较大时,为了减小横梁尺寸和梁的挠度,需加设中间支柱,使之成为多跨连续梁,但中间支柱的位置不应妨碍下层设备的布置,并应与整个结构布置相协调。在机组分缝处,可采用双梁、双柱的布置型式。当机组段很长时,可在机组段中间上、下游侧各加一主梁,一端支承在机墩或中间柱上,另一端支承在围墙或构架柱上。

发电机层楼板的结构型式,常用的有纯板式和板梁式两种。

纯板式楼板,在每一机组段除布置必要的主横梁外,全部为等厚的钢筋混凝土板。这种型式的主要优点是施工模板可标准化,楼板下面装设机械管路和电缆都比较方便,且因楼板厚度较大,对厂房构架柱和边墙起水平支承作用,钢筋用量也较省。但楼板厚,重量大,钢筋多沿机墩周围呈辐射状和环状布置,施工较为复杂。故这种楼板多用于跨度较小的厂房。

板梁式楼板由板、次梁、主梁和立柱组成。作用在楼板上的荷载先由板传给次梁,再由次梁传给主梁,最后由主梁传给立柱或边墙。主梁的跨度一般采用2~5m,中间支柱截面尺寸一般不小于25cm×25cm,梁和柱的布置主要取决于孔洞及大件设备的布置情况。在荷载较大的部位以及较大孔洞的周围最好单独布置梁系直接承受荷载,应尽可能将楼板布置成矩形梁式板或方形双向板,但最好为单向板,并使各机组段楼板的布置型式尽量相同,以简化构造,方便施工。

第8章 地面厂房结构布置

安装间楼板形状一般比较规则，开孔不多，常采用板梁式布置。梁柱应组成整体式构架，使之具有足够的刚度，以承受各种巨大的荷载。由于安装间荷载比较大而集中，且搬运设备时可能有很大的冲击荷载，故楼板厚度一般不小于25cm，梁板式的跨度也不宜太大，次梁间距以采用2.5～3.0m、主梁跨度以采用4～6m左右较为经济。另外变压器进厂检修轨道和火车轨道下均应专设支承大梁。

副厂房的各层楼板与民用建筑相同，一般次梁的间距为2.0m左右，主梁间距为5～7m。

8.5 蜗壳和尾水管

8.5.1 钢蜗壳外围混凝土结构

1. 构造方式

钢蜗壳及其外围混凝土结构的构造方式主要有三种。

(1) 蜗壳钢板顶面与外围混凝土结构之间用弹性垫层隔开。这种方式为我国目前所普遍采用。这种蜗壳的施工顺序大体如下：尾水管锥管段钢衬安装和锥管周围混凝土浇筑完成后，安装座环及钢蜗壳，用撑架及拉紧器等固定钢蜗壳，在蜗壳上半部铺2～4层总厚为2～4cm的沥青油毛毡或软木玛琋脂等弹性垫层，然后浇外围结构混凝土，二者互相分离，受力互不传递，钢蜗壳承担内水压力，外围混凝土结构承担上部结构传来的荷载及自重，如图8-9 (a) 所示。外围结构混凝土体积大时应分层分块浇筑。钢蜗壳本身刚度不够时，浇筑混凝土期间蜗壳内应设撑架。外围混凝土浇筑完毕后通过座环上的预留孔或管道浇筑座环下未填实的部分。弹性垫层的作用是使钢蜗壳在内水压力的作用下可自由变形而不会将力传给外围混凝土结构。为保证弹性垫层正常工作，最低位置处应预留排水设施；同时在浇筑外围混凝土或对蜗壳底部压浆时应注意防止垫层被水泥浆填实而失去弹性。由此可见，弹性垫层施工质量要求很高，给施工带来不少麻烦。

(2) 蜗壳钢板顶面与外围混凝土结构之间预留空隙。这种方式在钢蜗壳安装好后，采取措施临时封闭蜗壳的进口和出口，向蜗壳内充水并预加压，加压的大小可根据情况确定，然后浇筑外围混凝土，3～7天后卸除内压，再浇筑蜗壳座环下未填实的部分。施工完毕时，蜗壳钢板顶面与外围混凝土结构之间存在空隙。运行时蜗壳内的水压力未达施工时所加的预压力时，钢蜗壳单独受力；当压力增大，蜗壳的变形超过预留的空隙值时，蜗壳钢板与外围混凝土结构共同受力。这种方式在国外有采用。有的工程施工时所加的内水压力值为正常运行时蜗壳承受的最大静水压力，水锤压力由蜗壳与外围混凝土结构共同承受。采用这种构造方式，可不设垫层，不会出现垫层被水泥浆填实的问题，运行中蜗壳钢板与外围混凝土结构紧密接触时，蜗壳振动可减轻。

(3) 蜗壳钢板与外围混凝土结构结合。这种方式，钢蜗壳的外围为钢筋混凝土结构，两者结合共同受力，钢筋的用量增大，但钢板的厚度可减小。因此，当蜗壳的HD值很大时，如果由钢板承受全部内水压力，钢板厚度过大，不仅钢板质量要求高，而且会给弯卷加工和焊接带来很大困难，这时采用钢蜗壳与外围结构结合的构造方式可以减小钢板厚度，同时结构的安全性也提高。

2. 结构计算简图

对第一种构造方式而言，蜗壳外围混凝土是空间整体结构，为简化计算，一般按平面问题处理。近似地沿边墙周长从径向切取单宽平面Γ形刚架，不考虑环向约束作用。刚架与座环连接端作铰接，蜗壳边墙底部固结于蜗壳底部或安装高程处，如图8-9（b）所示。若蜗壳边墙较厚，或相邻两机组段间不设永久变形缝，则蜗壳边墙刚度比顶板刚度大8倍以上时，可考虑按一端铰接于座环，另一端固结于边墙的梁或圆拱计算，如图8-9（c）所示。

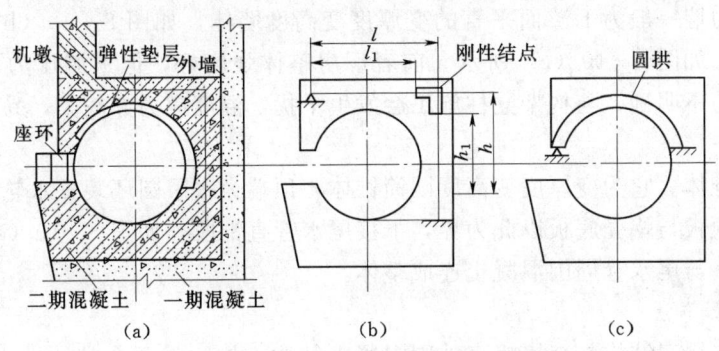

图8-9 金属蜗壳外围混凝土结构计算简图

8.5.2 钢筋混凝土蜗壳

1. 结构构造

钢筋混凝土蜗壳既承受自重与上部结构传来的荷载，又承受内水压力，其断面形状一般为梯形。梯形断面蜗壳的组成如图8-10所示，包括以下几部分。

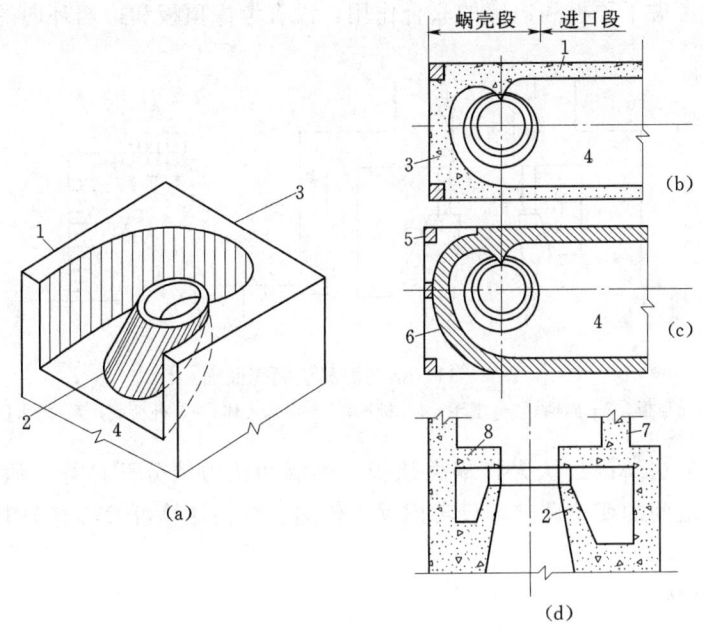

图8-10 钢筋混凝土蜗壳构造
1—侧墙；2—尾水锥体；3—下游压力墙；4—进口底板；
5—构架立柱；6—环形薄墙；7—机墩；8—顶板

(1) 进口段。进口段由顶板、边墙、底部大块体结构或底板组成。当进口段横截面跨度较大时，可在跨中设中墩以改善顶板受力条件。

(2) 蜗壳段。蜗壳段由顶板、侧墙和下游压力墙及底部大块体结构组成。顶板为螺旋形环形板，下游为蜗壳螺旋形压力墙包围，上游可能与厂房的外墙或主阀廊道边墙相接，两侧以侧墙为界。顶板内周边为圆形，支承于水轮机座环上，外周边则支承在侧墙及下游压力墙上。蜗壳侧墙为各台机组蜗壳范围主墩，三个边界分别与顶板、底板及下游压力墙相接。下游压力墙一般为下游面平直的变厚度变高度墙体，如图8-10（b）所示；也可能为环形薄墙，如图8-10（c）所示。前者厂房整体强度好，但下游压力墙与厂房下游水下墙之间受力不明确，与构架立柱施工会发生干扰，温度应力亦较大，易裂缝。后者则相反。

(3) 尾水锥体。它为变厚度变高度圆筒锥体，顶端为水平圆环装置水轮机座环，支承顶板内周边。顶板与蜗壳底板以此为界，下接尾水管直锥段，如图8-10（d）所示。

(4) 底板。与尾水管周围混凝土连成整体。

2. 结构计算方法

钢筋混凝土蜗壳结构与金属蜗壳外围混凝土结构一样，是一个整体性强的空间结构。其结构计算方法目前仍采用结构力学法或弹性理论法，但大型电站的钢筋混凝土蜗壳结构计算较多地采用有限元法。结构力学法又分为平面框架法和环形板墙法两种。

(1) 平面框架法。平面框架法的原理与金属蜗壳外围混凝土结构的原理相同。蜗壳断面如图8-11所示，取等截面Γ形框架计算。当边墙的弯曲刚度很大时，顶板可按梁计算。

平面框架法考虑了顶板和边墙的联合作用，没有考虑顶板和边墙环向的联合作用。

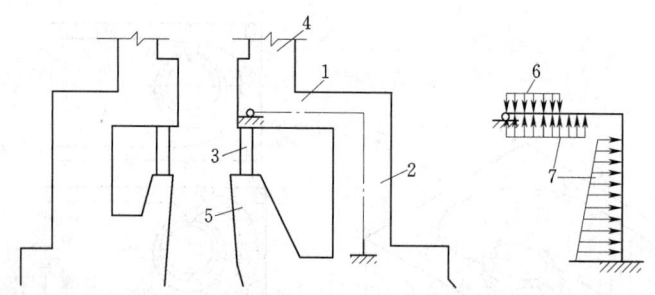

图8-11 钢筋混凝土蜗壳断面
1—蜗壳顶板；2—侧墙；3—座环；4—机墩；5—尾水锥体；6—外荷载；7—内水压力

(2) 环形板墙法。该法认为将蜗壳顶板、侧墙和压力墙分开计算，假定各为独立结构，不考虑相互之间的变位调整，仅考虑反力传递。结构计算可参阅有关书籍、设计手册或设计规范。

8.5.3 尾水管结构

1. 尾水管的结构型式

弯肘形尾水管按结构特点分为直锥段、弯肘段和扩散段三部分。扩散段中常设置中墩分隔，以减小顶板跨度与尾水闸门宽度。扩散段底板结构型式有以下两种：

8.5 蜗壳和尾水管

(1) 分离式底板尾水管。若基础为坚硬完整的岩基，尾水管底板宜与边墙、中墩及弯管段底板用永久缝分开，改善底板受力条件，减薄底板厚度；亦可不做底板而只在基岩表面衬护抹光，如图 8-12 所示。为在检修时满足抗浮稳定，应设可靠的排水设施，底板上常设排水孔与锚筋，使作用在底板上的浮托力可折减 40%～60%；也可做榫槽使底板反向支承在墩上。

(2) 整体式底板尾水管。软基或破碎岩基上的尾水管底板，宜做成整体。底板与边墩、中墩及弯肘段底板连成一体成箱形刚架结构，如图 8-13 所示。

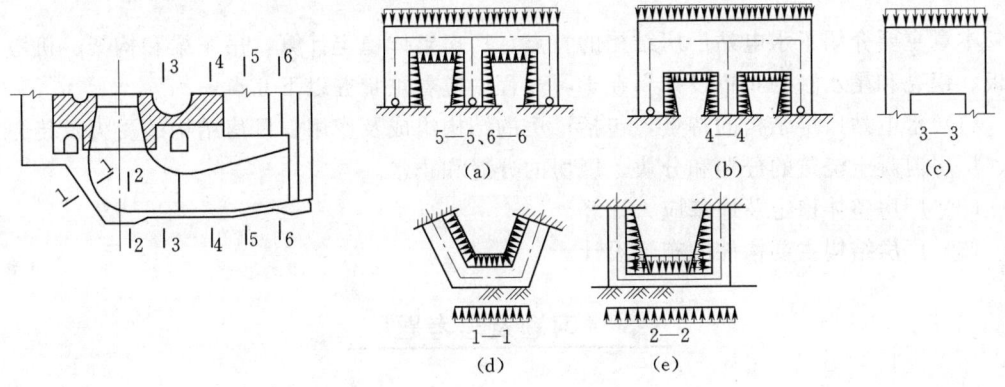

图 8-12　分离式底板尾水管计算简图

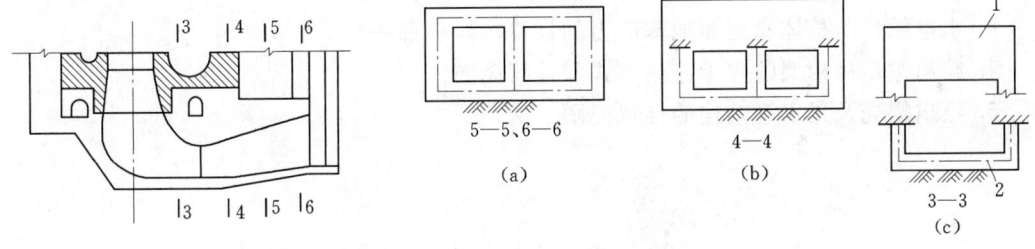

图 8-13　整体式底板尾水管计算简图
1—上部深梁；2—下部框架

2. 结构计算简图

(1) 扩散段。沿垂直水流方向切取若干单宽截面按平面刚架计算。

底板为分离式底板时，切取的刚架为门形刚架，下端简支于基础，荷载有上部结构传来的垂直荷载及自重，如图 8-12（a）所示。

底板为整体式时，切取的刚架为一由边墩、中墩、顶板和底板构成的闭口刚架，如图 8-13（a）所示。计算时可视为弹性地基上的刚架，可精确计算其内力。简化计算时，可不计刚性结点影响，按净跨作为高、宽组成的闭口刚架，用结构力学方法计算内力。

图 8-12 及图 8-13 中 (b)、(c) 所示刚架，由于顶板厚度大，不能再按平面刚架计算。若为单孔尾水管，顶板的高跨比 $H/L > 1/2$ 时，或双孔尾水管顶板高跨比 $H/L > 2/5$ 时，顶板截面内力分布完全不同于浅梁，须按深梁计算。深梁简支于边墩与支墩，梁上作用上部结构传来的二期混凝土及设备重等垂直荷载。底板、边墩与中墩构成一个Ⅲ形刚

架，固结于顶板上，荷载为自重与扬压力，如图 8-13（b）所示。

（2）弯管段。沿垂直水流方向切取弯管段的单宽平面刚架，如图 8-12（c）、（d）、（e）所示。显然，图 8-12（c）的顶板厚度很大，应按深梁计算内力，若一期混凝土较薄，也可按刚架计算。下部按平面刚架计算。图 8-12（d）、（e）按顶部固结的倒置刚架计算。

小　　结

本章主要介绍了水电站厂房结构的特点，厂房整体稳定计算，吊车梁和构架、机墩和楼板、蜗壳和尾水管的布置设计。在学习过程中应着重掌握以下几点：

（1）水电站厂房结构的特点，包括厂房的结构组成及作用、厂房结构的受力及传力系统、厂房混凝土浇筑的分期和分块、厂房的分缝和止水。

（2）厂房整体稳定及地基应力计算。

（3）厂房结构主要构件的布置设计。

习题及思考题

1. 简述水电站厂房结构组成、受力及传力系统。
2. 厂房的一期、二期混凝土如何划分？分缝、止水如何设置？
3. 水电站厂房整体稳定和地基应力的计算内容有哪些？
4. 绘出主厂房构架的支承连接方式和计算简图。
5. 绘出蜗壳及尾水管结构的计算简图。

第 9 章 地下厂房及抽水蓄能电站

9.1 地 下 厂 房

9.1.1 概述

1. 地下厂房的发展趋势

发电厂房布置于山体内的水电站厂房称为地下厂房,如图 9-1 所示。水电站厂房布置在地下是根据电站枢纽布置、地形、地质、施工、水文、气象、人防及环境保护等因素通过技术经济综合比较而确定的。在地质条件允许的情况下,地下厂房可充分利用围岩的承载力,减少支承结构,节约钢材、水泥,降低工程造价。随着设计、施工技术水平的提高,大型施工机械、大型水轮发电机组和超高压远距离输电技术的发展,地下水电站的建设发展很快。自 1904 年德国建造了世界上第一个地下水电站以来,国内外已建成的地下水电站已达 400 座以上,总装机容量已超过 45000MW,其中世界上已建成的最大地下水电站是加拿大拉格朗德二级水电站,装机 16 台,总装机容量 5350MW。我国在建的溪洛渡水电站,为双岸地下厂房,共有机组 18 台,装机总容量达 12600MW,是世界第一大地下水电站。近年来,由于地下岩石开挖技术的进步,高效能成套机械化设备以及喷锚支护等岩体加固技术的采用,加快了地下工程的施工速度,提高了质量;又由于采用了水内冷发电机和变压器、高压封闭绝缘组合开关等电气设备,可以将升压变压器及高压配电装

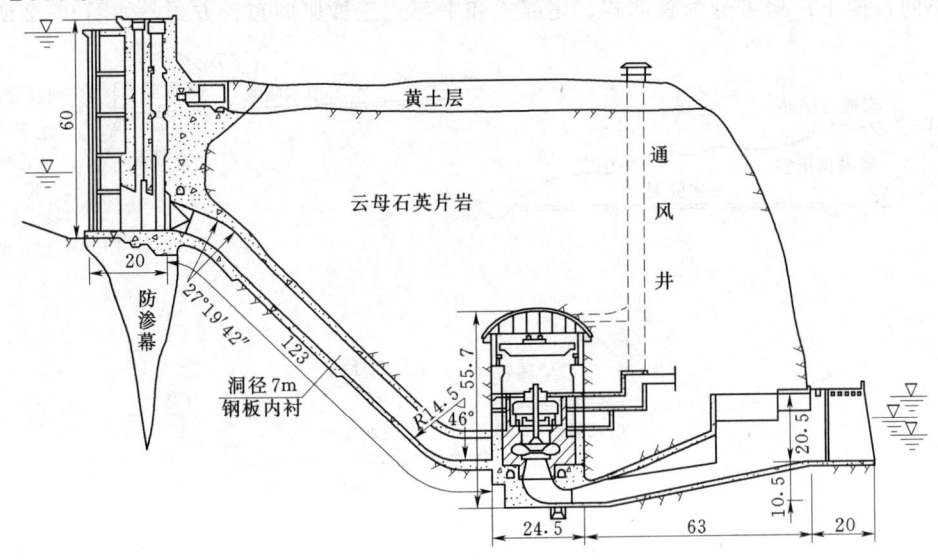

图 9-1 某地下厂房横剖面图(单位:m)

置布置在地下洞室内,缩短了电缆长度,避免了地面开关站的大量土石方工程,降低了工程造价,促进了地下水电站建设向更大规模发展。

2. 地下厂房的优缺点

地下厂房的优点主要表现在以下几方面:

(1) 在深峡谷、大泄量的河道内,采用地下厂房有利于水工枢纽的总体布置。主要体现在:①可减少厂房与泄洪建筑物在布置上的矛盾;②厂房可免受泄洪挑流、雾化气浪的影响;③厂房可不受下游高水位的影响而淹没;④有利于施工导流布置,有时施工导流洞可与尾水洞结合;⑤减少厂房与其他水工建筑物在施工上的干扰,有时可提前发电。

(2) 地下厂房可以避开不利地形如山岩不稳定区,厂房和压力管道可避免山坡崩坍的危害,以保证运行安全,可节省大量的高边坡开挖。

(3) 有可能降低建筑物的工程造价。主要体现在:①地下压力管道可充分利用岩体承载能力以减薄钢衬等衬砌厚度,节省钢材;②引水隧洞建在地下,可使其线路尽可能直线布置,缩短长度,可减少水头损失、工程量和投资,增加电能;③在坚固的岩石条件下,可以利用围岩和喷锚支护代替钢筋混凝土结构承载,降低厂房造价;④运行和检修费用较地面省,使用年限长。

(4) 在严寒、酷热或多雨地区,厂房的施工和运行不受气候的影响,可全年施工,有利于缩短工期。

(5) 有利于保持地面自然景观。

地下厂房的缺点表现在:地下岩石开挖工程量大,施工难度较大;通风、防潮、采光条件差;当地质条件差时,支护费用很大。

3. 地下厂房布置方式

因地形、地质条件不同,地下厂房的布置亦不同。根据地下厂房在发电引水系统中的位置不同,地下厂房可分为首部式、尾部式和中部式三种典型布置方式,如图 9-2 所示。

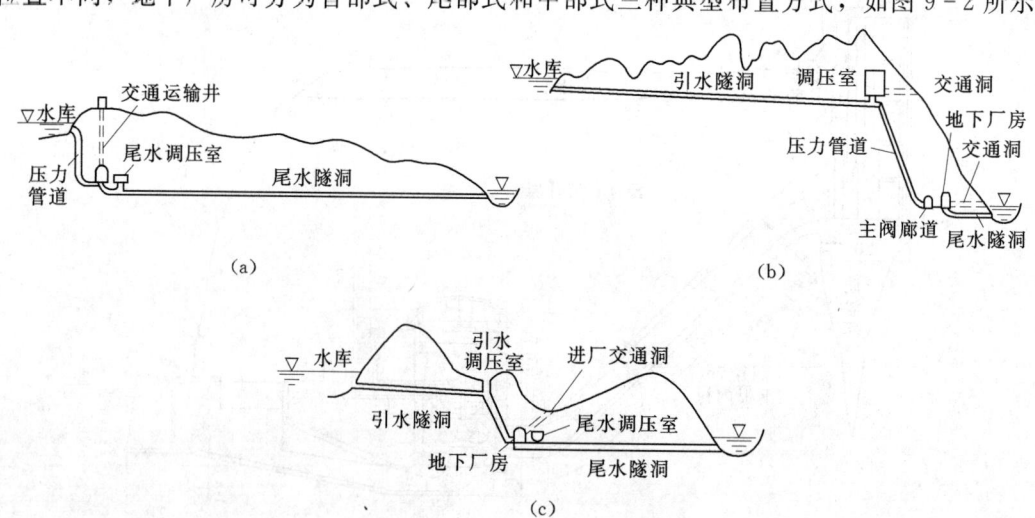

图 9-2 地下厂房布置方式
(a) 首部式;(b) 尾部式;(c) 中部式

9.1 地 下 厂 房

(1) 首部式布置。厂房布置在电站进水口附近,具有短的引水道和长的尾水洞,如图 9-2 (a) 所示。短的引水道上常可不设上游调压室。水轮机引水管道通常采用单元供水方式,压力管道型式多为竖井或斜井,事故快速闸门设在进水口处。进厂的交通运输洞、出线洞以及通风洞可采用竖井,但目前交通运输洞均采用水平运输。尾水洞较长,若为有压洞,常设有尾水调压室;若下游水位变幅不大,也可采用无压尾水洞而不设尾水调压室。

首部式布置的地下水电站,水头一般不能过高(水头小于 100m),否则厂房埋深过大,辅助洞可能过长,且运行不便,施工困难。由于厂房靠近水库,要防止在厂房洞室附近产生过大的渗水压力而漏水,甚至危及岩体稳定,所以要求地质条件好,并须做好防渗措施。这种布置方式由于压力引水道短,机组运行条件好,有利于担任系统调频任务。

(2) 尾部式布置。厂房位于压力引水系统的尾部,靠近地表,尾水洞较短,如图 9-2 (b) 所示。这种布置方式不受水头大小的限制,水头可高达数百米甚至千米,应用较广泛。上游有压引水道比尾水洞长得多,一般均设有上游调压室,采用集中供水和分组供水方式。进厂交通洞通常采用平洞,各种辅助洞的长度比较短。尾水洞可不设调压室,下游水位变幅不大时,也可采用无压洞。世界各国的地下水电站中,采用尾部式布置的占多数。我国多数地下式水电站也属于这种布置方式,如以礼河三、四级,渔子溪,映秀湾、回龙山、鲁布革、小江水电站等。

(3) 中部式布置。厂房位于引水系统的中部,厂房上游引水洞和下游尾水洞的长度大体相当,如图 9-2 (c) 所示。这种布置比首部式适用的水头大,但因引水道在负荷变化时存在压力波动,因此应综合考虑在厂房的上、下游设置调压室。辅助洞可根据地形条件采用平洞或竖井。

总之,地下厂房采用何种布置方式要因地制宜,结合水电站的水能规划,当地的地形地质、交通运输、出线条件以及施工条件,经过技术经济比较加以确定。

9.1.2 地下厂房枢纽布置及厂内布置特点

1. 地下厂房的枢纽布置

地下水电站的建筑物由引水系统(进水口、压力隧洞、调压井、高压管道、尾水调压室及尾水隧洞)、主副厂房、升压站、开关站及一系列附属洞室组成。主厂房是地下水电站的主体部分,各附属建筑物及洞室都与它相连接,布置上互相联系、互相影响。如图 9-3、图 9-4、图 9-5 所示是我国白山水电站枢纽一期工程,属于坝式电站中部式布置的地下厂房。重力拱坝高 150m,总库容 65.1 亿 m³,装机容量 3×300MW。地下厂房位于右岸坝下游约 90m 的山体内,上覆岩体厚 60~120m,厂房尺寸为长 121.5m,宽 25m,高 55m。机组采用单元引水,设有三个进水口,水平及斜管段高压引水管均采用钢筋混凝土及预应力混凝土衬砌,机组前不设主阀。三条尾水洞,每一尾水洞首设一尾水闸门室及尾水调压室。主变压器室位于主厂房下游侧,与主厂房平行,高压开关站也在地下,电气开关采用全封闭组合电器,出线六回,出线电压 220kV。此外,根据运行、运输的需要,还布置了一系列辅助洞室,如图 9-5 所示。铁路由右岸 303.50m 高程经交通洞平坡进入地下厂房的卸货平台。

在地下厂房的布置中,地质条件往往起主导作用,由于地质构造和地应力状态是复杂的,对每一电站,都要具体分析最大主应力或局部应力以及地质构造对工程的影响。地下建筑物的布置以紧凑、简单与合理为原则,形状要简化,洞室应尽量少一些,并且要注意洞室的间距,避免密度大和交叉复杂而造成大的应力集中。地下厂房的布置有许多区别于地面厂房的特点。

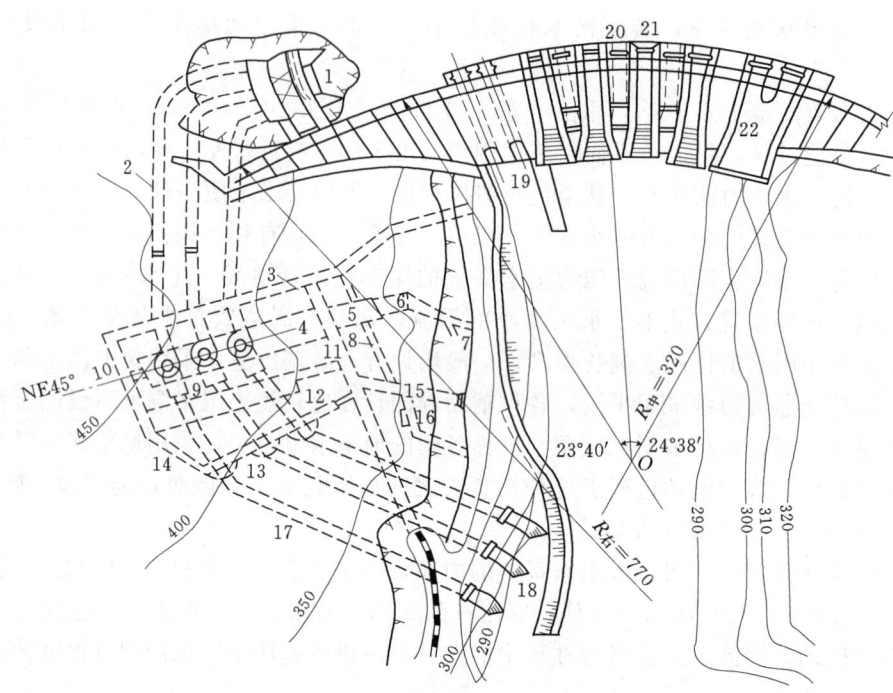

图 9-3 白山地下水电站枢纽布置图(单位:m)
1—进水口;2—压力管道;3—排水廊道;4—主厂房;5—副厂房;6—空调室;7—进风洞;
8—控制电缆洞;9—主变压器洞;10—联络洞;11—进厂交通洞;12—尾水闸门室;
13—尾水调压井;14—排风洞;15—地下开关站兼排风洞;16—高压电缆洞;
17—尾水洞;18—尾水渠;19—导流底孔;20—中溢洪孔;
21—高溢洪孔;22—保坝洪水溢洪孔

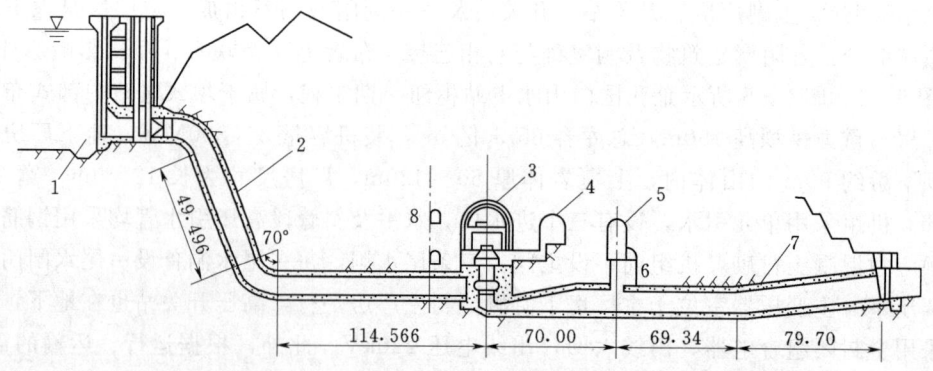

图 9-4 白山地下水电站纵剖面(单位:m)
1—进水口;2—压力管道;3—主厂房;4—主变压器洞;5—尾水闸门室;6—尾水调压井;7—尾水洞;8—排水廊道

9.1 地下厂房

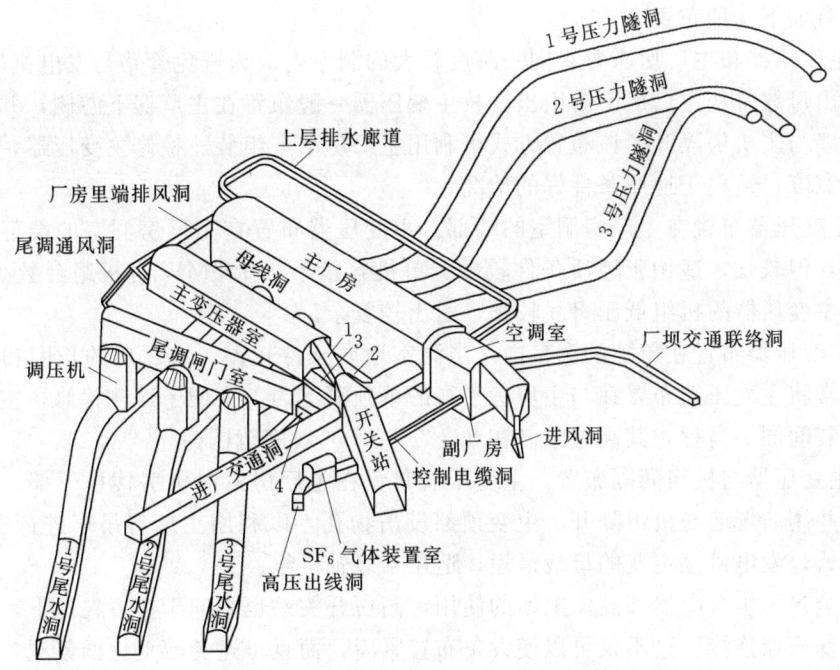

图9-5 白山地下水电站厂洞透视图
1—排风洞；2—主变压器搬运洞；3—高压电缆洞；4—尾闸搬运洞

2. 厂内布置特点

地下厂房的水电站与一般河岸式地面厂房的水电站相比，进水口、引水道、调压室、地下埋管等有共性的部分就不再重复介绍，下面仅就与地面厂房布置不同的部分加以介绍。

（1）主厂房纵轴方向的确定。主厂房纵轴方向是枢纽布置的关键。由于地下厂房长度及断面尺寸较大，顶拱和边墙暴露面很大。因此，布置厂房纵轴方向与地应力条件及断层、裂隙、岩层等的关系密切。

厂房洞室轴线的最优方向应符合下列三个条件：

1）轴线与主要结构面走向应构成较大的交角。

2）轴线应与岩层走向尽可能垂直；否则，开挖时地下挖空后会影响上层岩体的稳定。

3）轴线与最大水平地应力方向一致或成较小夹角。

（2）主厂房埋藏深度的确定。由于地质条件、工程布置、施工要求的不同，选择厂址时厂房的埋藏深度也不同。为了保证厂房拱顶上覆岩体的稳定，需要有一定的埋深，它取决于洞室开挖后岩石应力重分布对洞室稳定的影响。如果顶部覆盖厚度太小，围岩稳定性往往较差。根据我国的实践经验，保持厂房顶部有不小于2～3倍厂房开挖宽度的覆盖厚度较为适宜。地下厂房亦不宜埋藏过深，否则附属洞室相应增长，运行不便，经济上也不合理。另外，埋藏过深则地应力大，易产生岩爆。因此，对埋深应合理选择。同时，埋深对引水建筑物、尾水洞及附属洞室布置的影响和运行经济性均要做利弊比较。

（3）变压器及开关站的布置。主变压器靠近发电机可以缩短发电机电压母线的长度并减少电能损耗，故很多地下厂房将主变压器布置在地下。按照主变压器与地下主厂房的相对位置，有如下几种布置方式：

1) 主变压器和主厂房布置在同一跨度较大的洞室内。为避免管路与发电机母线交叉，发电机引出母线常从主厂房下游引出，故主变压器一般布置在主厂房下游侧，并用混凝土防火防爆墙与主机房隔开。该布置方式可利用主厂房吊车组装、检修主变压器，但增加了主厂房的宽度，适用于地质条件好的情况。

2) 主变压器布置在主厂房洞室的端部。主变压器布置在主厂房洞室的端部时，主厂房宽度小，但较长，适用于地质条件较差、单机容量小于100MW且机组台数少的电站，否则远离主变压器的机组低压母线较长，引出较复杂。

3) 主变压器布置在单独的洞室内。当洞室地质条件较差，主厂房的长度和宽度不宜加大时，常将主变压器布置在与主厂房平行的单独洞室内。为便于运输检修，主变洞室应尽量和安装间同一高程，其高差限制在0.3%～0.5%坡度范围内。

4) 主变压器与机组间隔布置。主变压器布置在主厂房发电机房楼板下部，与机组间隔布置，并用防爆墙与机组隔开。主变顶部设吊物孔，以利用主厂房吊车进行安装检修。该布置方式，发电机至主变的母线最短，适用于竖轴机组。

随着全封闭组合电器和高压电缆的使用，高压开关站也趋向于布置在地下，由高压电缆洞与主变压器连接。这不仅可以使设备布置紧凑，而且可避免改变地面景观，有利于环境保护。当采用地面布置高压开关站时，常采用竖井或斜井电缆洞与主变压器相连接。

(4) 附属洞室的布置。地下厂房除主厂房洞室外，还需布置各种用途的附属洞室（包括竖井），一般情况下均布置成若干不同断面尺寸和不同高程的洞室，如图9-5所示。附属洞室包括交通运输洞、尾水洞、出线洞、通风洞、排水洞、安全行人洞、施工洞等。附属洞室纵横交错，功用和要求各异，互相依赖，又常常在布置上互相矛盾，必须分清主次，统一考虑，合理协调布置。为了充分利用空间和减少地下开挖工程量，布置上应尽量减少附属洞室数量，力求做到"一洞多用"。如通常将交通运输洞兼作进风洞，出线洞兼作排风洞，主变压器室与尾水启闭机洞室或交通洞合用，地下开关站考虑利用废弃的施工支洞或导流洞，地质探洞考虑当作排水廊道，这些都必须在布置中通盘考虑。

附属洞室的洞口位置应选择在山体较厚、无滑坡和无堆积物的地段，这样便于施工进洞。

(5) 安装间布置。为了进行安装和检修工作，在地下厂房中需配置安装间，它可利用水平的交通运输隧洞或垂直的运输（检修）竖井与地面连通。运输隧洞或竖井的尺寸应能保证交通工具及其所运载的设备顺畅地通过。通常在运输隧洞或竖井中要布置动力和控制电缆间、通风管道以及工作人员的进出通道。在运输竖井中需布置乘人电梯和工作楼梯。在运输竖井口的地面上布置有装卸场和进场交通线。安装间通常位于地下厂房的一端，这种布置方式便于在水电站厂房中布置工作间及辅助设备间。

(6) 副厂房布置。地下副厂房是中央控制室等机电设备仪表比较集中的大断面洞室，其平面布置主要根据机电运行要求安排，一般力求与主厂房和安装间等成一字形布置，以减少厂房的开挖度。实践证明，这种布置方式运行方便，但对于规模较小的地下厂房，开挖跨度较小，难于使用大型施工机械，致使施工速度相对较慢。可采用将主、副厂房并列布置的方式，这样不仅机电布置和运行较方便，而且由于开挖宽度加大，为使用大型施工机械和加快建设速度创造了条件。

(7) 主阀的布置。水轮机前引水道装置主阀的用途有：当机组甩负荷时切断来水；当机组产生飞逸转速时能迅速关闭阀门，保护机组安全。

在地下厂房首部式布置中，大多采用每台机组单独有引水道和进水口的方式，此时若每个进水口已装置快速闸门，则在引水钢管上不再设主阀。对于中部式或尾部式布置，大多采用一条主引水道供2台或2台以上机组发电用水的布置方式。这样的布置方式则须在每台水轮机前引水管道上装置主阀。主阀的位置与型式有：紧挨调压井设在阀门井内的快速平板闸门、设在引水钢管末端主厂房外阀室内的蝶阀（或球阀），还有设在引水钢管末端主厂房内的蝶阀（球阀）。

9.1.3 地下厂房的布置

地下厂房是由主机洞、主变压器洞、压力管道及岔管、阀室、尾水调压室、尾水洞、交通运输洞及其他辅助洞室构成的一组洞群。这些洞室纵横交错，将山岩切割成很多临空面，使围岩稳定问题十分突出。洞室的围岩稳定与以下因素有关：

(1) 围岩的物理力学特性。

(2) 围岩所处的地质环境，如地应力场、地下水等。

(3) 洞室的体型和尺寸大小。

(4) 工程因素，如施工开挖方式、支护时间和支护措施等。

在地下厂房的布置设计中，应充分考虑上述因素，从布置方式上改善围岩稳定的条件，现分述如下。

1. 主厂房位置的选择

(1) 厂房位置应选择在岩性均一完整、强度高、构造单一的岩体内，并有足够的埋藏深度以利于厂房顶拱的稳定。

(2) 厂房纵轴的布置方位应考虑岩体的层面、节理等结构面的产状，厂房的纵轴应和这些主要薄弱面垂直或具有较大的夹角。主厂房纵轴方向与地应力主方向的水平投影交角为15°～30°，以减少高边墙上的水平构造地应力，改善高边墙的稳定条件。

(3) 地应力的大小以及主应力的方向对围岩稳定有重要影响。在层状围岩中，若主压应力方向与层面方向接近，则厂房的纵轴方向与层面的交角一般不宜小于35°。

(4) 在深切峡谷边，由于受到地形切割的影响，山体内的地应力主方向发生很大的偏转。布置地下厂房时，厂房位置除要避开邻近峡谷的卸荷裂隙带外，还应避开地应力集中、转折和易于发生岩爆的地段。

2. 厂房洞型、洞室尺寸、洞室间距和主要洞室布置的选择

从有利于围岩稳定的角度出发，总是力求缩小厂房的跨度，以及加大洞室间距；然而从有利于机电设备运行的角度，又总是希望主要机电设备能比较集中，这样又要增大厂房的跨度，缩小洞室间距。所以，在布置中，要合理地处理好水工布置与机电布置的矛盾，例如主阀是否放在主厂房内，主变压器室与主厂房的相对位置等，应根据具体情况，慎重分析选定。

(1) 厂房洞型选择。地下厂房顶拱总是做成曲线形以利于稳定。以往常常采用带有拱座的钢筋混凝土顶拱，不仅加大了厂房跨度，而且使拱座处产生应力集中，不利于围岩的稳定。所以，目前倾向于采用无拱座的喷锚支护顶拱。若岩体比较完整坚硬，也可以不做

支护或只做局部的喷锚支护措施。

地下厂房的边墙,一般做成直立的,便于施工。在岩体性能较差,而水平构造应力又比较大的情况下,采用曲线形边墙或倾斜边墙,均能改善边墙围岩的稳定性。

(2) 洞室尺寸。地下厂房的跨度应尽可能地减小。跨度越大,拱高也越大,稳定问题越严重。目前世界上已建成的开挖跨度最大的地下厂房即德国瓦尔德克Ⅱ号电站,为33.5m。

为了减小主厂房跨度,主洞内主要安置水轮发电机组,尽量不把闸阀、变压器等设在主厂房内,而将它们布置在另外的阀门室和变压器室内。当机组及变压器台数均较少时,可将变压器放在主厂房一端。即宁可增加洞室的长度,也不要增加洞室的跨度。

(3) 洞室间距选择。从围岩稳定、围岩受力条件来说,要求各洞之间距离大些。从厂房内设备布置来说,则要求洞室之间近些,以缩短母线的长度。通常情况下,岩石质量一般时(如三类围岩),两洞之间岩柱厚度不小于大洞的跨度。

其他各种附属洞室,如交通运输洞、高压出线洞、通风洞等,在满足功能和尽量缩短长度的基础上,也应尽量避免交叉,扩大洞室间距。洞室出口应布置在边坡稳定地段。

(4) 主要洞室的布置。地下水电站洞室群中最主要的有三个洞室,即主厂房、主变压器室和尾水调压室。这三个洞室的布置,往往决定洞群总体的布置格局,具有重要的制约作用。表9-1给出了三大洞室几种典型布置的优、缺点比较情况,可供参考。

表9-1 地下水电站三大洞室布置比较

方案	主变压器室位置	简图	优点	缺点
一	位于主厂房与尾水调压室之间		①布置紧凑,运行维护方便; ②主厂房与主变压器室分开布置,可减轻事故的危害程度	主厂房与尾水调压室间距压缩余地较小,否则不利于洞室围岩稳定
二	位于主厂房上游侧		①布置紧凑,运行维护方便; ②可减轻事故的危害程度; ③可缩短尾水管长度	①在厂房和压力斜井间布置主变压器室及防渗排水系统难度大; ②厂房围岩稳定相对较差
三	位于主厂房内		①母线最短,电能损耗小; ②运行管理方便; ③可缩短尾水管长度	①主变压器紧靠机组,失火爆炸危害程度较大; ②主厂房尺寸增大,工程量增大
四	位于主厂房与尾水调压室之上,呈品字形		①可压缩主厂房与尾水调压室间距,缩短尾水管长度; ②可减轻事故的危害程度	①运行、维护不方便; ②母线较长,增加投资,电能损耗大,通风散热问题复杂; ③起吊设备、通风设备以及运输通道增加

3. 地下厂房的内部布置

地面厂房布置的一般原则,如厂房主要尺寸的拟定条件、运行方便和降低造价等原则,也同样适用于地下厂房。在满足机电设备运行良好的前提下,应尽量缩小厂房内部空间以减少石方开挖,并改善围岩稳定条件。机电设备的尺寸和构造,也应尽量适应缩小厂

9.1 地下厂房

房洞室尺寸的要求。图 9-6～图 9-9 为我国白山地下水电站厂房布置图。

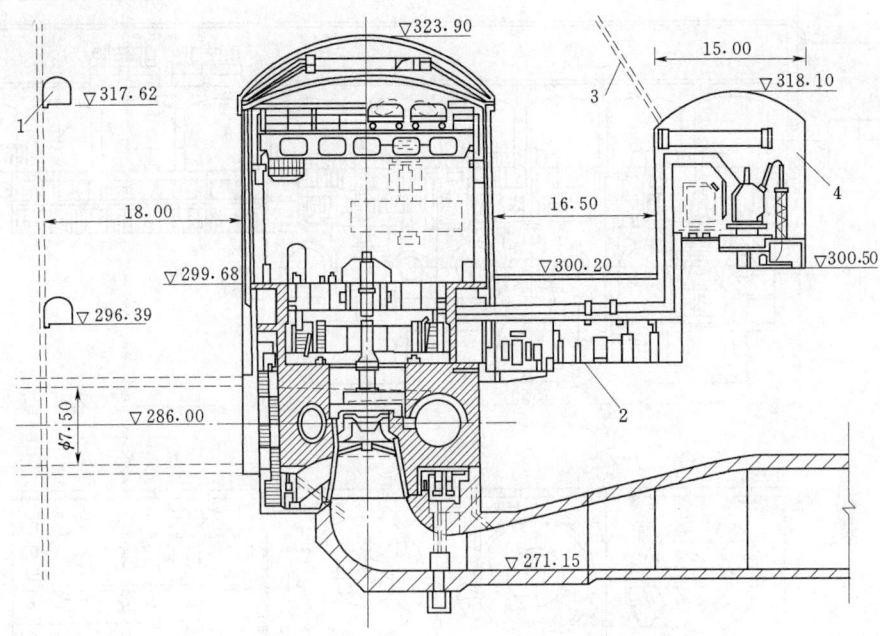

图 9-6 白山地下水电站厂房横剖面（单位：m）
1—排水廊道；2—低压母线洞；3—主变压器事故排烟洞；4—主变压器室

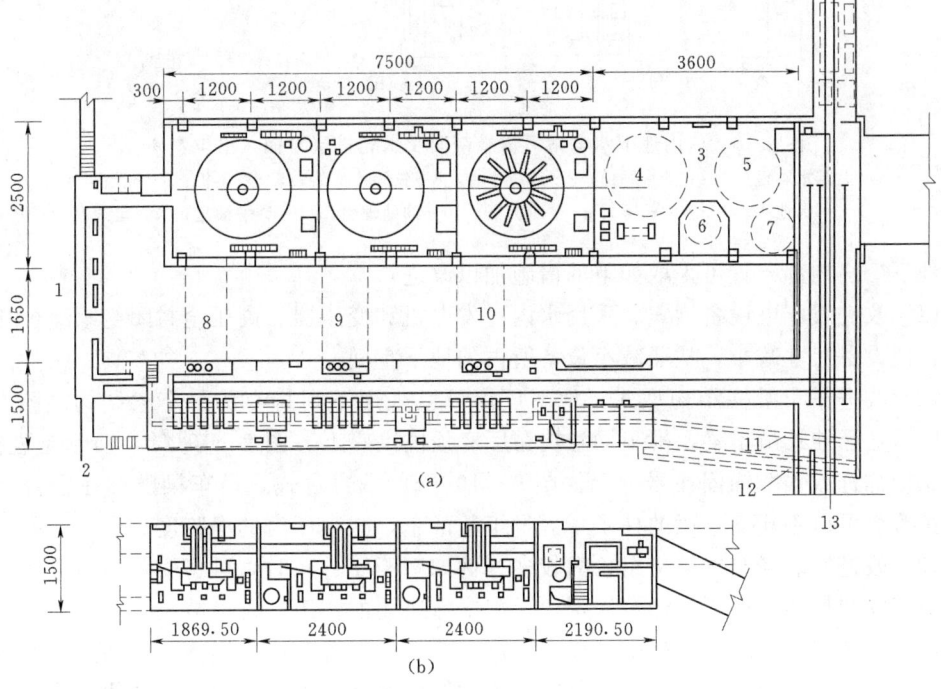

图 9-7 白山地下水电站发电机层平面（单位：cm）
1—联络洞；2—至尾闸室；3—安装间；4—定子；5—转子；6—转轮；7—上盖；8—1 号母线洞；
9—2 号母线洞；10—3 号母线洞；11—高压电缆洞；12—低压电缆洞；13—进厂铁路中心线

215

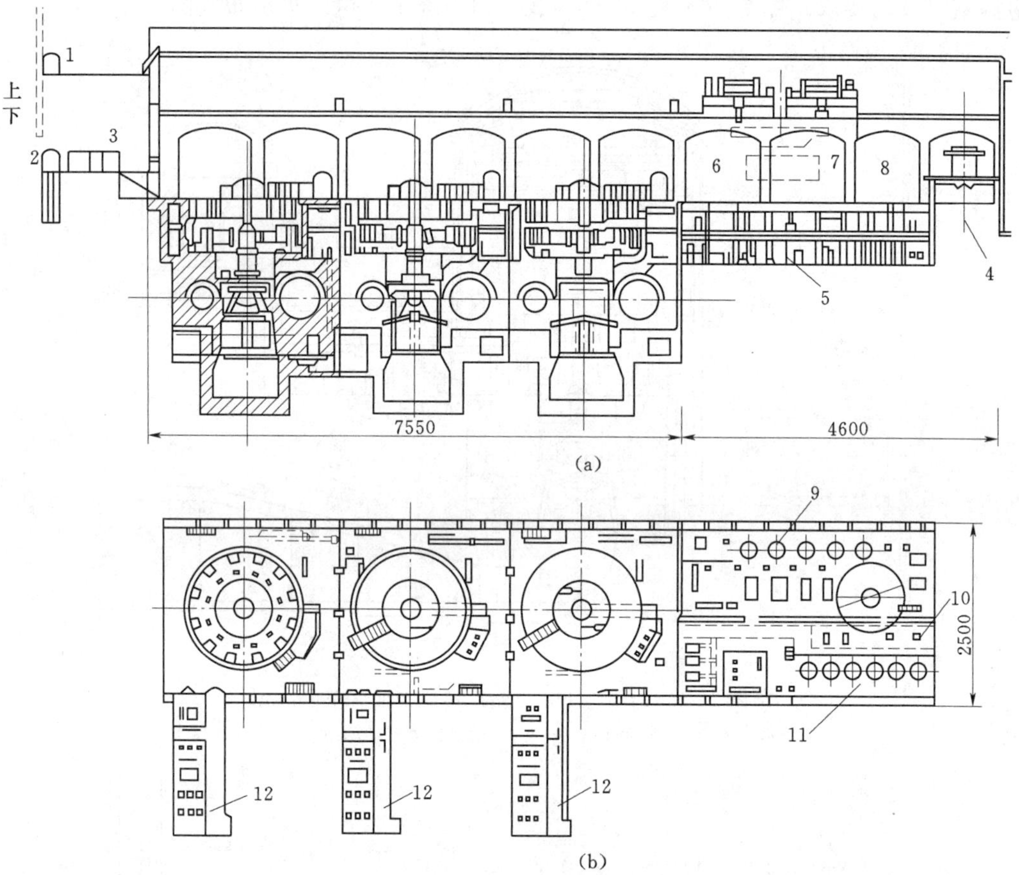

图 9-8 白山地下水电站厂房纵剖面及水轮机层平面（单位：cm）
1—上排水廊道；2—下排水廊道；3—卸货平台；4—铁路中心线；5—空压机；6—充电机室；
7—蓄电池室；8—排风机室；9—空压机室；10—油处理室；11—透平油室；12—母线室

地下厂房内部布置可采取如下的措施加以改进。

(1) 改进发配电设备型式。采用水内冷发电机和变压器、高压全封闭绝缘组合开关等设备，使设备尺寸减小，从而减小设备所占的地下空间。

(2) 改进吊车梁柱结构型式。地下厂房可以采用下列特有的吊车梁结构。图 9-10 (a) 所示是悬挂式吊车梁，吊车梁悬挂在厂房顶拱拱座上。图 9-10 (b) 所示是岩锚式，吊车梁用锚杆或锚索锚固在岩壁上。图 9-10 (c) 是岩台式，吊车梁敷设在岩台上。这几种吊车梁可以不建支承梁的柱子，提早组装吊车，减小厂房的净跨度。

(3) 改进安装场布置。机组台数较多（例如多于 4 台）时，可将安装场布置在机组中间。由于安装场高程以下岩体可以保留，起支撑边墙的作用，可以减小主厂房高边墙段的连续长度，有利于边墙围岩稳定。地下厂房安装场的布置要适当紧凑，特别是在地质条件差的情况下，因厂房在地下，设计时除考虑放置机组部件外，还应考虑其他安装检修工具设备，并留有适当的通道。

(4) 改进副厂房布置。副厂房的位置多位于主厂房的一端，以免增加主厂房的跨度及

9.1 地下厂房

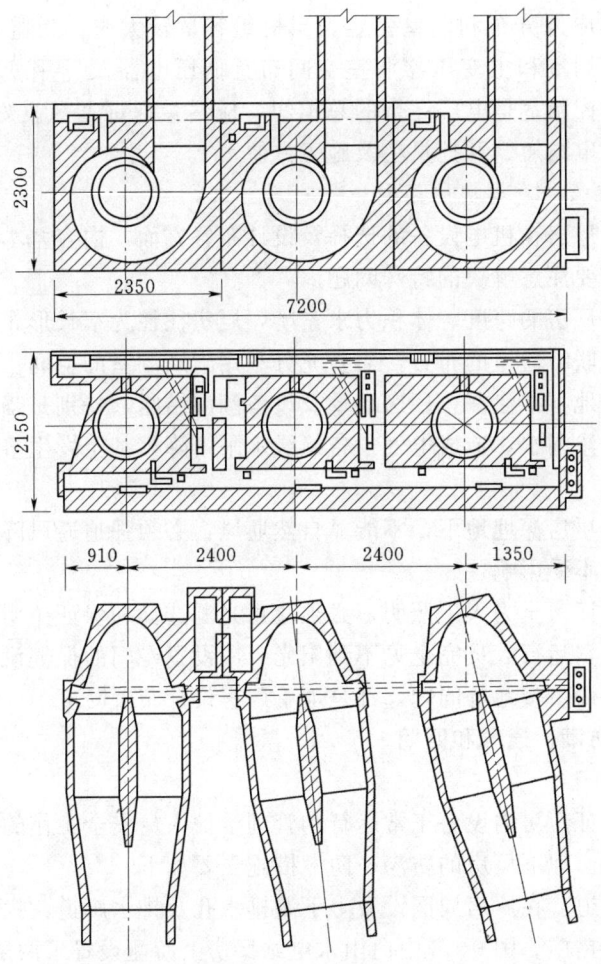

图 9-9 白山地下水电站厂房蜗壳层及尾水管层平面（单位：cm）

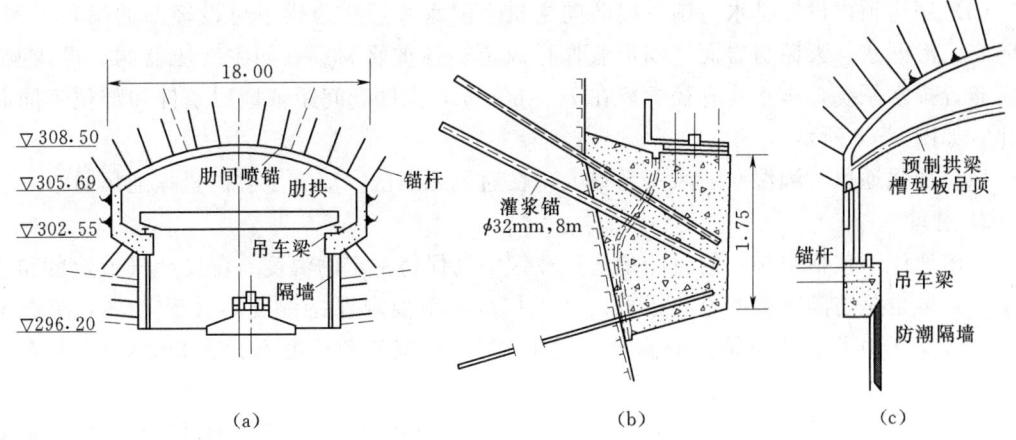

图 9-10 吊车梁结构型式（单位：m）
(a) 悬挂式吊车梁；(b) 岩锚式吊车梁；(c) 岩台式吊车梁

影响主厂房洞室岩体应力分布和洞室稳定。当机组容量较大时，为避免增加厂房平面尺寸，可充分利用母线洞室和主变压器洞室空间布置低压电器及厂用变压器（如图9－7、图9－8所示）。中央控制室是电厂运行的总枢纽，应尽量保证通风良好、运行管理方便、安全出口方便、控制电缆短、开挖量小及施工方便。

4. 地下厂房布置需注意解决的问题

地下厂房与地面厂房在机电设备的选择及设计布置方面，内容基本相同。然而地下厂房在布置中，还有需要注意解决的特殊问题。

（1）狭窄。由于厂房的跨度、体积力求紧凑，厂房往往为窄长形布置。因此，影响到水下部分辅助设备及联络通道的布置，需要充分利用附属洞室的空间。

（2）防潮。由于地下水渗漏，厂房墙壁及设备潮湿结露，特别是当地质条件较差及防渗处理不妥时会产生渗漏水，造成电气设备绝缘水平下降，甚至发生事故，必须加强防潮措施。

（3）通风。由于厂房深埋地下，不能靠自然通风，必须强迫通风降温去湿，使设备运转和运行人员的健康不受影响。

（4）照明。地下厂房全为人工照明，必须注意光源选择和保证照明不中断，有充分的事故照明保证。同时，运行人员完全见不到阳光，应设置专门的保健设施。

其他如噪声、防爆、接地等问题，都是地下厂房设计布置时应予以重视的。

9.1.4 地下厂房的防潮、通风和照明

1. 防渗、防潮

防渗、防潮是保证厂房内设备正常运行和管理维护人员安全工作的必要条件，以减少事故，延长设备寿命。地下厂房的防渗、防潮措施主要如下。

（1）设置周围廊道。在厂房周围设置上下游排水孔及排水廊道，拦截渗水并排走，是地下厂房防渗的有效措施。图9－8中白山水电站厂房上游侧设置了两层排水廊道。

（2）设置防潮隔墙。可以在厂房内四周设置防潮隔墙，墙内侧设排水沟，隔墙与岩面间留宽40~80cm的夹层，夹层内通风去湿。

（3）厂房顶拱设置排水措施，以防向主机室漏水。厂房顶拱下可设轻型的吊顶天棚，以防岩面渗漏水，天棚与岩面之间可兼作排风道。各重要洞室（如主变压器洞、母线洞）均需布置排水系统，排水孔直径一般在70~80mm，深度和间距依地质条件和部位不同而变化，如图9－6所示。

（4）加强通风。潮湿与通风关系很大，在通风死角区，应有足够的机械通风量。

2. 通风

厂内通风（包括空调）的目的是使作业区空气保持一定的温度、湿度、气流速度和新鲜度。通风也是防潮去湿的重要手段。地下厂房一般要求保持湿度不大于70%，室温不高于25℃，厂房两端沿气流方向温升不大于3℃，空气流动速度不大于3m/s，以免产生噪声。

（1）主厂房通风。主厂房的通风有三种方式：机械送风、机械（或自然）排风；机械排风、自然进风；自然通风。

1）机械送风、机械（或自然）排风。采用该种通风方式时，洞外空气由风机升压后

经风道送到厂房内，厂房内的空气经运输洞、出线道或其他通道自然排至厂外。若厂房内空气的余压不足以克服排风道的空气阻力时，设排风机排风。送风系统的主风道一般设置在厂房天花板的上面，支风道设置在边墙内，送风口设置在边墙上，空气可送到厂房内需要的部位。机械送风在组织厂内气流的速度场和对送风进行空气调节处理方面均较主动，故大、中型电站和通风系统比较复杂时广为采用。

2) 机械排风、自然进风。机械排风、自然进风又称为"全排风"，是利用厂房的顶拱、发电机层、水轮机层竖井、交通道、施工支洞、出线洞等作为排风道，排风道内设置排风机，从厂房内抽排到厂外。在排风机负压的作用下，厂外空气从运输洞补充到主厂房的发电机层。空气进入发电机层后，在工作带形成风速较大的穿堂风，再分成上、下两部分排风。由顶拱排风道排除发电机上部空间的余热，进入水轮机层等下部空间的空气经出线洞等排风道排至厂外。上、下部空间排风量的分配由设置在各部位风机容量的大小来控制。

利用机械排风调整厂内的速度场，通风量比较大，布置上比较方便，多用于机组台数较少，总装机容量较小，厂房布置比较简单的电站。

3) 自然通风。自然通风是依靠厂内外空气容重差引起的热压作动力进行通风。地下厂房出线井、交通竖井、施工洞等高程较高的对外通道均可作为排风道，厂房的运输洞或无压尾水洞上部的空间等高程较低的通道作为进风道。冷空气通过发电机及母线等发热设备加热后温度升高，形成厂内外空气温度差，通过进、排风风道形成自然通风循环。

自然通风是较经济的一种通风方式，但厂房中隧洞的高程、数量、平面位置等大多由其他技术要求和地质条件决定，不能满足自然通风要求。故目前地下厂房的通风仍以机械通风方式为主。

(2) 中控室通风。中控室内工作人员较集中，设备对空气环境的要求亦较严格，气温不应高于30℃，最好为28℃，冬季气温不低于16℃，相对湿度一般要控制在40%~70%。

为保证良好的通风效果，中控制室内一般设置独立的机械通风系统。如与主厂房通风系统合并在一起时，宜设置独立的送风管。当机械送风不能满足要求时，可增设空调。图9-11为目前较多采用的上部安装条缝形送风口均匀送风、下部回风的气流组织方式。

图9-11 条缝形风口送风气流图

蓄电池室应有单独的排风系统，以防止酸气进入厂内腐蚀设备。

3. 照明

地下厂房必须用人工照明，要绝对可靠。结合厂内建筑装修的处理，可对光源的种类、亮度、色调做统一考虑。人工照明可装在天棚或厂房四壁，类似自然光，也可设置紫外保健灯光以改善运行人员的健康状态。

4. 防噪声

噪声对人身的健康危害很大，地下厂房内的噪声往往难以散播出去，会在洞室内反射。噪声的主要来源是运转的设备，包括设备内的水流。首先应尽量使用振动小及噪声低的设备，同时还应采用有效的隔振、隔音措施。如采取气封的隔声门，将声源隔离；又如在机井门洞及中央控制室进口装设隔声门；厂房的墙板及天棚，也可做成吸音层以防噪声反射。

9.1.5 地下厂房的开挖与支护

1. 地下厂房的开挖

地下厂房的开挖属大断面的洞室开挖，其开挖程序大多采用自上而下的分层开挖，首先开挖顶部中间导洞，由一端向另一端掘进，待顶拱全部挖完则立即做好顶拱支护；接着用台阶法开挖下一层，并及时做好该层的支护。施工方法大多采用钻孔爆破法，为了有利于岩层稳定和保证周边形状，在开挖周边时应严格控制钻孔方向、孔距和装药量，必要时可采取预裂爆破或打防震孔。

2. 支护设计

洞室开挖引起了岩石应力的重新分布，爆破时的震动和爆炸气体钻入岩石裂隙，引起岩石松动，均会造成洞室的不稳定和影响施工安全，因此必须设置支护。

围岩的支护设计是以承受山岩压力、保持岩石稳定为准则，发挥围岩的承载能力，封闭围岩的裂缝，防止漏水以及岩壁面的风化，以保证洞室稳定。

地下洞室围岩的支护型式有三种。

（1）柔性支护：喷混凝土、钢筋网加混凝土、砂浆锚杆、预应力灌浆锚杆、预应力锚索等。

（2）刚性支护：现浇钢筋混凝土结构。

（3）复合式支护：通常一次支护采用喷锚结构，二次支护采用现浇钢筋混凝土结构。

3. 支护型式的选择

因地下洞室及其围岩的差别很大，至今尚无选择支护型式的通用原则。根据工程实践，以下经验可供参考。

（1）根据围岩的节理、裂隙发育程度、力学性质等性状进行选择。软弱破碎围岩，一般选用刚性支护，坚硬围岩采用柔性支护。

（2）地下水多时，不宜采用喷混凝土支护。

（3）地下洞室的交岔处，因受开挖、爆破的影响，围岩破碎严重，大多采用现浇混凝土衬砌。

总之，支护型式的选择要根据围岩的地质条件、使用要求、施工条件、材料及造价等因素综合比较选定。一般情况下应尽量选用喷锚支护，因其有利于发挥围岩的承载能力，

9.2 抽水蓄能电站

4. 刚性支护

钢筋混凝土衬砌是一种刚性支护，主要用于拱顶衬砌，以承受上部的山岩压力，当岩体破碎，沿裂隙有地下水出现时，亦可做边墙衬砌。由于施工程序和施工条件的限制，刚性衬砌往往要在洞室开挖完成后方可进行。同时，由于衬砌与岩石不能紧密结合，衬砌完工以后，岩体仍在变形，因而使衬砌被动地承受较大的山岩压力。

5. 柔性支护

喷锚支护是一种柔性支护，就是及时地向围岩表面高压快速地喷上一层薄而具有柔性的钢筋网混凝土，并埋设一定数量的锚杆或锚索，使洞四周的围岩形成自承拱来承担由于岩石开挖后而重新形成的应力。

喷锚支护应和岩石开挖进行平行交叉作业，使岩体变形在一定范围内很快稳定下来，从而最大限度地保护岩体原有的结构和力学性质。与钢筋混凝土衬砌相比，岩石开挖量和钢筋混凝土用量均可减少，不用模板，工序简单，施工速度快，工程造价约降低50%，技术和经济上的优越性是很明显的。因此，近年来喷锚支护在大型地下厂房的设计和施工中得到了广泛的应用，如前面所介绍的白山水电站地下式厂房，一方面由于岩石较为完整坚硬，另一方面又采用喷锚支护加固，于是便取消了厚重的混凝土顶拱和边墙，再加上其他措施（隔墙、悬挂的顶棚等），使整个厂房设计十分合理，紧凑而经济。

图9-12为我国乌江东风地下式水电站主厂房洞室开挖程序图。该水电站主厂房洞室的尺寸为105.5m×20m×48m（长×宽×高），具有跨度大、边墙高的特点，地处缓倾角的灰岩地层，整个厂房均

图9-12 乌江东风地下式水电站主厂房洞室开挖程序图（单位：m）

采用喷锚作为永久性支护。为了保证岩石的稳定和周边曲线的形状，在厂房上部采用由上向下分层分区爆破开挖，顶拱和周边运用光面爆破法施工，开挖和支护分层同步进行。开挖时，先打通中间导洞（I₁区），然后开挖两侧。第Ⅱ层的开挖是在第Ⅰ层开挖并进行永久性喷锚支护后进行的，厂房下部Ⅲ、Ⅳ、Ⅴ层均采用全断面爆破开挖，但在开挖时须控制其装药量以免影响上层岩面和混凝土喷层的稳定。

9.2 抽水蓄能电站

9.2.1 抽水蓄能电站概述

1. 抽水蓄能电站简介

抽水蓄能电站是先通过抽水方式抬高水头、存蓄水量，把能量集中起来，再利用这些存蓄的水进行发电的电站。在系统负荷较低时，它利用富裕的电量把水从水位较低的水库

(下池）中抽到较高的水库（上池）中；等系统承担高峰负荷时，再把水从上池放下来发电。抽水蓄能电站因为要具有"抽水"和"发电"两种运行工况，因此电站安装的机组必须兼有"电动机—水泵"和"水轮机—发电机"两种功能。早期的抽水蓄能电站需要安装两套机组，各负担一种工况。由于发电机—电动机的相互转换比较容易实现，后来人们把电机、水轮机、水泵安装在同一根轴上，形成"三机串联"式机组。直到20世纪60年代后，出现完全可逆式水泵水轮机机组，实现了两机完成两种工况。抽水蓄能电站在系统中承担调峰、填谷、调频、负荷备用的任务，对改善电网供电质量有重要的作用。有了它，火电站、核电站可以比较安全、平稳地发电，既减少了费用，也改善了环境。

抽水蓄能电站把用电"低谷"时送不出去的电能转换成为"高峰"时急需的电能，抽水所耗电能大于发出的电能，这个比例目前大约是 4:3。从电量上看似乎是"得不偿失"。但是系统中高峰、低谷电价是不同的。如果低谷电价与高峰电价之比为 1:3，那么抽水蓄能电站的经济效益大致是 4:9。某些发达国家峰谷电价差达到 20:1，这样抽水蓄能电站的经济效益就更好，几乎可达到 4:60。因此抽水蓄能电站不但有很好的社会效益，而且也有很好的经济效益。

随着电力市场的发展，供电质量的提高以及人们认识上的转变，我国在 20 世纪 90 年代兴建了一批大型抽水蓄能电站，如广州抽水蓄能电站，两期装机容量共 2400MW，北京十三陵抽水蓄能电站装机容量 800MW，天荒坪抽水蓄能电站 1800MW，以及在建的张河湾、桐柏、泰安、琅琊山、宝泉、宜兴抽水蓄能电站等。

目前一般发达国家在电力系统中抽水蓄能电站的装机容量约占总容量的 10%。我国在 2004 年底发电总装机容量约为 400GW，跃居世界第一，因此宜有 40GW 的抽水蓄能电站容量，但是我国目前的抽水蓄能电站总容量仅约 10GW。我国还要大力发展抽水蓄能电站。

2. 抽水蓄能电站的类型

（1）按发电形式划分。抽水蓄能电站按发电形式可以分为混合式抽水蓄能电站和纯抽水蓄能电站。

混合式抽水蓄能电站，即这个电站中既有常规水轮发电机组，又有抽水蓄能发电机组，也就是蓄能电站和常规电站合在一起，共同使用一些水工建筑物。在丰水期利用天然水量发电，水少的季节则由蓄能机组由下池往上池抽水，然后用常规机组及蓄能机组一起发电。混合式蓄能电站都是利用常规的水库、水电站系统建造成蓄能电站，它的选点受常规电站的限制，不一定是最有利的方案。但是因为它与常规电站结合，所以水工建筑物的总造价可能节省一些。我国在 20 世纪 60~70 年代就建成了密云、岗南等混合式抽水蓄能电站，80 年代又建成潘家口混合式抽水蓄能电站，它们的容量都不太大。

纯抽水蓄能电站一般简称为抽水蓄能电站，是人工建造一个上池或下池，天然径流量不需要很多，能够起到弥补蒸发、渗漏损失的作用即可。反复把下池的水量抽到上池去，再放到下池来发出高峰电量。它的场址的选择比较灵活一些，只要能满足抽水蓄能的要求即可，容量也有可能定得较大。我国已建的几个大型抽水蓄能电站如广州、天荒坪（图 9－13）、十三陵都是纯抽水蓄能电站。

（2）按厂房形式划分。抽水蓄能电站的机组在作水泵工况运行时，要求有较大的负吸出高程，也就是机组的安装高程要比下池最低水位低很多。水头越高，单机容量越大，则

9.2 抽水蓄能电站

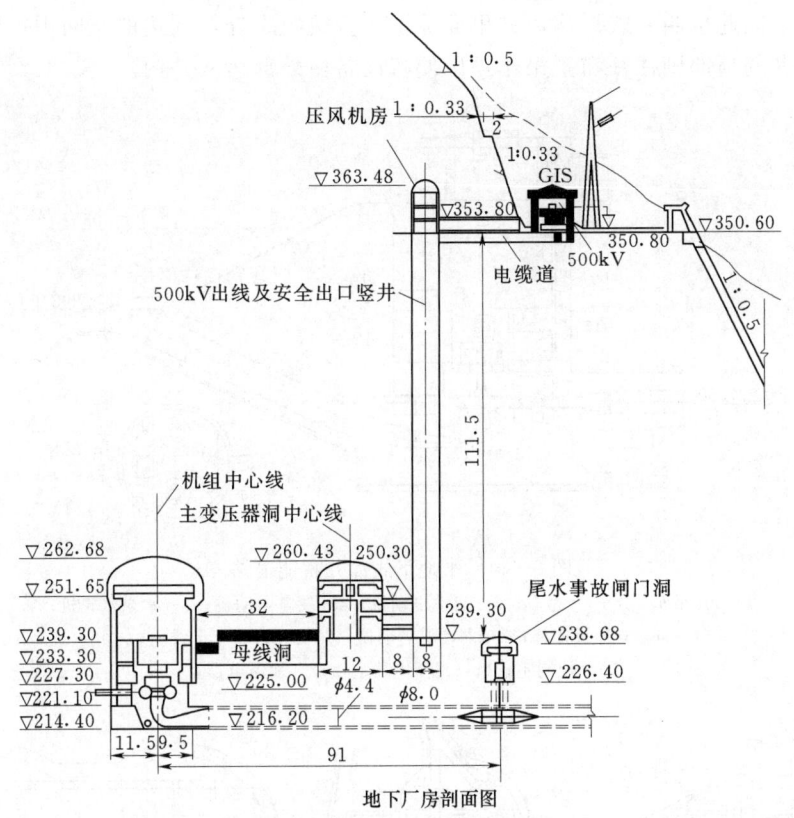

图 9-13 天荒坪抽水蓄能电站纵剖面图（尺寸单位：m）

低于尾水位的高差越大。若水头为 500~600m，单机容量为 300MW 的抽水机，其安装高程可比下游最低水位低 50.00~60.00m，甚至更多。因此抽水蓄能电站厂房的型式根据水头大小、单机容量的不同，会有几种不同型式，可以分为地下式、半地下式、井式和地面式等。

1）地下式抽水蓄能电站。高水头、大单机容量的抽水蓄能电站，其机组安装高程很低，电站厂房唯一合理的选择是地下式。图 9-13 为我国天荒坪抽水蓄能电站的纵剖面图，厂房深埋在山岩中，厂房顶的高程比下池最低水位还要低，蓄能机组的安装高程在下池最低水位以下 34m。

2）半地下式抽水蓄能电站。如果蓄能机组的安装高程比下游最低水位低 20~30m，而条件不允许建造地下厂房，若建造普通地面厂房，水下混凝土量、石方开挖量太大，这时可以考虑建造半地下式。即在靠下池的岸边基岩中开挖一个深槽，把厂房嵌入深槽中，下部在地下，顶部在地面以上，或接近地面，如图 9-14 所示。我国浙江溪口抽水蓄能电站就采用这种型式，发电机层楼板在地面以下 10m 多，而厂房上部结构在地面以上还有三层。

半地下式抽水蓄能电站如果埋入水下较深，则厂房四周墙壁所受水压力很大，为改善受力条件，常常做成圆形或拱形。

圆形的平面面积较小，一般布置两台蓄能机组还可以，机组太多时要布置在一个圆井中则圆井的直径太大，工程造价太高，此时可以设计成两个甚至三个圆形。图 9-15（a）为一井两机，图 9-15（b）为二井四机。从图 9-15 中可见半地下抽水蓄能电站的厂房有如一个大井,因此也叫井式厂房。井里面除了布置机组之外,周边的空间中可以布置一些附设厂房,井的顶部则往往布置吊车,以便将设备由外部运入井内。

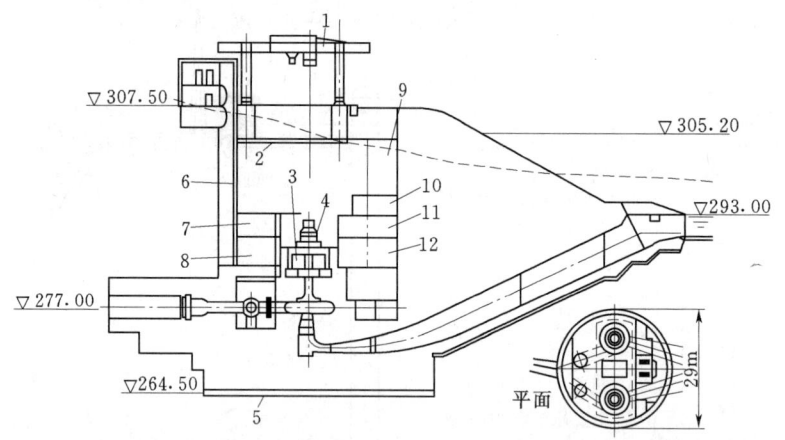

图 9-14 半地下式深井蓄能电站

1—50t 吊车;2—20t 吊车;3—启动电动机;4—发电电动机;5—水泵水轮机;
6—电梯及楼梯;7—电动机启动器;8—工间;9—母线间;
10—控制室;11—高压电器室;12—地压电器室

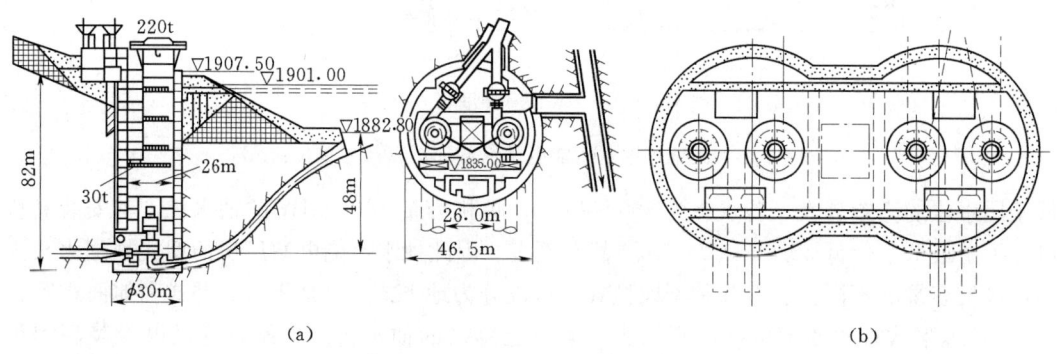

图 9-15 圆形半地下厂房
(a) 柯达依电站厂房剖面图;(b) 竖井式厂房平面图

3) 地面式抽水蓄能电站。如果抽水蓄能机组的安装比下游最低水位低得不是很多,那么也可以做成地面式。如美国的托姆索克抽水蓄能电站厂房,该电站装两台蓄能机,单机容量 220MW,最大发电水头为 255m。机组的吸出高度为 -10m,最高尾水位远高出水轮机楼板高程。机组的轴不得不予以加长,使发电机层楼板高程在正常尾水位之上。

在混合式抽水蓄能电站中,常规机组的安装高程比较高,而蓄能机组的安装高程则往往较低。有两种方式解决这一矛盾:

a. 第一种是高程相差不太多,因而两者各层楼板就保持这一差距。北京密云白河电站,常规机组单机容量 15MW,其水轮机安装高程定为 92.00m,吸出高度约为 +1m。但该电站的蓄能机组单机发电容量为 13MW,其吸出高度为 -3.5m,因此机组安装高程为 87.5m,因此两种机组发电机层楼板高程就难以一致,常规机组定在 99.2m,蓄能机组则定在 95.4m，如图 9-16 所示。

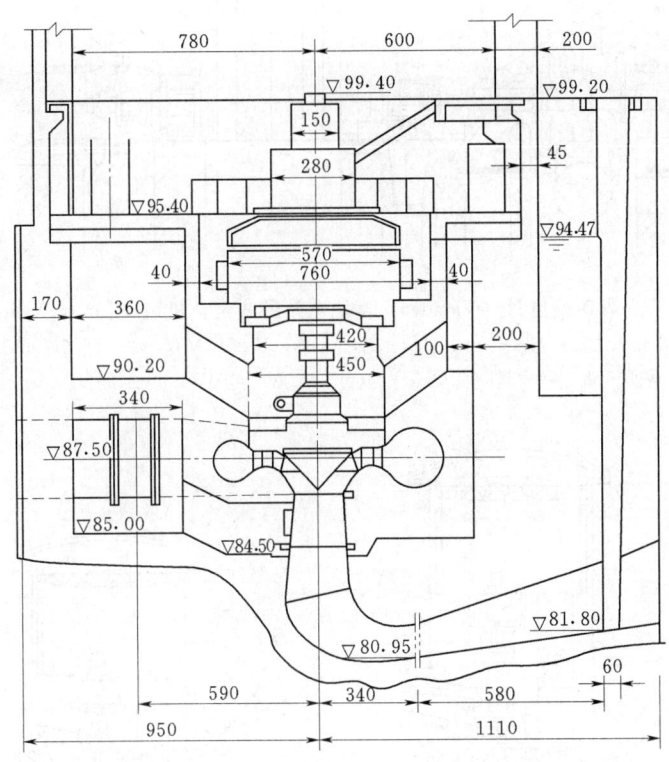

图 9-16 密云电站可逆机组厂房剖面图
（尺寸单位：cm；高程单位：m）

b. 另一种解决方式是，常规机组单机容量大一些，而蓄能机组的单机容量选得小一些。因为机组的吸出高度、尾水管高度均与转轮直径成比例，单机容量小，吸出高度负值小，尾水管高度小，尾水管底板的高程也可以高一点，这样常规机组和蓄能机组尾管基础高程及吸出高程均可相差小些，厂房就容易布置一点。我国潘家口水电站常规机组单机装机容量为 150MW，蓄能机组单机装机容量为 90MW，二者同在一座厂房内，发电机层楼板高程不同，而尾水管底板高程接近。

（3）按机组形式分。最古老的抽水蓄能电站，发电和抽水的设备是分开的，即一台水轮机连接一台发电机用来发电，一台水泵连接一台电动机用来抽水。德国亚亨地区有一座建于 20 世纪初的蓄能电站，就是这样布置的。这种布置简称为四机式抽水蓄能电站。

四机式进一步发展到三机式，即发电机可以用作电动机，这个电机如果是横轴的话，则电机一端连水轮机，另一端连水泵；如果是竖轴的话，那么电机下面是水轮机，再下面安装水泵。通过用管路上闸门的切换，完成发电及抽水两种工况，如图 9-17、图 9-18 所示。三机式、四机式无论在机电设备、土建投资上都比较昂贵，运行特性也差，目前已经基本不用了。

近代抽水蓄能电站绝大多数均安装可逆式水泵水轮机组。一套机组的电机，既可发电又可作为电动机，它所串联的水力机械既可作水轮机又可作为水泵，因此也称为两机式。

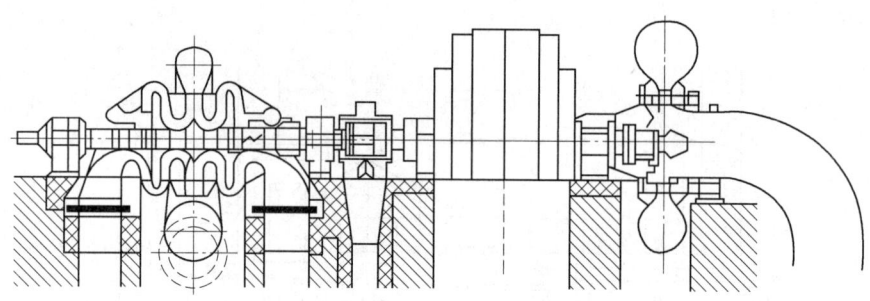

图 9-17　卢森堡维也丹（Vianden）蓄能电站卧式组合机组（1959，Voith 公司）
（水轮机工况：$H=290m$，$Q_{max}=39.5m^3/s$，$N=105MW$，$n=428.6r/min$；
水泵工况：$H=268m$，$Q_{max}=23mm^3/s$，$N=71MW$，$n=428.6r/min$）

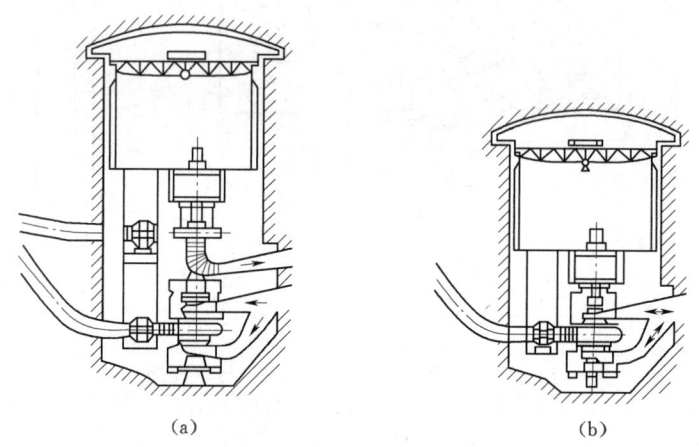

图 9-18　不同形式蓄能机组在电站布置上的比较
(a) 三机式机组；(b) 两级无调节可逆式机组

最简单的可逆机，是一个水轮机转轮，或称为一级转轮，现代技术已可成功地生产单机容量约 300MW、最大水头 500～600m 的可逆式机组，世界各国都装备这种机组，我国正在研制，但目前还主要依靠进口。和一级转轮相对应的可逆机组还可以有两级转轮、多级转轮。两级转轮即两个背靠背的转轮，有两套导水叶机构。因此最高工作水头可以达到 800～1100m，但机组、管路、闸阀要复杂得多。多级转轮机组，水头可以更高，但导水叶机构只能是一套，因而流量难以调节，目前已用得很少了。

3. 抽水蓄能电站的组成部分

(1) 上下水库。混合式蓄能电站的上水库一般为已建成的水库，下水库可能是下一级电站的水库，或为用堤坝修建起来的新水库。纯抽水蓄能电站多数是利用现有水库为下水池，而在高地上或山间筑坝建成上水池。

人工修筑的水池，其容量除应满足全天发电所需的水量外，另有一定的备用库容，以抵消蒸发和渗漏。据估计，大型蓄能电站每年损耗水量可达 100 万～200 万 m^3。上水池的修筑工作量是巨大的，所形成的库容十分宝贵，池底及边壁都应有防渗保护。国内外现在广泛使用沥青混凝土全面铺盖，也有用混凝土板防护的，对上水池原来有水源的也应视情况决定是否采取防护措施。

(2) 引水系统。和常规水电站一样，蓄能电站引水系统的高压部分包括上水池的进水口、引水隧洞、压力管道和调压室。上水池的进水口在发电时是进水口，但在抽水时是出水口，故称为进出水口。为满足双向水流的要求，进出水口应按两种工况的最不利条件设计。常规水电站在进水口都装有拦污栅。在蓄能电站中，因水泵工况的出水十分湍急，对拦污栅施加很大的推力和振动力，所以拦污栅是进出水口设计的一个重要项目。

蓄能电站引水隧洞上的分岔管在发电工况时流向是分流的，在抽水工况则是合流的，为使两个方向水流的损失都能最小，需要进行专门的试验研究。

(3) 电站厂房。中低水头抽水蓄能电站或为坝后式或为引水式，都可使用地面厂房。水轮机工况的排水和水泵工况的吸水都直接连通到尾水渠。由于水泵的空化性能比水轮机要差，机组中心必须安放在比常规水轮机更低的高程。高水头蓄能电站几乎没有例外都采用地下厂房，不少中低水头的蓄能电站也使用地下厂房。现在高水头蓄能电站机组中心已达尾水面以下70～80m，厂房内所有管道都要承受很大的压力，厂房本身的防渗漏问题也需特别设计。多数的地下电站都将变压器安装在地下，故需专门开挖一个洞室放置变压器。如电站需要修建尾水调压井，则常常将几台机组的尾水闸门连通，形成第三个洞室。

(4) 尾水系统。地下电站的尾水部分（低压部分）是有压的，通常也做成圆断面的隧洞。设计中要特别注意过渡过程中可能出现的负压，如隧洞较长，一般需在机组下游修建尾水调压井。因为引水系统高压部分的造价比低压部分高，故现在趋向于将厂房向上游移动，也就是尾水隧洞将会更长，产生负压的可能性也就更大。

由于既接近负荷中心又具有很高水头的站址不甚好寻找，选址的一个出路就是向地下发展。美国即将建造的两座大型抽水蓄能电站都利用地面上的小湖为上水池，将厂房放到废弃的矿井下面，将已有坑道扩大而形成下水池，压力隧洞和各种通道都是垂直的。

4. 抽水蓄能电站在电力系统中的作用

电力系统的发电质量标准有三方面：一是电压在规定范围内并保持稳定；二是频率在规定范围内并保持稳定；三是电能供应充分并有高度的可靠性。发电质量如果没有保证，则所有用电工业的开工率、操作水平和产品质量都将受到影响。由于供电不足而采取限制用电或强制停电不但会影响社会产品的产量和质量，而且会提高产品成本，也给人民生活带来很大的不便。另外，若电力系统的负荷下降到低谷时而调节措施不及时，将造成频率过高，其后果和频率过低对于用电部门的影响是同样严重的。国内外实践已经充分证明，抽水蓄能机组在电力系统中担任调峰、调频、调相、事故备用和吸收多余电能等方面都有明显的功效。供电充足和发电质量提高后，所有用电部门的经济性都随之改进，城市生活水平也得以提高，总的社会经济效益是巨大的。概括地说，抽水蓄能在电力系统中的作用有三个方面：

(1) 抽水蓄能机组对改善电网运行的作用。

1) 抽水蓄能机组是水电机组，起动快速，适用负荷范围广，在电力系统中能很好地替代火力机组担任调峰作用。

2) 作为水电机组，抽水蓄能机组有很强的负荷跟随能力，在电网中可起调频作用。

3）抽水蓄能机组的利用时数不很高，随时可以作为系统的备用机组。同时还可以作旋转备用，也就是在并列状况下在发电方向空转，必要时能更快地带上负荷，可以在很短的时间内转换为发电，其短时间调节能力为装机容量的两倍。

（2）抽水蓄能电站在能源利用上的作用。

1）降低电力系统燃料消耗。电力系统中的大型高温高压热力机组，包括燃煤机组和核燃料机组，均不适于在低负荷下工作。由于电网调节需要而强迫压低负荷后，燃料消耗和厂用电都将增加，机组的磨损也将加速。在采用了抽水蓄能机组与燃煤机组及核电机组配合运行后，这些热力机组都得以在额定或较高出力下稳定运行，实现了较高的运行效率。

2）改变能源结构。抽水蓄能机组所代替的热力机组中有一部分是燃油的蒸汽机组或燃气轮机组。抽水蓄能的动力大多来自燃煤机组的多余能量，使用抽水蓄能以后就起到了以煤代油的作用，对改变燃料结构有重要意义。近期我国大力发展新能源，如风能和太阳能，但由于受天气变化影响较大，出力不稳定，需要抽水蓄能电站调节，而且越来越多的核电站建设更需要抽水蓄能电站配套。

3）提高火电设备利用率。用燃煤机组调峰时要经常改变运行方式或频繁开停机，因而导致机器的磨损和经常发生事故。抽水蓄能机组可以替代这些热力机组的调峰任务，使这些机组可以担负更为稳定的负荷，设备的利用率因而得以提高，寿命可以延长。

4）降低运行消耗。抽水蓄能机组是水力机组，厂用电消耗比常规水电站多些，但只有装机容量的2%~3%左右，而热力机组的厂用电一般在7%~8%。采用抽水蓄能机组后可以有效地降低运行消耗和辅助设备投资。

（3）抽水蓄能电站在提高水电效益方面的作用。

1）缓解发电与灌溉的用水矛盾。在缺雨地区水库的运用一般是以保证灌溉用水为原则，水库上虽建有水电站，却不能按电力系统的要求来发电。在灌溉季节水电站需要连续发电，实际成为基荷电站。在非灌溉季节因水量不足而不能发电，根本起不了水电机组应有的调峰作用。在这样的水电站中如果装设抽水蓄能机组，则可以每天把顶尖峰放下来的水抽回去，往复循环，从而避免了发电与灌溉争水，使水电机组得以发挥其调峰作用。实际上，在这种水电站中装设了抽水蓄能机组后，其他的常规水电机组也可以多发电，因而提高了全厂的调峰能力。

2）调节长距离输送的电力。将西部丰富的水力资源输送到东部沿海地区（西电东送）是我国电力建设的一个特点，今后将有很大的发展。长距离输电的设备投资很高，因而要连续满容量输送（如设计中的长江三峡输电系统），实际上大部分输送的是基荷电力。然而受电地区的负荷每日要随时间早晚而变化，还需要在适当地点有一个调节环节。装设抽水蓄能电站是缓和电网与长距离输电矛盾的重要手段。

3）充分利用水力资源。抽水蓄能电站不仅对火电有节煤效益，对常规水电同样有充分利用水能的功能。在汛期抽水蓄能电站的调峰填谷任务会更加繁重，因为具有调峰能力的常规水电站，为了避免或减少弃水，一般都发满出力，在系统中实际担任了基荷或腰荷。在此期间电网的调峰能力大为减少。特别是库容小的常规水电站在电网处于低谷时，只有减负荷或完全停机而弃水。抽水蓄能电站此时正好可以利用常规水电站的弃水负荷来

9.2 抽水蓄能电站

抽水蓄能,达到充分利用水能的目的。

4)对环境没有不良的影响。①抽水蓄能电站不发热,不冒烟,不进煤,不出渣,对环境影响极小;相反,在电站的水库或调节池建成后还有助于净化环境,改善景观。②具有黑启动功能。如遇电网严重故障或全网解列,蓄能电站可以在无厂用电的情况下,启动机组做发电运行(上水库都应留有一定的紧急备用库容),而无需装设有污染的备用电源。

9.2.2 抽水蓄能电站布置

1. 抽水蓄能电站站址选定

(1)地理位置。抽水蓄能电站建成后要投入电力系统联合运行,所以其位置应尽量靠近负荷中心,或靠近火电站、核电站或位于高压输电线路附近,以求缩短输电线路,减少电耗,节省投资,才有利于发挥抽水蓄能电站的优越性。

(2)地形条件。一般用距高比来衡量电站的地形条件是否理想,距高比为上下库之间的水平距离与上下库水面的落差(水头)之比,又称 L/H 比。纯抽水蓄能电站的水头包括地形自然高差和筑坝形成高差两部分。由地形高差取得的水头当然是最经济的,故站址应选在既有高落差又不需要修筑太高的上库坝的地点。

(3)地质条件。蓄能电站应建在地震稳定地带。抽水蓄能电站的地下工程较多,首先应避开地震裂度过高的地区,也应避开活动性断层。电站位置应选在结构完整的坚硬岩体内,以免地下洞室及隧洞、管道的安全受到影响。

(4)水源条件。纯抽水蓄能电站的水源可能有三种:①利用已建水库或湖泊为上水库或下水库,这种情况水源一般有保证,例如我国的广州蓄能电站;②上水库是人工修筑的,无天然水源;下水库有天然水源,或需部分由附近水源补给,如十三陵和天荒坪电站;③上下水库都没有天然水源或水量不足,需要引附近的水源一次充满,并不断补充蒸发和渗漏的水量,如意大利普桑查诺电站。

混合式抽水蓄能电站一般是以现有水库为上库,故水量是充足的,如潘家口、响洪甸等电站。

(5)上水库与下水库。多数的纯抽水蓄能电站是利用已有的水库为下水库,再用人工修建一个上水库。从库容来看,一般上库容积较小,因而对运行时间起控制作用,也有的抽水蓄能电站上下两库都选的很小,则两个库都可能控制运行时间。

确定上库和下库的有效库容时应考虑以下因素:按日循环或周循环发电所需的水量;由于不能及时把水抽回到水库所需的备用发电水量;对某些蓄能电站为保证下库最低抽水水位所需的额外水量。

工程设计因受实际地形及水利条件的影响,所采用的实际水库容积和计算值常有不少出入。混合式抽水蓄能电站一般是以现有水库为上水库,水量是绝对充足的,故不存在上述的考虑。

2. 抽水蓄能电站的特点

总地来说,抽水蓄能电站和常规水电站相比较有以下一些特点:

(1)多数抽水蓄能电站只进行日调节或周调节运行,故不需要大量水源,在站址选择上要比常规电站的限制少,容易找到水头比较高的站址。

(2)由于机组制造水平的提高,可逆式蓄能机组可以应用到相当高的水头范围,机电设备以及电站输水道和厂房的造价都可有效地降低，抽水蓄能电站的应用水头越高，单位千瓦的投资越小，故蓄能电站向高水头发展的趋势是明显的。

(3) 在高水头、大直径的输水道中广泛使用不衬砌、平整衬砌、普通钢筋混凝土衬砌、预应力混凝土衬砌等衬砌方法，从而可以降低高水头输水道的造价。

(4) 电力系统的输电电压可提高到 500kV 或更高，故可以用较小投资和付出较小线路损耗将电能输送到远处用户，因此当没有比较合适的站址时，也有可能将蓄能电站修在距离负荷中心较远的地方。

(5) 由于水泵工况空化特性的要求，蓄能机组需要具有很大的淹没深度，我国使用的高水头机组已用到吸出高度为 -80 m，与国外先进水平相当。这样大的淹没深度对地面厂房施工带来很大难度，因之随地下工程的设计和施工技术的提高，近代的抽水蓄能电站更多地趋向于使用地下厂房。

(6) 抽水蓄能电站的调节周期短，随电站的运行工况的转换，上、下水库的水位有大幅度的快速升落，对坝体和库坡的稳定性在设计时要特别注意。

(7) 抽水蓄能电站一般水头比较高，库水位变化频繁，上水库很多是在山顶开挖出来的，故水库的渗漏问题较大。

图 9-19 表示了一个高水头抽水蓄能电站枢纽的总体布置。这个电站装有 4 台容量为 300MW 的可逆式蓄能机组，上水库利用山上盆地筑坝建成，下水库也利用地形筑坝建造。上下水库正常水位差为 527.00m，输水道由斜井和平洞组成，压力部分包括 1 条直径为 9.0m/8.5m 的压力隧洞，在厂房前分岔为 4 条直径为 3.50m 的压力钢管，每两个机组的尾水管汇集为 1 条尾水洞，各与 1 个尾水调压井连接，最后汇成 1 条直径为 9.0m 的尾水隧洞，通至下水库。地下厂房处在输水道的中部，输水道压力部分长 1835m，尾水部分长 1560m，总长 3395m。上下水库的进出水口均为侧式，上水库的进出水口装有垂直的事故闸门及检修闸门，在下水库进出水口处装有在斜坡上的检修闸门。

9.2.3 抽水蓄能电站进出水口

抽水蓄能机组是双向运行的，故上水库和下水库的进水口和出水口都是双向工作的，如在水轮机工况时为进口，水泵工况时即为出口，反之亦然。所以这两个建筑物都称为进出水口。蓄能电站的进出水口和常规水电站进出水口的不同之处在于：

(1) 由于水流是双向的，进出水口的体型设计要求更为严格。进水时水道应为渐缩型，出水时应为渐扩型，全断面上流速要求均匀，不致发生脱流或回流，故渐变段要设计的长一些。

(2) 进出水口的水力损失应减到最低程度，因为蓄能机组每一个运行循环水流要以两种方式通过进出水口，哪一个流向的损失大都将影响蓄能电站的总效率。

(3) 发电工况时上水库水流的进入如有较大的旋涡或挟带空气，不但会影响压力水道的过流能力，而且可能导致机组的运行不稳定。有些电站地处寒带，冬天上库水面要结冰，进出水口的设计应保证浮冰不被吸入。抽水工况时出口处的流速不能过高，出口水流不应冲刷水库底板或将库底污物搅起，在水面结冰时不应把冰面冲成碎块。

(4) 蓄能电站的水道中流速可能达到 5~6m/s，对拦污栅将造成很大压力，甚至产生破坏，拦污栅的设计需有特殊的考虑。

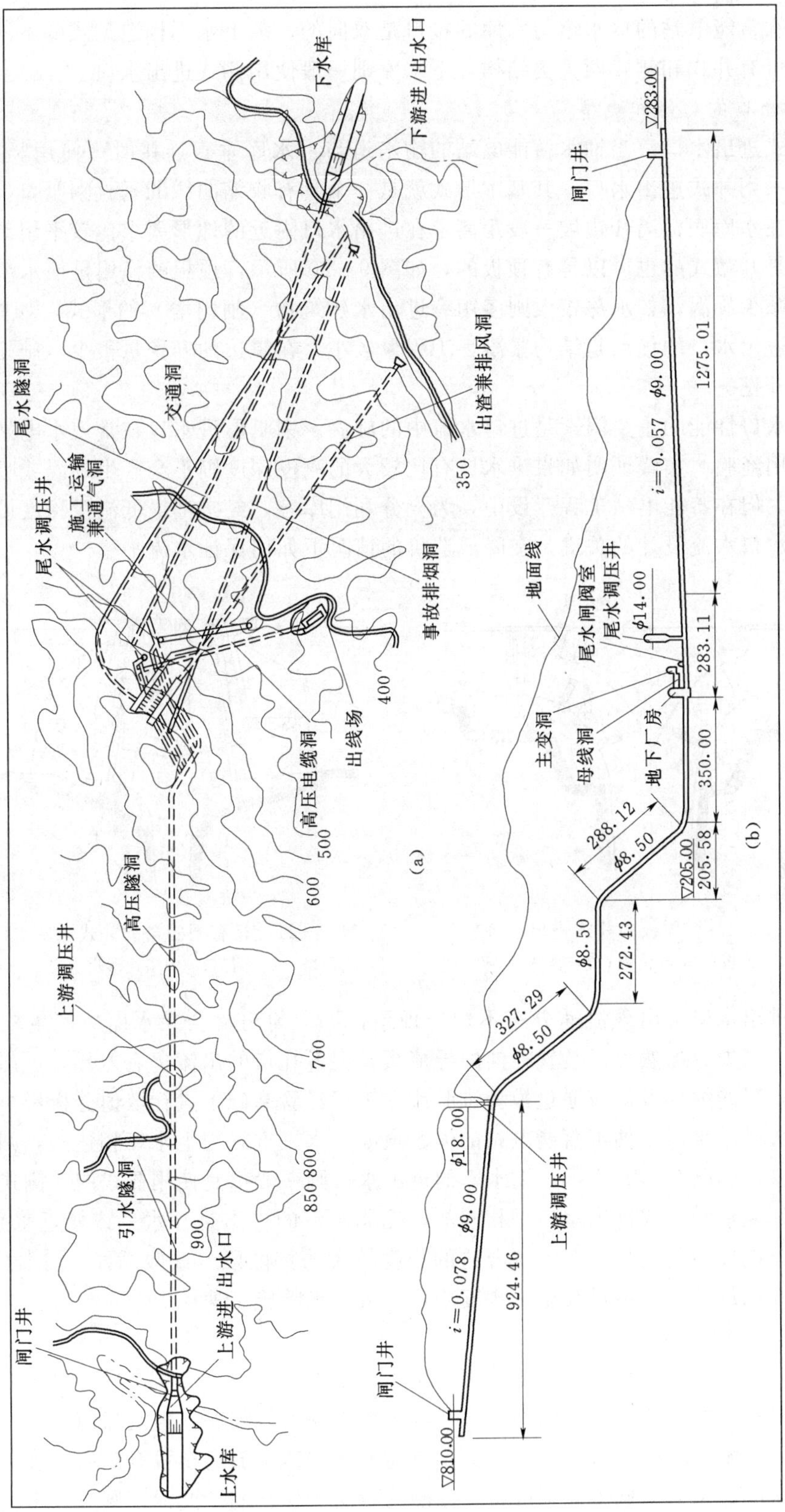

9.2 抽水蓄能电站

图9-19 高水头抽水蓄能电站枢纽布置图（单位：m）
(a) 平面图；(b) 剖面图

(5) 抽水蓄能电站的输水道与水库的接口是双向的。随上水库构造型式的不同，上水库进出水口可有井式和侧式两大类结构，下水库则一般使用侧式进出水口。

1. 进出水口的功能和类型

(1) 井式进出水口。当抽水蓄能电站的输水道与上水库垂直连接时（使用竖井），在水库内最宜采用井式进出水口，其基本形式就是一个具有收缩曲线的垂直喇叭口。井式进出水口应开在水库底板离开边坡一段距离，在进出水口附近的地形要求比较平坦。井式进出水口可以是开敞式的也可以是有顶板的，如图9-20所示，顶板的作用是使水流的进入更为平稳，减少旋涡；如水深较大则多用有进出水建筑物（闸门塔）的形式，如图9-21所示。井式进出水口的优点是结构紧凑，工程量较小，在岸边的开挖量很少，施工时可以较早的进行开挖。

影响进水口性能的主要因素是进口水流中的旋涡。喇叭形进水口在常规水电站中已有很多年的应用经验。实践证明如果进水口有比较大的淹没深度则不会产生旋涡或吸气，流动比较平稳。但在蓄能电站工程建设中，为充分利用库容，经常把最低淹没深度设计得很小，所以进水口水流设计的关键是在降低造价的情况下如何保证水流平稳。

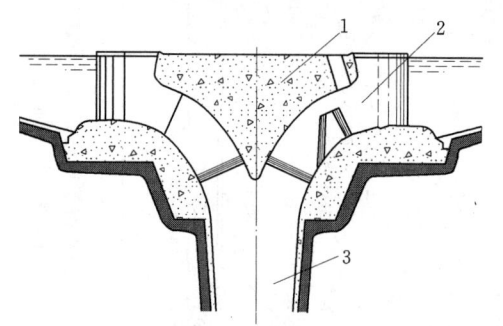

图9-20 具有顶板的井式进出水口
1—顶板；2—导流板；3—竖井

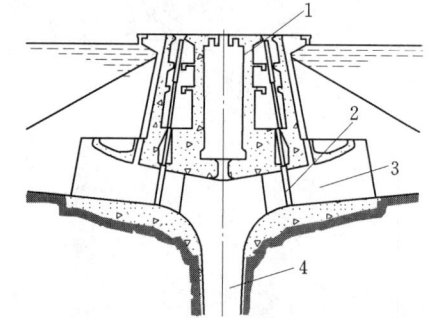

图9-21 具有闸门塔的井式进出水口
1—闸门塔；2—闸门；3—多边形进水口；4—竖井

喇叭形进出水口常出现流速分布不均匀现象，不均匀出流会在水库中产生较大的扰动，增加水力损失。虽然可以装置径向的导流板，但各孔口的出流仍有差异，进出水口的进流和出流状况的细部设计应通过模型试验或在工程经验基础上进行数值分析后决定。

(2) 侧式进出水口。抽水蓄能电站的输水道如以水平方式与上水库相连接，则宜使用侧式进出水口，如图9-22所示，下水库的进出水口则一般都是使用侧式的。侧式进出水口的水力设计要求和井式进出水口是相同的，无非水流的进出是在水平或接近水平方向。侧式进出水口设计的关键是要有形状合适的长度较大的扩散段（或收缩段），因之在上下水库岸边的开挖量较大，不过其施工难度小，一般不影响施工速度。

2. 进出水口的水流特性

(1) 进口水流特性。在进水口消除旋涡是工程水力学的一个经典课题，多年来研究者集中探讨旋涡的基本流态、旋涡的相似率和临界淹没深度等问题，但到目前为止，可作为设计依据的只有淹没深度一项。在工程上不可能要求进口水流完全没有旋涡或扰动，实用的临界淹没深度定义为：低于此深度将有强烈的旋涡产生；高于此深度则只产生一般旋涡

9.2 抽水蓄能电站

和表面波浪。

(2) 出口水流特性。进出水口在出流时的作用是有效地降低出流速度。由于经济上的原因,现代压力隧洞的设计流速都取得很高,因此出水口的设计关键是如何使水流合理地扩散、减小水力损失以及防止拦污栅的振动等。对于对称水流的扩散问题现在已经有很多研究成果,但在输水道的转弯及变断面处水流分布是很不均匀的,设计进出水口主要依靠模型试验结果来确定结构参数。

9.2.4 拦污栅

水泵工况出水流速的分布很不均匀,局部流速很高,装设拦污栅曾遇到过很多困难。近年来修建的蓄能电站上水库的边坡和底板都是经过仔细处理的,堤坝的周围可以安装保护铁

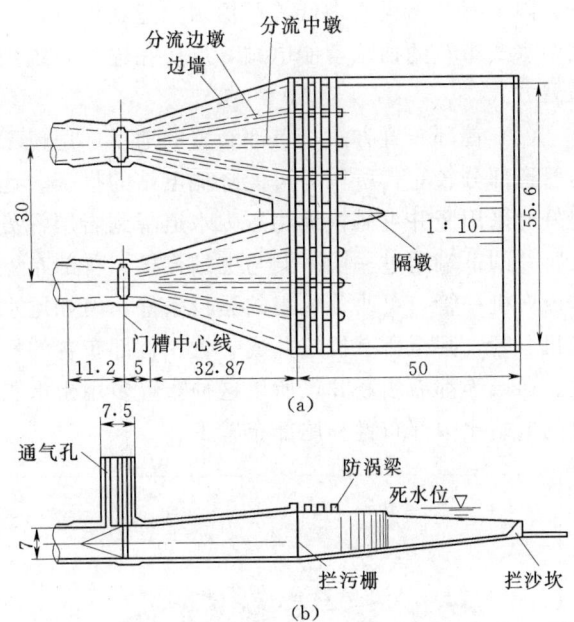

图 9-22 抽水蓄能电站侧式进出水口(单位:m)
(a) 平面布置图;(b) 纵剖面图

网,一般很少有污物落入水库内,故不少电站在上库进出水口处已不再设置拦污栅。

尽管上水库进出水口的拦污栅可以用其他保护措施来代替,下水库的进出水口一般是通向河流或湖泊的,装置拦污栅是必须的。对于地面电站因为拦污栅距离机组出口较近,水力撞击程度严重,使拦污栅的设计难度增加。

抽水蓄能电站下水库拦污栅的工作条件为:

(1) 发电和抽水的水流方向是相反的。

(2) 水轮机工况转轮出口水流在不同工况下旋转方式变化很大,拦污栅受力大小和部位都有变化。

(3) 抽水蓄能机组的过渡工况流动条件复杂,拦污栅的受力相应增加。

国外抽水蓄能电站早年曾发生过多起拦污栅事故,除少数是上水库拦污栅外,其他都是尾水管拦污栅事故。拦污栅破坏都发生在尾水管出口下部的外侧,并集中在机组旋转方向出流的一边,这证实了在某种负荷情况下,尾水管出流大部分是集中在一个尾水孔道里,并且最大流速是发生在靠外侧的角上。拦污栅被破坏的都是垂直的栅条,有的是由于水流冲击而造成弯曲,有的拉断甚至连地脚螺丝都拉出来,也有些是由于焊接缺陷所造成,但更多的是由于材料疲劳破坏所致。很多电站的拦污栅经过加固后不再发生破坏,但由于栅条增加而使过流面积缩小形成水流阻力过大。有的拦污栅受水流绕流作用引起整体振动,振型主要是沿水流方向,但也发现有横向(左右)或纵向(上下)的振动。振动严重时发生巨响,影响机组正常运行。

9.2.5 抽水蓄能电站厂房布置型式

纯抽水蓄能电站不需要大量水源,位置选择较为自由,故多采用高水头有压引水式布

置。因为安装高程要求低，厂房多数建在地下，也有一些采用半地下式或地面式厂房。采用引水式布置的抽水蓄能电站，厂房在输水系统中的位置可以分为首部、中部和尾部三种布置方式。

(1) 首部布置方式。首部布置的地下厂房位于输水道的上游侧，距上水库较近，故高压管道部分较短，所以有可能降低电站的投资。选取首部布置方式的考虑是当电站岩质不很好时采用竖井可尽快地将压力水道降到岩层深处，以使压力水道得到较大的岩石覆盖，在竖井的下端通过一段平洞与电站连接。首部布置电站的尾水道必然会长一些，尾水道如作成一机一管，可改善机组的运行条件，但如尾水道很长，则需将尾水管适当合并，例如二机一管，甚至所有机组并成一管。首部布置的厂房因处于上水库的下方，对外交通、出线、通风等都需用竖井，所以这种布置多用于水头不过高的场合。从统计资料看，首部布置的电站比中部布置和尾部布置少。

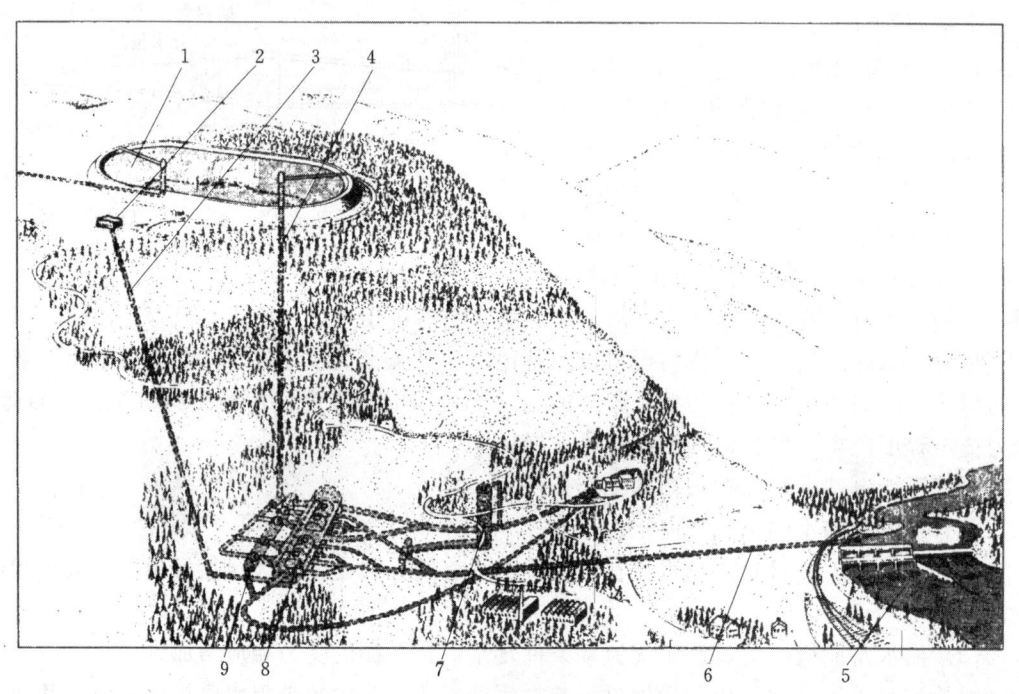

图 9-23　首部布置方式蓄能电站（地下厂房）
1—上水库；2—地面控制室；3—出线洞；4—压力管道；5—下水库；
6—尾水隧道；7—尾水调压室；8—地下厂房；9—主阀室

图 9-23 为一典型首部布置抽水蓄能电站的透视图。此电站的设计水头为 400m，装有 4 台 90MW 卧式可逆式机组，压力隧洞和尾水洞都是一根，输水道总长 2100m。因为电站中使用了组合式蓄能机组，所以在厂房前后压力管道和尾水管都各有 8 根。

(2) 中部布置方式。中部布置的地下厂房位于输水道的中部，上下游都有较长的水道，这种布置多用于水道较长而电站地势又比较平缓的地点。因为上下游水道都较长，这种电站很可能在压力管道上和尾水隧洞上都装设调压井。图 9-19 实际上是广州抽水蓄能电站一期工程的总体剖面，和这座电站布置相似的是十三陵蓄能电站，其设计水头为

430m，装有 200MW 立式机组 4 台，输水道总长 2035m，厂房上游长度为 1200m，下游长度为 835m。电站的上下游均设有调压井。

（3）尾部布置方式。尾部布置的厂房位于输水道的末端或接近末端，厂房可以是地下式、半地下式或地面式。因为厂房下游只有常规的尾水管，故布置上没有特殊要求，一般无需装设调压井。尾部布置是使用比较多的一种方式。天荒坪抽水蓄能电站是个较为典型的尾部布置地下电站，其总体剖面如图 9-24 所示。地下电站厂房布置在接近输水道末端。电站最大水头为 607m，装有容量为 300MW 的可逆式机组 6 台，2 根高压管道长度为 884/886m，每根主管分为 3 岔，支管长度为 258~308m。因厂房距下水库较近，故尾水洞采取一机一洞方式，尾水洞长 245~249m。这个电站输水道总长度较小，故上下游均未设置调压井。

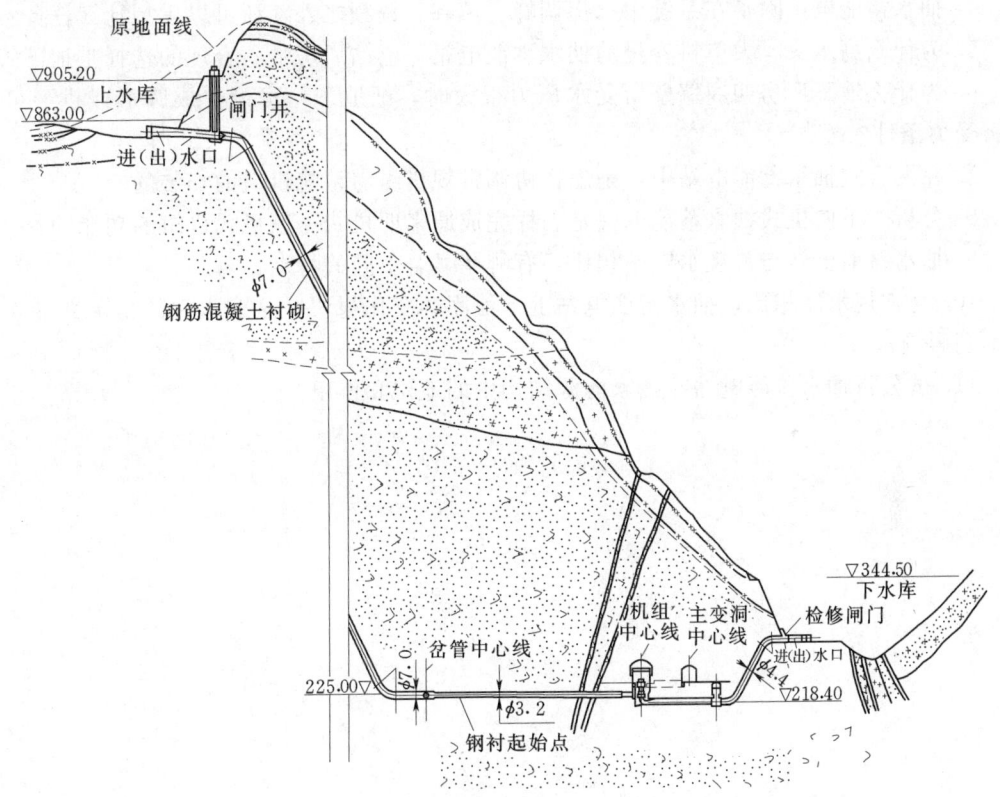

图 9-24 尾部布置方式蓄能电站（地下厂房）

小 结

本章主要内容介绍地下厂房及抽水蓄能电站的布置原则、特殊问题、结构型式，在学习过程中应着重掌握以下几点：

（1）地下厂房的优缺点、地下厂房布置方式和它们的适用情况。

（2）地下厂房枢纽布置及厂内布置特点。

(3) 地下厂房的布置。
(4) 抽水蓄能电站的类型、组成部分及抽水蓄能电站在电力系统中的作用。
(5) 抽水蓄能电站站址选定及抽水蓄能电站的特点。
(6) 抽水蓄能电站厂房布置型式和它们的适用情况。

习题及思考题

1. 试分析地下厂房的发展趋势？
2. 地下厂房与地面厂房相比，有哪些显著不同的特点？
3. 地下厂房厂内布置与地面厂房厂内布置相比，有哪些显著不同的特点？
4. 抽水蓄能电站除了在系统中承担调峰、填谷、调频之外，还可以承担什么任务？
5. 为什么高水头、大单机容量的抽水蓄能电站，电站厂房唯一合理的选择是地下式？
6. 为什么地下厂房四周墙壁所受水压力很大时，把地下厂房设计成圆形或拱形可以改善受力条件？
7. 在混合式抽水蓄能电站中，是怎样协调常规机组与蓄能机组的安装的？
8. 分析一下两机式抽水蓄能电站是怎样完成原来四机式、三机式机组的功能的？
9. 抽水蓄能电站与常规水电站相比，有哪些显著不同的特点？
10. 与常规水库相比，抽水蓄能电站上下池库容变化很快，这对水库的稳定性带来哪些不利影响？
11. 试分析抽水蓄能电站在国家能源结构中的地位和作用？

参 考 文 献

[1] 金钟元. 水力机械（第二版）[M]. 北京：中国水利水电出版社，1998.
[2] 梁建和，童文勇，等. 水轮机及辅助设备 [M]. 北京：中国水利水电出版社，2005.
[3] 马善定，汪如泽. 水电站建筑物（第二版）[M]. 北京：中国水利水电出版社，1996.
[4] 徐招才，刘申. 水电站 [M]. 北京：中国水利水电出版社，2001.
[5] 袁俊森. 水电站 [M]（第2版）. 郑州：黄河水利出版社，2010.
[6] 温新丽，等. 水电站及泵站建筑物 [M]. 北京：中央广播电视大学出版社，2002.
[7] 匡会健. 水电站 [M]. 北京：中国水利水电出版社，2009.
[8] 王世泽. 水电站建筑物 [M]. 北京：水利电力出版社，1987.
[9] 陆德民，张叔峰. 水电站 [M]. 北京：水利电力出版社，1993.
[10] 侯才水，胡天舒. 水电站 [M]. 北京：中国水利水电出版社，2005.
[11] 焦爱萍. 水利水电工程专业毕业设计指南 [M]. 郑州：黄河水利出版社，2003.
[12] 李仲奎，马吉明，张明. 水力发电建筑物 [M]. 北京：清华大学出版社，2007.
[13] 索丽生，任旭华，胡明. 水利水电工程专业毕业设计指南 [M]. 北京：中国水利水电出版社，2001.
[14] 湖南省水利电力勘测设计院，天津大学水利系. 小型水电站（中册，厂房部分）[M]. 北京：水利电力出版社，1984.